国家自然科学基金重大项目
国家自然科学基金面上项目　联合资助

滑坡监测数据智能传输与处理方法

HUAPO JIANCE SHUJU ZHINENG CHUANSHU YU CHULI FANGFA

钟 梁　刘 勇　龙晶晶　著

图书在版编目(CIP)数据

滑坡监测数据智能传输与处理方法/钟梁,刘勇,龙晶晶著.—武汉:中国地质大学出版社,2024.11.—ISBN 978-7-5625-6090-6

Ⅰ.P642.22

中国国家版本馆CIP数据核字第20247X5K17号

滑坡监测数据智能传输与处理方法		钟 梁 刘 勇 龙晶晶 著	
责任编辑:周 豪	选题策划:张 琰 周 豪	责任校对:徐蕾蕾	
出版发行:中国地质大学出版社(武汉市洪山区鲁磨路388号)		邮编:430074	
电 话:(027)67883511	传 真:(027)67883580	E-mail:cbb@cug.edu.cn	
经 销:全国新华书店		http://cugp.cug.edu.cn	
开本:787毫米×1092毫米 1/16		字数:305千字	印张:12
版次:2024年11月第1版		印次:2024年11月第1次印刷	
印刷:湖北睿智印务有限公司			
ISBN 978-7-5625-6090-6		定价:58.00元	

如有印装质量问题请与印刷厂联系调换

前　言

　　滑坡作为一种常见的自然灾害,其发生往往伴随着巨大的经济损失和人员伤亡。在防灾减灾的众多手段中,滑坡的监测预警工程能够提前发现隐患、减少灾害损失,相较于治理工程,往往能够获得更高的效益比。这一认识不仅基于滑坡灾害的频发性和严重性,更源于对滑坡变形过程深入理解的迫切需求。对滑坡变形开展周期性监测,能够客观真实地记录其变形演化的每一个细节,这对于了解掌握滑坡的当前状态、预测其未来发展趋势具有不可估量的价值。

　　然而,尽管滑坡监测的重要性不言而喻,但在实际操作层面,仍面临诸多挑战。特别是在滑坡监测信息的无线传输和智能处理方面,现有技术尚存在诸多不足,这直接限制了滑坡变形失稳实时预测预警的实现。信息的滞后和处理的低效,不仅影响了预警的及时性,也降低了预测的准确性,使得滑坡灾害的防范工作难以达到理想的效果。

　　为了解决上述问题,著者进行了深入而系统的研究。著者编写本书旨在深入探讨滑坡监测数据传输与处理的最新技术和方法,以期为解决上述问题提供有效的思路和方案。首先,开展了面向能效最优化的无线传感网络稳定关联策略研究,这一研究的核心在于提高实时的监测数据信息采集、处理和传输效率,确保监测数据的及时性和准确性。优化无线传感网络的关联策略,不仅能够提升数据传输的稳定性,还能有效降低能耗,延长网络的使用寿命。在此基础上,进一步对监测数据进行了智能化处理。利用先进的算法和模型,对滑坡的变形数据进行深入分析,开展滑坡状态演化过程预测及运动状态判识模型研究。这些研究不仅有助于更深入地了解滑坡的变形机制,还能为滑坡的准确预测提供有力的技术支持。

　　此外,考虑到现实中的灾情响应等危急情况,构建了一个由多个无人机、地面用户和卫星组成的用户数据信息采集系统。这一系统能够实现对滑坡灾害的实时监测和快速响应,为紧急救援争取宝贵的时间和空间。无人机的高空侦察和地面用户的实地观测,结合卫星的远程数据传输,能够构建一个全方位、多层次的滑坡监测预警体系,为防灾减灾工作提供强有力的支撑。

　　综上所述,本书的内容涵盖了滑坡监测数据传输与处理的多个方面,从无线传感网络的优化到监测数据的智能化处理,再到用户数据信息采集系统的构建,都进行了深入而细致的探讨。本书不仅是对滑坡监测技术的一次全面梳理和总结,更是对未来滑坡灾害防范工作的一次积极探索和创新。著者希望本书中的研究和探讨成果能够为滑坡监测预警工程的发展提供新的思路和方法,为人类的防灾减灾事业做出更大的贡献。同时,也期待本书的出版能够激发更多学者和专家对滑坡监测技术的关注和研究,共同推动这一领域的不断发展和进步。

本书受到国家自然科学基金重大项目课题"动水驱动型滑坡启滑机制与判据"(项目编号:42090054)、国家自然科学基金面上项目"空基无人机集群边缘计算网络的负载均衡研究"(项目编号:62371429)和国家自然科学基金面上项目"基于多尺度卷积传递模型拓展的水库型滑坡智能同化方法研究"(项目编号:41772376)的资助。

本书是著者及其团队成员经过长时间的研究、探索和实践后凝练而成的智慧结晶。陈广、张仕忠、曾雨露、李悠远、李星瑞、詹伟文、李炳辰、郭敬楷等团队成员参与了本书编撰的相关工作。没有团队成员的共同努力与无私奉献,就没有本书的顺利出版。在此感谢所有参与完成本书相关工作的团队成员。

限于著者认知水平,加之本书涉及内容广泛,书中难免存在错漏之处,欢迎读者批评指正。

著 者

2024 年 10 月

目 录

| 第1章 | 绪 论 | (1) |

第2章 监测数据无线传感网络稳定关联策略研究 ……………………… (6)
 2.1 相关技术介绍 …………………………………………………… (6)
 2.2 基于速率感知的模糊分簇和 CH 选择 ………………………… (15)
 2.3 面向负载均衡和拥塞控制的传感器关联 ……………………… (22)
 2.4 仿真结果与分析 ………………………………………………… (30)
 2.5 总结与展望 ……………………………………………………… (36)

第3章 滑坡演化状态预测模型研究 ……………………………………… (38)
 3.1 相关理论基础 …………………………………………………… (39)
 3.2 滑坡演化特征与物理性质研究 ………………………………… (48)
 3.3 滑坡状态矩阵预测方法及状态判识研究 ……………………… (57)
 3.4 实例分析 ………………………………………………………… (63)
 3.5 总结与展望 ……………………………………………………… (75)

第4章 滑坡运动状态识别模型研究 ……………………………………… (77)
 4.1 灰色降噪生成式对抗网络 ……………………………………… (77)
 4.2 仿射迁移学习 …………………………………………………… (82)
 4.3 基于空间投影聚类的滑坡状态判识 …………………………… (86)
 4.4 基于物理机制与卷积的粒子滤波同化位移预测模型 ………… (91)
 4.5 实例分析 ………………………………………………………… (96)
 4.6 总结与展望 ……………………………………………………… (107)

第5章 基于多无人机网络的用户关联和路径规划研究 ………………… (110)
 5.1 相关技术介绍 …………………………………………………… (111)
 5.2 无人机编队拓扑控制和信息采集 ……………………………… (119)
 5.3 基于 BCD 的无人机编队稳定拓扑与信息采集算法 ………… (126)
 5.4 仿真结果分析 …………………………………………………… (133)
 5.5 总结与展望 ……………………………………………………… (141)

第6章 基于无人机系统的任务卸载和载波分配研究 …………………… (143)
 6.1 移动边缘计算和深度强化学习 ………………………………… (144)

6.2 无人机辅助下的移动边缘计算的加权能耗最小化 …………………… (150)
6.3 仿真结果与分析 ……………………………………………………… (165)
6.4 总结与展望 …………………………………………………………… (173)
主要参考文献 ………………………………………………………………… (175)

第1章 绪 论

我国国土面积辽阔,地理环境复杂,地质灾害多发。滑坡是我国常见的具有严重危害的自然灾害之一,分布范围大,活动频率高且造成的损失巨大。三峡大坝的修建和投入使用对三峡沿岸的地质环境与岩土体性质产生了不利影响,在降雨和库水的联合作用下,三峡沿岸发生了大量的滑坡险情。据统计,三峡库区的涉水滑坡共有1200多个,并且还存在各种类型的变形边坡(Younis & Fahmy,2004)。长期以来,滑坡预测预报始终是滑坡灾害理论研究中的主要内容之一,众多的研究所和防治单位采用各种先进的监测技术与仪器建造了各种不同的滑坡监测系统,基于丰富的滑坡监测数据提出了诸多的滑坡预测预报方法。滑坡的监测预警工程相对于治理工程往往能够获得较高的效益比。对滑坡变形开展周期性监测,可以客观真实地记录滑坡的变形演化过程,对了解掌握滑坡的现状以及开展滑坡的准确预测具有重要意义。然而目前在滑坡监测信息的无线传输、智能处理上仍存在一些问题,导致无法实现滑坡变形失稳的实时预测预警。针对以上问题,本书开展了面向能效最优化的无线传感网络稳定关联策略研究,以提高实时的监测数据信息采集、处理和传输效率。

随着智能化传感器技术的快速发展,具有通信能力的微型、低成本传感器节点促使了无线传感器网络(wireless sensor networks,WSN)的出现。WSN作为一项新兴技术,有望在许多领域实现实时的信息采集、处理和传输,例如智能家居、环境监测、交通控制、工业的库存管理和医疗保健等,因此吸引了学术界和工业界的广泛关注。WSN由大量密集部署的低功率和低带宽的传感器节点组成,通常是无人值守和远程部署,且表现出分散和自组织的特性。WSN中传感器节点能量、计算和通信等资源是受限的。由于这些限制,WSN的主要挑战是如何尽可能延长整个网络的存活时间,而拓扑控制是提高能量利用效率、延长传感器节点存活时间的有效手段,因此系统能效成为评估WSN拓扑控制方案的重要指标之一。而整个WSN运行过程中最消耗能量的阶段是数据传输,因此如何以较低的功率进行数据传输或者传输更少的数据量是提高能量利用效率必须面对的问题。研究表明,基于集群的拓扑控制,即把传感器节点划分为簇,是解决这一挑战非常有效的方式。这是因为分簇将所有传感器节点分为不同的组,每个组中的传感器节点首先进行数据感知并且将感知到的数据发送给一个称为簇头(cluster head,CH)的本地基站,然后CH将所有接入自己的簇成员(cluter member,CM)的数据收集并进行融合,最后传输给无线通信基站。在这个过程中CM由于靠近CH而降低了它们的传输功率,进而减少了能量消耗。而CH为了减少冗余信息会将收到的数据进行融合,这减少了数据传输量。此外,将节点分簇不但可以节约能量,而且CM通过较短的距离向各自的CH传输数据,还可以减少网络争用。因此,设计一个基于分簇的,能够延长

WSN生命周期的高效拓扑控制方案尤为重要。在拓扑控制方案研究中,如何有效减少节点的能量消耗具有重要的现实意义。许多研究者考虑基于距离或能量的聚类。然而,如果不考虑无线资源分配和CM的服务质量(quality of service,QoS)要求,聚类方法可能会导致节点之间低效和不可靠的通信。这意味着传感器节点需要消耗更多的能量来确保通信的可靠性。特别是对于处于簇边缘的节点,由于地理位置关系,它们可能被分配到传输速率较低的簇中,这就导致了数据传输的高延迟和高能耗。因此,在WSN的拓扑控制中必须考虑无线资源分配的公平性和无线信道的状况,同时必须保证CM的QoS要求。同时,由于CH的资源受限,一个CH同时服务的CM越多,每个CM能获得的无线资源就越少。因此,CH所服务的CM数量将影响该簇中CM的资源分配和QoS。同时,CH需要处理从周围的CM收到的数据,融合之后转发给基站。因此一个簇中的最大CM数量由CH的数据处理能力决定。因此,在设计拓扑控制方案时,必须考虑CH的处理能力限制,保证整个网络的负载均衡。在能量和处理能力有限的WSN中,负载均衡和拥塞控制在提高WSN运行能力,特别是生存时间、数据包交付率和传输时延等方面起着重要作用。为了应对上述挑战,在设计WSN的拓扑控制方案时要尽可能做到以下3个方面:①利用合理分簇来尽可能减少CM与CH的数据传输能耗;②保证传感器节点的QoS要求和资源分配的公平性;③控制CH节点的负载均衡和拥塞。综合考虑这3个方面,对于减小传输时延、保证服务高可用、提高能量效率、延长生存时间具有重要意义。

  目前,滑坡位移预测模型的相关研究主要分为两大类:一类是以机器学习、智能优化算法为基础的数学模型;另一类是以数值模拟、简化的动力学方程为基础的物理模型。近年来,得益于人工智能和计算机芯片等硬件设备的快速发展,各种算法的提出和改进使得滑坡位移预测的精度不断提升。计算机性能的提高也使得数值模拟技术能更精细和准确地探究滑坡发生位移的机制与机理。如何基于动水驱动型滑坡的响应机制解释和改进滑坡位移预测算法及提高数值模拟的真实程度是亟待解决的问题。动水驱动型滑坡成因机制复杂,一方面,降雨-库水作用会直接产生动态渗透压力、浮托力等荷载效应;另一方面,动水作用引起的几何扩容、颗粒冲蚀也会导致滑坡地质体结构劣化,进而引发地质体强度劣化。在动水荷载效应和滑坡地质体强度劣化效应的双重作用下,滑坡最终可能发生灾难性失稳破坏。因此,在动水驱动型滑坡启滑机制与判据研究中,滑坡渗流场变化是动水驱动型滑坡启滑的重要触发因素,滑(软弱)带强度劣化是动水驱动型滑坡启滑的内在机制,滑坡动水响应是动水驱动型滑坡启滑的关键环节,而滑坡状态的构建和滑坡临界状态判识是动水驱动型滑坡启滑判据的核心内容。针对动水驱动型滑坡已有的多种类型(降雨、库水位、地表位移、深部位移和土体参数等)的监测数据,本书提出了更为准确的时序序列预测模型并合理构建滑坡状态矩阵和临滑状态判识标准。基于动水驱动型滑坡监测数据特征,并结合物理预测模型,本书构建了既具有物理意义又符合数值计算规律的滑坡状态,揭示了滑坡状态的演化规律,提出了滑坡状态的判识标准,最终确立了准确识别临滑状态的方法。该方法基于滑坡运动机理划分滑坡运动阶段从而构建对应的滑坡状态,实现对临滑状态的有效判定,这是动水驱动型滑坡预测预报中的关键问题,对滑坡的阶段划分,以及滑坡失稳机理和稳定性分析具有重大意义,并为动水驱动型滑坡地质灾害的精准防控提供了理论依据和应用价值,针对滑坡类地质灾害在一定程度上提高了防灾减灾的有效性。对于某些动水驱动型滑坡的监测数据稀少,无法使用需要海量样本的机器学习对滑坡状态进行判断,本方法的目的是通过大量生成滑坡状态样本,建立滑坡状态判识预测方法。同时,寻找滑坡状态矩阵相关参数以及表示方法,探索滑坡状态外部激励、内部状态与响应的耦合关系,最终确定滑坡状态判识预测的方法。该方法从深度挖掘滑坡状态样本特征的角度对滑坡状态进行学习,能用于动水驱动型滑坡临滑前的预报,对提升动水驱动型滑坡地质灾害精准防控水平具有重要理论和应用价值,能在一定程度上提高服务防灾减灾的有效性。

对于现实中的灾情响应等危急情况,本书构建了一个由多个无人机、地面用户和卫星组成的用户数据信息采集系统,以实现滑坡实时预测,提供紧急救援。无人机(unmanned aerial vehicle,UAV)拥有协作和实时计算能力,且具有灵活和可移动性,被广泛应用于传统蜂窝网络无法覆盖的地区(如农村、偏远或易受灾地区)收集、组合和处理数据,以满足基本的通信需求。特别是在移动边缘计算(mobile edge computing,MEC)网络中,无人机被用作边缘服务器,为用户提供灵活且可部署的计算资源。而且在严重受灾地区,处于未知的环境状态中,低地球轨道(low earth orbit,LEO)卫星可以有效地为无人机提供控制和必要的通信协助,以提高无人机利用效率。在 MEC 网络中,经常优化无人机计算资源调度、无人机轨迹、带宽分配和发射功率控制等来实现系统目标。然而,在实际系统中,由于复杂和动态的地形,多架无人机的起飞点可能不总是对齐的。为了无人机间能够相互协作,提供更好的用户服务,无人机群需要保持稳定的拓扑结构飞行,即实现编队飞行。此外,与传统的无人机编队控制不同,无人机编队在保持稳定的拓扑结构飞行的同时必须满足地面用户的通信需求,即无人机编队的飞行轨迹必须基于地面用户数据的采集。与地球静止轨道卫星不同,LEO 卫星对特定区域的覆盖时间有限,因而 LEO 卫星为无人机编队提供路径规划等服务的时间是有限的。因此,在 LEO 卫星覆盖时间内,无人机形成稳定的拓扑结构与地面用户关联并采集用户数据是相互依赖的。为了提高无人机的 MEC 网络的实用性和性能,必须对多架无人机的编队、用户关联和路径规划进行联合优化。对于无人机的编队控制,许多学者采用深度强化学习技术来构建无人机编队的拓扑结构。Chen 等(2014)和 Tang 等(2022)利用一个图形神经网络来逼近无人机的最优部署,同时还采用无模型强化学习来迭代调整无人机的位置。Wang 等(2022)将无人机群的形成和导航控制过程描述为一个马尔可夫决策过程(Markov decision process,MDP),通过自学习优化无人机群的控制。Cui 等(2022)提出了一种自适应 Q 学习方法,使 UAV 能够作出分布式和自适应的路由决策。Koushik 等(2019)构建了相应的模型,引入深度强化学习(deep Q-Network,DQN)来确定无人机节点之间的优化链路。同时,通过使用优化算法对无人机节点的位置进行轻微调整,以期望提升网络的整体性能。上述研究采用了神经网络来优化无人机的编队控制,但在实际生活中,往往需要证明无人机形成编队的稳定性和收敛性。对于无人机的用户数据采集阶段,需要考察无人机和用户之间的资源分配问题。例如,在 Li 等(2019)和 Hu 等(2019)的研究中,无人机编队之间的连接被固定为一组具有线性拓扑的节点,同时优化了一维无人机轨迹和无线资源分配,以实现系统目标,包括最大化可实现的速率区域。在 Xiong 等(2020)的研究中,所有无人机根据特定的数据量、位置和网络拓扑结构形成联合体结构,每个联合体以一定的模式传输数据。在 Han 等(2009)的研究中,无人机部署和机动性问题被公式化以增强各种连接类型，包括全局消息连接性、最坏情况连接性、网络平分线连接性。由上述研究可得，无人机和用户间的资源分配问题往往需要考虑无人机的轨迹问题以及无人机与用户之间的关联问题。综上所述，虽然无人机辅助移动边缘计算已经被广泛研究，但是关于无人机的轨迹优化和资源分配仍是研究的重点。因此，在构建多无人机辅助 MEC 系统模型时，需要合理地设计数学问题模型，同时要尽可能制定高效的策略来优化系统性能，在可接受的复杂度内求解无人机轨迹与最优的用户关联策略。为了提高无人机从起飞到服务的整体 MEC 网络性能，本书提出了一个双层优化框架，在 LEO 卫星覆盖时间范围内，联合优化无人机编队飞行轨迹以及用户的关联决策，旨在最小化无人机能耗，同时尽可能地最大化用户通信速率和数据采集量。

随着物联网（internet of things，IoT）和 5G 移动通信技术的发展，越来越多的移动应用设备进入市场，例如 VR 眼镜、无人驾驶设备以及远程医疗设备等，这些应用设备对计算资源和时延都有较高的要求。然而，移动应用设备的电池容量和计算能力都十分有限，不能够满足这些应用的能量和时延要求。MEC 可以很好地解决这些问题，用户可以将部分或者全部的任务卸载到移动边缘的服务器上进行计算，然后由移动边缘服务器将计算后的结果回传到用户，这样可以降低任务的时延，延长用户的电池寿命，提高用户的体验质量（Hu et al.，2019）。然而，在一些基础设施欠缺的偏远地区，无法架设边缘服务器，为了解决这个问题，装备有 MEC-sever 的无人机已被广泛使用（Mozaffari et al.，2019）。无人机具有许多突出特点，如部署灵活、机动性强、视线链接能力强、成本低、调节方便、操作便捷和悬停能力，已经获得越来越多的研究和商业普及（李安等，2022）。这些特点使它们不仅能够支持各种军事应用，而且还能支持一些民用服务，包括运输、工业监测、农业服务、森林火灾监测和无线服务。在无人机上部署边缘计算服务器，可以用于加强无线蜂窝网络的覆盖和容量，并支持 IoT 智能城市环境中的通信，降低用户的时延，同时地面设备将计算任务卸载到无人机上进行处理，可以节省这些设备的计算资源（Sarkar et al.，2015）。无人机的种类繁多，在结构上，它大致可以分为固定翼和旋翼。固定翼无人机通常具有高负荷、高飞行速度、长续航时间和大巡航面积等特点（王春燕，2020）。它可以用恢复点坐标设置自动航行或自动着陆，但不能静止悬停，飞行轨迹相对固定，有较高的坠毁风险。与固定翼无人机相比，旋翼无人机具有更强的机动性、体积相对较小、拥有更轻的重量以及更加方便携带。此外，旋翼无人机可以在任意位置起飞，悬停在空中执行相关的任务。无人机辅助下的 MEC 系统，会涉及 UAV 的轨迹优化问题。由于无人机在空中是动态飞行的，当无人机飞到用户的上空时，用户会根据与 UAV 的位置、信道状态、自身的任务量等情况，选择是否和无人机进行关联，卸载部分或者全部的任务到无人机的边缘服务器上进行计算，如果在同一时段，多个用户同时卸载任务到无人机上进行计算，那么，无人机就需要根据自己的计算资源的大小，合理地分配给每一个用户计算资源。Lyu 等（2018）利用动态规划方法来解决 MEC 资源分配问题。然而，将这种方法应用到无人机辅助下的边缘计算中，求解的复杂性非常高，无人机的飞行选择几乎是无限的。无人机的轨迹也是实时更新的，轨迹的更新会影响它与地面用户之间的通信质量，从而影响无人机的计算资源的分配。无人机在不同的起始点也会影响飞行轨迹的优化以及计算资源的分配（Wang et al.，2021）。因此，无人机的轨迹规划是一个重点研究的问题。无人机的飞行轨迹是连续的,在实际求解的过程中变得很难处理。Wu 和 Zhang(2018)对无人机的轨迹进行了离散化,使得无人机的轨迹优化问题变得容易处理。然后,利用传统的凸优化方法进行求解。Liu 等(2018)对于多无人机的轨迹优化问题,利用深度强化学习(deep reinforcement learning,DRL)技术来进行求解,但是没有考虑无人机与地面用户之间的关联和计算资源分配的问题。

受到以上研究的启发,对于无人机辅助下的 MEC 系统,应该考虑到无人机与地面用户的关联、地面用户和无人机的计算资源分配以及无人机的飞行轨迹优化。无人机在飞行过程中的高度动态性将会影响地面用户与 UAV 的通信质量,合理规划无人机在每个时隙悬停通信位置是非常重要的。用户和无人机的计算资源和通信资源是有限的,在无人机由起始点飞到终点的过程中,需要联合考虑用户端和无人机端的资源分配以及无人机的轨迹优化,以期在资源受限的条件下有效地节约整个系统的能耗。

第2章　监测数据无线传感网络稳定关联策略研究

本章主要研究无线传感网络场景下的拓扑控制,以达到有效提高能量和资源利用效率、延长网络存活时间的目的。在设计拓扑控制方案时综合考虑了资源分配、负载均衡、能量消耗和拥塞控制之间的关系。同时为了更好地贴近实际场景,传感器节点除了考虑能量外,还有最小传输速率、最大通信资源和接入数量限制。本章的主要研究工作包括以下3个方面。

(1)提出一个由速率感知的模糊聚类、CH选择和传感器关联组成的3层框架。首先基于速率采用模糊C均值方法来对传感器进行分簇,并且通过公式计算和实验两种方式确定最优的分簇数量。然后采用粒子群优化(partical swarm optimization,PSO)算法来进行CH选择,并且为PSO算法设计新的适应度函数。最后,在考虑CH负载均衡和CM服务质量要求的情况下改进初始关联结果。更具体地说,通过引进价格机制构建最大化CM和CH效用的双端优化问题,求解该优化问题即可得到最优的传感器关联策略。

(2)提出最优和低复杂度两种传感器关联策略。对于构建的优化问题,提出两种算法得到传感器关联策略。对于最优关联策略RFCSA,采用拉格朗日对偶和KKT条件来求解CM端优化问题,利用改进的PSO算法来求解CH端优化问题。仿真结果表明,RFCSA能够有效提高WSN的资源利用率和能量效率。考虑到基于PSO的算法具有很高的复杂度,为了扩大算法的适用场景,本章在RFCSA的基础上提出低复杂度关联策略LCRFCSA。该算法通过KKT条件和理论推导得到传感器关联优化问题的次优闭式解,在性能损失可以忽略不计的情况下极大地降低了算法复杂度。

(3)提出稳定的传感器关联和负载均衡策略。在LCRFCSA的基础上,提出一种基于GS的稳定传感器关联策略LCRFCSA-GS来进一步调整关联结果,从而实现稳定的传感器关联和CH的负载均衡。首先将拥塞因子引入CM的收益函数,通过价格机制调整关联结果来实现CH的负载均衡,这有助于延缓传感器网络的死亡时间。然后考虑到接入数量的限制会导致不稳定的传感器关联,采用GS算法来进一步改进关联结果。

2.1　相关技术介绍

2.1.1　WSN概述及应用场景

无线传感器节点具有传感、处理、通信和存储能力,能够测量湿度、振动、位移、温度等物理量。WSN 由部署在目标监测区域上的大量传感器节点组成，数据按照路由协议从节点直接或者经过中继节点传输到基站，再通过通信网络展示给用户。无线传感器由于尺寸、功耗和成本降低，已经成为日常生活中不可或缺的一部分，主要是因为其易于部署，维护要求低，并且能够在恶劣的环境中运行而不需要任何监督。事实上，无线传感器正在将物理世界与数字计算系统联系起来，在这些系统中，所感知的信息被用来作出一些及时的决定。整个社会对无线传感器的接受程度也越来越高(Tan et al.，2015；Liu et al.，2020)。

在现代社会，传感器和传感器网络几乎被用于所有民用应用中，包括医疗保健、环境监测、农业、工业、交通运输、家庭等(Gale & Shapley，1962)。WSN 系统利用部署在目标区域中的大量传感器来协作感知和收集来自各种环境或对象的数据，并通过数据的深度多参数融合和协作处理来了解目标的状态。凭借其独特的优势，WSN 系统可以满足当前军事、工业物联网、环境监测等多个领域准确和全面的实时信息采集需求(Yu et al.，2017)。但是大规模WSN 的部署和应用仍然面临以下技术性挑战。

(1)考虑公平性、QoS 要求的拓扑控制。控制传感器的能耗对于保证 WSN 的生存时间、系统的感知精度和高可用具有重要意义，而拓扑控制是提升能量效率的有效手段。大多数拓扑控制方法很少考虑资源分配的公平性以及 CM 的 QoS 要求，而资源和 QoS 要求的保障对于应用或者业务的正常运行尤为重要。因此，如何在保证这两者的情况下获得高效的拓扑控制方案是当前面临的挑战之一。

(2)资源受限场景下的负载均衡以及导致的不稳定关联。为了更好地发挥分簇的潜在优势，资源有限的 CH 迫切需要更新型的负载均衡技术。此外，传感器处理能力和接入数量的限制会导致拓扑控制产生的传感器关联是不稳定的(Borst et al.，2013)，即 CH 和 CM 都没有得到彼此更偏好的选择。因此，如何在满足系统约束的情况下获得稳定的传感器关联也是需要考虑的问题。

2.1.2 分簇路由协议

分簇路由协议是一种应用在 WSN 中有层次的路由协议。它具有便于控制、高扩展性、易于数据融合等特点。利用路由协议主要达到如下目的：提升能量利用效率，延长网络生存时间；实现数据融合，减少簇间数据传输量；对于网络局部拓扑的快速反应和重新组织，尽量避免整个网络的崩溃。路由协议的设计除了保证 WSN 基础的正常运行之外，还应该考虑能量利用的效率、稳定性和安全性等。然而，分簇路由协议也存在一些挑战。主要挑战之一是与形成和维护簇相关的开销，以及 CH 由于处理能力限制而成为网络瓶颈的可能性。尽管存在这些挑战，但分簇路由协议由于存在显著的优势而在 WSN 中被广泛使用。下面主要介绍LEACH、TEEN、Ring Routing 等经典的分簇路由协议。

LEACH 算法是一个经典的分层拓扑控制算法，通过推出"轮"的概念提高了能量效率和网络生存时间。LEACH 的运行包括两个阶段，即构建阶段和稳定阶段。首先在构建阶段，网络中的节点会组成多个簇，并从每个簇中选出一个 CH。然后在稳定阶段，CM 将感知到的数据传输给 CH 处理。在构建阶段，预先确定的一部分节点，选举自己为 CH，具体如下：每个传感器节点在[0,1]区间内生成一个随机数 r，当某个节点的数值低于系统预设的阈值 $T(n)$ 时，该节点会被选定作为 CH。阈值的计算包含了成为 CH 的期望百分比、当前回合以及在过去 P 轮中未被选为 CH 的节点集合，即

$$T(n)=\begin{cases}\dfrac{P}{1-P\cdot\left[r\cdot\mathrm{mod}\left(r,\dfrac{1}{P}\right)\right]},& n\in G\\ 0,& \text{其他}\end{cases} \tag{2.1}$$

式中：P 是初始定义为 CH 的概率；G 是参与 CH 选举的节点的集合；$\mathrm{mod}(r,1/P)$ 是返回 r 除以 $(1/P)$ 后的模数；r 表示正在进行的轮数。所有当选的 CH 都向网络中的其他节点广播一个信息，告诉它们是新的 CH。根据广播的信号强度，非 CH 节点决定它们接入哪个 CH，并通知选中的 CH。CH 为每个成员节点创建一个时分多址（TDMA）时隙，以协调簇内通信。在稳定阶段，传感器节点可以开始感知并向 CH 传输数据。CH 收到所有 CM 的数据后，在发送给基站之前将其融合。经过预先确定的一定时间，网络再次回到构建阶段，进入另一轮选择新 CH 的过程。LEACH 协议建议 CH 的最佳数量为网络中总节点的 10%。然而，随机选择的 CH 在数量上不是最优的，并且产生的簇具有不同的大小。这些缺点导致传感器节点能量消耗不平衡，从而导致网络寿命缩短。

TEEN 基于 LEACH 的运行流程做出了一定改进（Manjeshwar & Agrawal, 2001）。它们之间不同的是，LEACH 提出了"轮"的概念，所有传感器每轮周期性地上传自己采集到的数据，而 TEEN 主要基于减少数据传输量的思想而设计，多适用于火灾监测、有毒有害气体监测等场景。TEEN 提出了软阈值和硬阈值两个参数，软阈值表示采集数据的波动范围，而硬阈值表示采集数据的最高值，这两个参数主要用来筛选需要发送的异常数据。在簇建立阶段，CH 通过 TDMA 的方式向成员节点广播当前的软硬阈值。到数据传输阶段，CM 判断当前采集到的数据是否大于硬阈值并且该数据与上次发送数据变动幅度是否大于软阈值，只有当这两个条件同时满足数据才会被上传。在下个周期的簇建立阶段，对这两个参数进行更新。TEEN 通过上述方式有效减少了数据的传输量，与 LEACH 相比更适用于对数据实时性要求不高的场合。但是该协议也存在一些问题，例如传感器所采集的数据如果一直不满足数据传输的条件，那么此节点就不会上传数据，这会导致 CH 不能有效获取 CM 的工作和存活情况。

在一个典型的 WSN 中，由于数据流量集中到汇聚节点，靠近汇聚节点的传感器电量消耗速度更快，导致其过早死亡并中断了传感器数据报告。为了缓解这个问题，移动汇聚节点的概念被提出，它能隐式地提供负载平衡的数据传输，并实现整个网络的统一能耗。Tunca 等（2014）提出了环形路由协议 Ring Routing，它是一种新型的、分布式的、节能的移动汇聚节点路由协议，适用于对时间敏感的应用。环形路由协议提出了一种环形拓扑结构，其中环由一个节点宽度的封闭条带组成，这些节点被称为"环节点"。环形成后，进行邻居发现以确定相邻的环节点。环作为事件和查询的汇合点，汇聚节点通过向网络中心转发其位置信息包的方式与环进行通信，环节点在任何时候都保存汇聚节点的当前信息。源节点通过类似的通信方式查询环。此外，环形结构可以被改变，以防止其迅速死亡。因此，环节点必须不时地与普通

节点交换角色。该协议的优势在于,首先环形结构简单,容易构建;其次由于不同的节点不时地交换角色,能量空洞的问题可以得到一定程度的控制;最后,从环形结构中直接查询汇聚节点位置信息,有助于快速传播数据,提高数据传输效率。

2.1.3 凸优化

目前对于凸优化问题的求解存在很多有效的算法,如最小二乘法、内点法(Mehrotra,1992)和CVX优化工具箱(Grant & Boyd,2008)等都应用较多,并且大多数情况下可以找到问题的最优值且速度较快。因此如果某个待求解问题可以转化为凸优化问题,那么一定程度上可以认为已经成功求解此问题。然而对于非凸优化问题,求解它通常是有挑战的,很少有方法可以非常有效地求解非凸优化问题,而且大多数只能求得它的局部最优解。目前比较常见的做法是将非凸优化问题转变为凸优化问题,如采用连续凸近似、引入Slack松弛变量和拉格朗日对偶等方法,然后基于凸优化理论对其进行求解。当然这种方式通常难以保证此解的最优性,然而两者性能差距在多数情况下可以接受。

2.1.3.1 凸优化基本理论

1)仿射集

在集合C中任意选择两个点,如果由它们确定的直线仍然在该集合中,那么称该集合是仿射集。即:对于$\forall x_1, x_2 \in C, \theta \in R^n$,满足$\theta x_1 + (1-\theta)x_2 \in C$。

2)凸集

在集合C中任意选择两个点,如果由它们确定的线段仍然在该集合中,那么称该集合是凸集。即:对于$\forall x_1, x_2 \in C, \forall \theta \in [0,1]$,满足$\theta x_1 + (1-\theta)x_2 \in C$。图 2.1 展示了常见的凸集和非凸集。

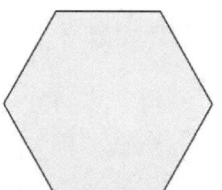
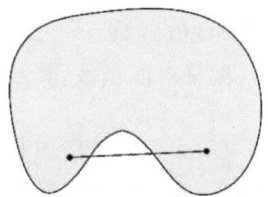

图 2.1 凸集(左)和非凸集(右)示意图

3)凸函数

如果函数的定义域是一个凸集,并且对于$\forall x,y \in \mathrm{dom}\, f, \forall \theta \in [0,1]$,存在$f[\theta x_1 + (1-\theta)x_2] \leqslant \theta f(x_1) + (1-\theta)f(x_2)$,那么$f(x)$为凸函数。图 2.2 展示了凸函数的常见形式。

4)凸优化问题

下面描述对于优化问题的定义,其一般形式为

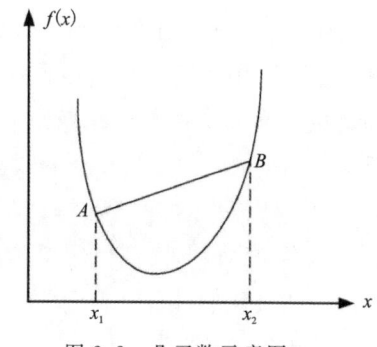

图 2.2 凸函数示意图

$$\begin{aligned}&\min f_0(x)\\&\text{s.t. } f_i(x)\leqslant 0, i=1,\cdots,m\\&\quad h_i(x)=0, i=1,\cdots,p\end{aligned} \quad (2.2)$$

在满足所有约束条件 $f_i(x)\leqslant 0, i=1,\cdots,m$ 和 $h_i(x)=0, i=1,\cdots,p$ 时,寻找使得目标函数 $f_0(x)$ 最小化的 x。其中 $x\in R^n$ 为优化变量,$f_i(x)\leqslant 0$ 为不等式约束,$h_i(x)=0$ 为等式约束。假设一个优化问题为标准的凸优化问题,则这个问题需要同时符合 3 个条件:①优化问题的目标函数是凸函数;②不等式约束函数是凸函数;③等式约束函数是仿射函数。

2.1.3.2 拉格朗日对偶

在求解有约束优化问题时,比较常见的做法是构建出原问题的对偶问题,成功求解对偶问题后也就得到了原始问题的解。这种方法被广泛应用主要是因为:①对偶问题的对偶问题仍然是原问题;②原问题的对偶问题一定是凸优化问题,与原问题本身的凸性无关;③对偶函数的最优值是原始问题最优值的下界;④当满足强对偶性时,两者的解是完全相等的。

基于上述原因,下面将详细介绍拉格朗日对偶方法的原理。

1)拉格朗日对偶函数

标准形式的优化问题如式(2.2)所示,此处不再赘述。

假定该问题的定义域 $D=(\bigcap_{i=0}^{m}\text{dom }f_i)\bigcap(\bigcap_{i=0}^{m}\text{dom }h_i)$ 所构成的集合是非空的,且最优值为 p^*。拉格朗日对偶的做法是通过引入拉格朗日乘子,将问题中的约束条件添加到目标函数中,得到加权的目标函数。由此优化问题[式(2.2)]的拉格朗日函数可以定义为

$$L(x,\lambda,\nu) = f_0(x) + \sum_{i=1}^{m}\lambda_i f_i(x) + \sum_{i=1}^{p}\nu_i h_i(x) \quad (2.3)$$

其中 λ_i 为约束条件 $f_i(x)\leqslant 0$ 引入的拉格朗日乘子,同理 ν_i 是约束条件 $h_i(x)=0$ 引入的拉格朗日乘子。拉格朗日函数包含 3 个变量 (x,λ,ν),将该函数对 x 求最小值,得到的关于 (λ,ν) 的函数即称为拉格朗日对偶函数,其数学表达式为

$$g(\lambda,\nu) = \inf_{x} L(x,\lambda,\nu) = \inf_{x}\left[f_0(x) + \sum_{i=1}^{m}\lambda_i f_i(x) + \sum_{i=1}^{p}\nu_i h_i(x)\right] \quad (2.4)$$

2)拉格朗日对偶问题

随意选取一组 (λ,ν),满足 $\lambda\geqslant 0$。拉格朗日对偶函数 $g(\lambda,\nu)$ 是通过对拉格朗日函数 $L(x,\lambda,\nu)$ 求关于 x 的最小值得到,因此它是原优化问题最优值的一个下界。一个直觉的想法是,在拉格朗日函数确定所有的下界中取一个最大值,那么该值和原问题的最优值必然存在关联。该想法可以表述为如式(2.5)所示的优化问题。

$$\begin{aligned}&\max g(\lambda,\nu)\\&\text{s.t. }\lambda\geqslant 0\end{aligned} \quad (2.5)$$

求解拉格朗日对偶问题得到的最优解记为 (λ^*,ν^*)。在 (λ^*,ν^*) 处的目标函数值即为该问题的最优值,用 d^* 表示。由于 d^* 是所有下界中的一个最大值,那么它应该满足如式(2.6)所示的不等式关系。

$$d^* \geqslant p^* \tag{2.6}$$

根据拉格朗日对偶的定义,此不等式的成立与原问题的凸性无关。这个不等式称为弱对偶性。

通过拉格朗日对偶的方式得到的对偶最优值与原问题最优值的差距,即为 $p^* - d^*$,将其定义为最优对偶间隙。根据弱对偶性可知,最优对偶间隙总是满足大于或等于零。假如原问题的求解是有困难的,此时可以选择将原问题转换为对偶问题进行求解,对偶问题可以为原问题的最优值提供一个下界。由于对偶问题一定是凸问题,很多非常有效的方法可以得到对偶最优值。

若最优对偶间隙为零,即对偶最优值与原问题最优值是相等的,认为此时强对偶性成立。那么此时求解对偶问题就得到了原问题的最优解,并且没有任何性能损失。这是比较理想的情况,但一般而言强对偶性对于大多数优化问题不成立。但是,当原问题也是凸问题时,强对偶性通常情况下(但不绝对)是成立的。对于强对偶性的成立,有很多研究成果给出了比较有效的成立条件来进行判断。

一个常用的判断方法是 Slater 条件:在集合中存在一个点满足 $x \in \text{relint } D$,即点 x 为集合 D 的相对内点,如果有式(2.7)成立:

$$\begin{aligned} f_i(x) < 0, i = 1, \cdots, m \\ Ax = b \end{aligned} \tag{2.7}$$

则证明 Slater 条件成立。Slater 定理表明,当满足原问题是凸优化问题,且 Slater 条件成立时,强对偶性成立。

如果原优化问题中存在仿射的不等式约束条件,那么可以对 Slater 约束条件进行弱化,只需保证式(2.8)所示的条件成立,则强对偶性成立。假定不等式约束中前 k 个是仿射的,则弱化的 Slater 条件表述为:在集合中存在一个点 $x \in \text{relint } D$,如式(2.8)成立,则强对偶性成立。

$$\begin{aligned} f_i(x) \leqslant 0, i = 1, \cdots, k \\ f_i(x) < 0, i = k+1, \cdots, m \\ Ax = b \end{aligned} \tag{2.8}$$

Slater 条件和弱化的 Slater 条件满足其一,则原问题的强对偶性成立,也表明通过求解对偶问题即可得到原问题的最优解,即存在对偶最优解 (λ^*, ν^*),使得等式 $g(\lambda^*, \nu^*) = d^* = p^*$ 成立。

综上所述,如果原问题是凸优化问题,那么强对偶性在大多数情况下成立,此时得到了对偶最优值也就等价于得到了原问题的最优值。如果原问题不是凸优化问题,那么其对偶问题是凸优化问题,有很多非常有效的方法来得到凸优化问题的最优值,该最优值是原问题最优值的一个最好下界,两者差值为 $p^* - d^*$。

2.1.3.3 KKT 最优性条件

KKT 最优性条件由 Karush 以及 Kuhn 和 Tucher 先后通过两篇论文提出,是一组用于确定优化问题解的最优性的条件,该条件被广泛应用于工程、金融和经济等领域。它为解决复杂的优化问题提供了强大的方式,是现代优化算法的重要组成部分。KKT条件结合了一阶最优性条件,即目标函数的梯度在最优解处等于零,以及变量满足约束条件。针对不等式约束,引入Slack松弛变量将其转换为等式约束,然后对所得方程组进行求解来找到最优解。除了确定最优性外,KKT条件还可为对偶理论和算法设计等方面提供理论基础。下面将详细介绍KKT的相关内容。

假定原问题强对偶性成立,x^* 和 (λ^*,ν^*) 分别为原问题和对偶问题的最优解,那么 x^* 必然是 $L(x,\lambda^*,\nu^*)$ 关于 x 的最优解,因此有 x^* 处一阶导数为零,即

$$\nabla f_0(x^*) + \sum_{i=1}^{m} \lambda_i^* \nabla f_i(x^*) + \sum_{i=1}^{p} \nu_i^* \nabla h_i(x^*) = 0 \tag{2.9}$$

此外,最优解还应满足下式所示的条件:

$$\begin{aligned}
&f_i(x^*) \leqslant 0, i=1,\cdots,m \\
&h_i(x^*) \leqslant 0, i=1,\cdots,p \\
&\lambda_i^* \leqslant 0, i=1,\cdots,m \\
&\lambda_i^* f_i(x^*) = 0, i=1,\cdots,m \\
&\nabla f_0(x^*) + \sum_{i=1}^{m} \lambda_i^* \nabla f_i(x^*) + \sum_{i=1}^{p} \nu_i^* \nabla h_i(x^*) = 0
\end{aligned} \tag{2.10}$$

式(2.9)和式(2.10)称为KKT条件。对于任一优化问题(不要求为凸优化问题),只要其目标函数和约束函数具有可微性,此时如果通过Slater条件等方式判断强对偶性成立,那么最优解必定满足KKT条件,即KKT条件为最优解的必要条件。而如果原问题为凸优化问题,则满足KKT条件的一组解 (x^*,λ^*,ν^*) 肯定是原问题和对偶问题的最优解,即此时KKT条件变为充要条件,因此可以直接利用KKT条件来求解凸优化问题。

2.1.3.4 投影次梯度法

投影次梯度法是一种求解具有不等式约束的不可微凸优化问题的优化算法,属于次梯度算法的一个分支。投影次梯度法是一种迭代方法,从初始可行解开始,通过向目标函数的次梯度方向步进并将结果投影到由约束定义的可行集上来迭代更新解。当目标函数变化小于预定的阈值或达到最大迭代次数时,算法终止。该方法有几个明显的优势,包括保证收敛到可行解以及与迭代次数平方根成正比的收敛速度。它通常被用于机器学习、控制和金融等领域的优化问题。然而,它相比于梯度下降和牛顿法等其他优化算法收敛更慢,并且可能需要更多的迭代次数才能达到最优解,这是因为次梯度并不保证是目标函数下降的方向。尽管存在这些限制,但投影次梯度法仍然是一种受欢迎的选择,因为它在解决不等式约束问题时具有简单性和通用性。下面将对投影次梯度法相关理论内容进行详细介绍。

1)函数可微

对于函数 $y=f(x)$,存在 x 的改变量 Δx 和函数值相应的改变量 Δy 有如式(2.11)所示的关系。

$$\Delta y = g(x)\Delta x + o(\Delta x) \tag{2.11}$$

其中 $o(\Delta x)$ 为 Δx 的高阶无穷小，此时称函数 $f(x)$ 可微。

2）函数可导

对于函数 $y=f(x)$，存在极限

$$\lim_{\Delta x \to 0} \frac{f(x+\Delta x)-f(x)}{\Delta x} \tag{2.12}$$

此时称函数 $f(x)$ 可导。

3）梯度

对于函数 $y=f(x)$，$x=[x_1,\cdots,x_n]^{\mathrm{T}}$，该函数的梯度计算公式为

$$\nabla f(x)=\begin{bmatrix} \dfrac{\partial f(x)}{\partial x_1} \\ \cdots \\ \dfrac{\partial f(x)}{\partial x_n} \end{bmatrix} \tag{2.13}$$

梯度存在如下性质：

(1) $\nabla[f(x)+g(x)]=\nabla f(x)+\nabla g(x)$；

(2) $\nabla[\alpha f(x)]=\alpha \nabla f(x)$；

(3) $\nabla\{f[g(x)]\}=\nabla g(x)\nabla f[g(x)]$。

4）次梯度

对于函数 $y=f(x)$，如果满足下式所示的条件：

$$f(x) \geqslant g^{\mathrm{T}}(x-x_0)+f(x_0) \tag{2.14}$$

则称 g 的集合为次梯度，记为 $g \in \partial f$。次梯度并没有要求函数 $f(x)$ 的凸性，满足该条件的 g 均为次梯度。图 2.3 展示了函数 $f(x)$ 的多个次梯度。

次梯度有如下性质：

(1) $\partial(\alpha f)=\alpha \partial(f)$；

(2) $\partial(f_1+f_2)=\partial(f_1)+\partial(f_2)$；

(3) 假如 $h(x)=f(Ax+b)$，则 $\partial h(x)=A^{\mathrm{T}}\partial f(Ax+b)$。

5）投影

在范数 $\|\cdot\|$ 概念下，一个点 $x_0 \in R^n$ 到闭集合 $C \subseteq R^n$ 的距离可以定义为

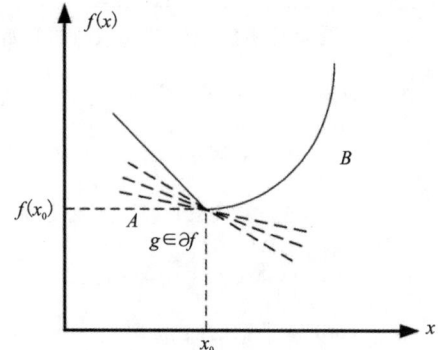

图 2.3 函数次梯度示意图

$$\mathrm{dist}\,(x_0,C)=\inf\{\|x_0-x\| \mid x \in C\} \tag{2.15}$$

而 C 中满足条件 $\|z-x_0\|=\mathrm{dist}\,(x_0,C)$ 的点 z，即 z 是最接近 x_0 的，此时将 z 称为 x_0 在 C 上的投影。用 P_C 表示向 C 上的投影运算，那么 $P_C(x_0)$ 表示 x_0 在 C 上的投影，即

$$P_C(x_0)=\arg \min\{\|x-x_0\| \mid x \in C\} \tag{2.16}$$

一般情况下,某一点在 C 上的投影并不是唯一的,这是因为 C 中会存在多个点都满足上述条件。图 2.4 展示了常见的点到集合的投影。

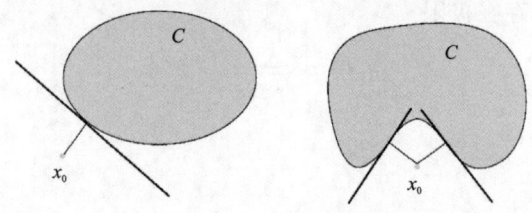

图 2.4　点到集合的投影示意图

当范数 $\|\cdot\|$ 是 l_2 范数时,此时的投影称为 Euclid 投影。如果集合 C 的外部存在一点 x_0,那么 x_0 在集合 C 上的 Euclid 投影可表示为

$$P_C(x_0) = \arg\min\left\{\frac{1}{2}\|y-x_0\|_2^2 \mid y\in C\right\} \tag{2.17}$$

6) 梯度下降

梯度下降法是一种常用于求可微函数最小值的优化算法,通过多次迭代计算函数的梯度,来确定下次前进的方向,然后按照该方向进行步进,直到算法收敛,停止迭代。梯度下降广泛应用于机器学习、非线性优化等领域。它是解决优化问题的一种简单且有效的方法,尤其是在高维空间中。然而,如果目标函数具有多个极小值,梯度下降可能对学习速率的选择敏感,并且可能陷入局部极小值。算法 2.1 给出了梯度下降法的流程。

算法 2.1　梯度下降法

1　给定优化函数 $f(x)$ 定义域内的初始点 $x \in \text{dom } f$;

2　**repeat**

3　　确定下降方向 $\Delta x := -\nabla f(x)$;

4　　通过精确或者回溯直线搜索方向确定步长 t;

5　　更新 $x := x + t\Delta x$;

6　**until** 满足算法停止准则

---

7) 次梯度下降

次梯度下降法是最小化不可微凸函数的一种非常简单的方法。该方法和普通的梯度下降法类似,但有几个明显的例外:

(1) 次梯度下降法适用于不可微函数;

(2) 次梯度的步长通常提前固定,而不是和梯度下降一样采用直线搜索步长;

(3) 次梯度不确保是下降方法,函数值可以(并且经常)增加。

次梯度法和梯度法相似,都是一阶方法,因此它们的性能在很大程度上取决于问题的规模和条件,相比之下牛顿法和内点法等二阶方法受问题规模影响较小。此外,收敛速度也比二阶方法更慢。然而,次梯度法相比内点法和牛顿法的优势在于,首先它可以快速应用于比内点法或牛顿法更广泛的问题;其次,次梯度法的内存需求比内点法或牛顿法小得多,这意味着它可以用于无法使用内点法和牛顿法的超大型问题。次梯度下降算法流程和梯度下降算法类似,只是前进的方向变为次梯度的反方向。

8)投影次梯度下降

梯度和次梯度方法都存在只适用于无约束优化问题的局限性,而投影次梯度下降法可以突破这一局限。

考虑在凸集 C 上的有约束优化问题,有

$$\begin{aligned} &\min f(x) \\ &\text{s.t.} \ x \in C \end{aligned} \quad (2.18)$$

在每次迭代过程中,在不考虑约束的情况下首先基于次梯度方式进行,然后再将每次更新得到的解 x 向凸集 C 进行投影,即

$$x^{(k+1)} = P_C(x^{(k)} - t_k g^{(k)}) \quad (2.19)$$

式中:P_C 为 Euclid 投影算子;$g^{(k)}$ 为函数 $f(x)$ 在 $x^{(k)}$ 处的任一次梯度。

2.2 基于速率感知的模糊分簇和 CH 选择

本节综合考虑资源分配、负载均衡、能量消耗和拥塞管理之间的关系,提出了一个基于联合速率感知模糊聚类、能量感知的 CH 选择和稳定传感器关联的 3 层框架,旨在提高 WSN 的资源利用率和能量效率。该框架首先采用基于速率感知的模糊聚类方法进行初始分簇,然后采用 PSO 来进行 CH 选择。考虑 CH 的资源容量和处理能力限制以及 CM 的 QoS 要求,本节引入价格机制来构建最大化 CH 和 CM 效用的双端传感器关联优化问题,通过得到该问题的最优解来改进初始传感器关联结果。

2.2.1 网络模型

考虑一个有 N 个传感器节点的 WSN,通过密度为 φ 的泊松点过程部署,如图 2.5 所示。这些传感器节点被分为 K 个簇,所以有 K 个 CH,其中 $B = \{CH_1, \cdots, CH_j, \cdots, CH_K\}$ 是 CH 的集合,此外 $N-K$ 个传感器节点为 CM,其中 $\varepsilon = \{CM_1, \cdots, CM_i, \cdots, CM_{N-K}\}$ 是 CM 的集合。$|\varepsilon|$ 是集合 ε 中的传感器节点个数,ε_j 记为与 CH j 关联的 CM 的集合。

由于 CH 的容量有限,当大量的 CM 与一个 CH 相关联时,资源或者处理需求可能会超过其容量,此时这个 CH 可能会过载。在这种情况下,过载的 CH 将无法为 CM 提供 QoS 保证。因此,在 WSN 的拓扑控制中必须同时考虑资源分配、负载平衡、能源消耗和拥塞控制。

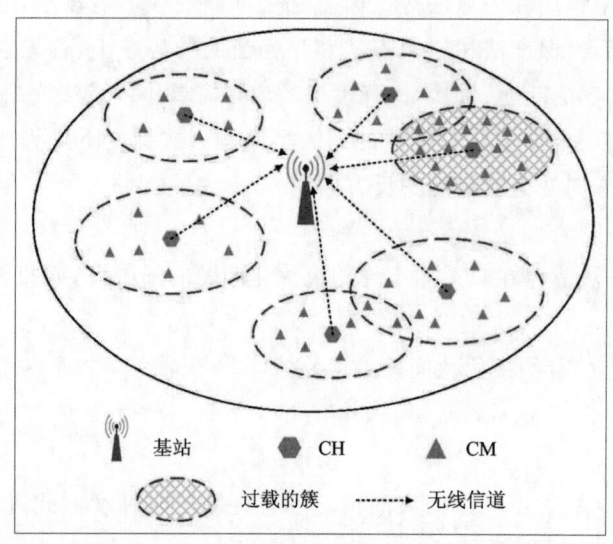

图 2.5 分簇 WSN 模型

对构建的传感器网络模型作以下假设:
(1) 当传感器节点的部署完成后,节点的位置是固定的,在调度范围内不会改变;
(2) 传感器节点采用单跳传输方式,将收集到的信息传输给一定范围内的 CH;
(3) 每个传感器节点都含有一定程度的电池能量,能量随着数据传输而减少;
(4) 每个传感器节点的无线资源和数据处理能力都是有限的。

为了简化表述,表 2.1 中列出了关键的参数及含义。

表 2.1 网络模型关键参数及其含义

参数	含义	参数	含义
L	数据包长度	$R_j^{\max}$	CH 可以提供的最大无线资源
P_i	传输功率	K^*	最优分簇个数
μ	放大器的能量放大效率	a	效用函数的风险规避系数
E_i^{elc}	电路能耗	p_j	接入 CH 的资源价格
E_{DA}	数据融合的能量消耗	E_{init}	传感器的初始能量
$\gamma_i^{\min}$	最小速率限制	E_{bj}	CH 传输数据到基站的能量消耗
x_{ij}	速率参数	η_j	拥塞因子
λ_j	拉格朗日乘子	$N_j^{\max}$	CH 的最大接入数量
c_{ij}	CM 和 CH 之间长期可实现速率	r_{ij}	CM 和 CH 之间实际速率

2.2.2 能耗模型

传感器节点在发送和接收数据时需要消耗能量,因此减少能量消耗对维持 WSN 的运行起着决定性的作用。本节的能耗模型参考了 Ren 等(2016)的研究。为了简化表达,用下标来表示传感器节点的索引。下面详细介绍数据传输的能耗模型。

对于传感器节点 n_i,向传感器节点 n_k 发送 L 数据量的能耗计算式为

$$E_{ki}^t = \frac{1}{\mu} P_i t_{ki} + E_i^{elc} t_{ki} = \frac{1}{\mu}(P_i + \overline{E}_i^{elc})\frac{L}{r_{ki}} \quad (2.20)$$

式中:P_i 为传输功率;t_{ki} 为数据传输时间;E_i^{elc} 为节点 n_i 的电路能耗,它取决于信号数字编码、调制和滤波等因素,并且满足 $\overline{E}_i^{elc} = \mu E_i^{elc}$;$\mu$ 为能量放大效率,取决于功率放大器和调制方案;r_{ki} 为节点 n_i 到节点 n_k 的传输速率;。

对于传感器节点 n_i 来说,从传感器节点 n_k 接收 L 数据量的能耗由式(2.21)给出。

$$E_{ik}^r = t_{ik} r_{ik} E_i^{elc} = L E_i^{elc} \quad (2.21)$$

此外,CH j 向基站 b 传输 L 数据量的能耗 E_{bj} 计算式为

$$E_{bj} = \frac{1}{\mu}(P_j + \overline{E}_j^{elc})\frac{L}{r_{bj}} \quad (2.22)$$

考虑到同一簇中的 CM 地理位置接近,这些 CM 收集了大量的相似信息,所以 CH 可以通过数据融合消除冗余的信息,以减少传输能耗 E_{bj}。每个 CM 向 CH 发送 L 数据量,CH 将所有收到的信息压缩成 L 数据量,数据融合的能耗记为 E_{DA}。

2.2.3 约束条件

CM 和 CH 数据传输都采用频分多址方式。本节不考虑子载波分配的问题,而是采用 CH 的无线资源(即带宽)分配,这在传感器和用户关联问题中很常见(Ye et al.,2013),每个 CM 在 CH 分配给自己的频谱带宽上进行传输。因此,同一簇内的 CM 之间没有同频干扰。同时,考虑的是上行链路传输,由于传感器节点的发射功率一般较小,不同簇之间的相互干扰是可以忽略的。在调度范围内,c_{ij} 用来表示 CM i 和 CH j 之间的无线链路每赫兹可实现的速率(bps/Hz)(Tian et al.,2017;Ji et al.,2020),则计算式为

$$c_{ij} = \log\left(1 + \frac{P_i h_{ij}}{\sigma^2}\right); \forall i \in \varepsilon, \forall j \in B \quad (2.23)$$

式中:σ^2 为噪声功率;h_{ij} 为 CM i 与 CH j 之间的信道增益。

为了确保 CM 的可靠传输,引入最小速率约束 γ_i^{min}($\forall i \in \varepsilon$)来保证 CM 的 QoS,如式(2.24)所示。

$$\gamma_i^{min} \leqslant r_{ij} = x_{ij} c_{ij}; \forall i \in \varepsilon, \forall j \in B \quad (2.24)$$

式中:r_{ij} 为 CM i 和 CH j 之间的传输速率;x_{ij} 为速率参数,表示传输速率 r_{ij} 与每赫兹可实现的速率 c_{ij} 的比值。此外,考虑到 CH 的无线资源是有限的,需要增加如式(2.25)和式(2.26)所示的约束条件。

$$\sum_{i \in \varepsilon_j} x_{ij} c_{ij} \leqslant R_j^{max}; \forall j \in B \quad (2.25)$$

$$|\varepsilon_j| \leqslant N_j^{max}; \forall j \in B \quad (2.26)$$

式中:R_j^{max} 为 CH j 可以提供的最大无线资源,由 CH 的资源能力决定;N_j^{max} 为 CH j 可以同

时服务的最大 CM 数量,由 CH 的处理能力决定。值得注意的是,由于约束条件[式(2.26)],CM 作出关联决策的偏好顺序会导致不稳定的传感器关联。

2.2.4 传感器分簇

2.2.4.1 分簇数量

在 WSN 中,分簇数量是一个重要的问题,它将影响整个网络的能耗。最优的分簇数量需要通过所涉及的网络环境和能耗模型进行分析。合适的分簇数量 K^* 可以采用两种方法获得:一种是由系统模型推出的闭式最优分簇数量;另一种是通过实验方式获得(Heinzelman et al.,2002)。本节也结合这两种方法来确定系统中的分簇数量。首先,用闭式方法缩小最优分簇数量的搜索范围,然后在缩小的搜索范围上进行实验,得到最优结果。

通过能耗模型和系统模型得到的缩小搜索范围为

$$K^* = \frac{\sqrt{N}}{\sqrt{2\pi}} \sqrt{\frac{\varepsilon_{fs}}{\varepsilon_{mp}}} \frac{M}{d_{toBS}^2} \tag{2.27}$$

式中:M 表示传感器节点分布在一个 $M \times M$ 的区域内;d_{toBS} 表示从 CH 到基站的距离。将 $\varepsilon_{fs}=10\text{pJ}/(\text{bit} \cdot \text{m}^{-2})$,$\varepsilon_{mp}=0.001\ 3\text{pJ}/(\text{bit} \cdot \text{m}^{-4})$ 代入式(2.27),公式中的其他参数在本章 2.4 节的仿真参数设置部分给出,计算得到分簇数量应满足 $K^* \geqslant 2$。

基于构建的系统模型,对不同分簇个数下的传感器网络进行运行仿真,可以确定所有传感器节点每轮的能耗。图 2.6 给出了不同分簇个数下每一轮传感器节点的平均能耗。能耗越少,则证明当前分簇数量更有助于让传感器生存时间更长。因此,本节在所有算法性能仿真中取最优分簇数量 $K^*=5$。

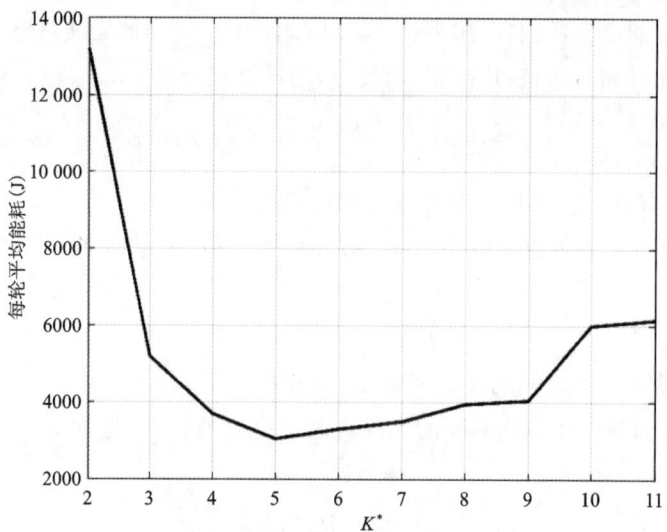

图 2.6 每个传感器节点每轮平均能耗与分簇数量(K^*)的关系

2.2.4.2 速率感知模糊聚类

Rahman 等(2019)提出了一种基于距离的模糊聚类方法。网络中的每个节点都有一定的归属度,它反映了该节点关联某个簇的概率。然而,这种方法并没有考虑传感器节点的无线信道状况。受式(2.20)能耗模型启发,使用传输速率作为模糊聚类的指标更为实际,这是因为传输速率综合了距离、信道状况和通信资源等因素的影响。因此,本节提出了一种基于传感器节点传输速率的模糊聚类方法。

在模糊聚类中,簇 O_j 的簇中心用 o_j 表示。从传感器节点 n_i 到簇中心 o_j 的传输率用 r_{io_j} 表示,r_{io_j} 用来计算传感器节点 n_i 对簇 O_j 的归属度 w_{ij}。在归一化之后,归属度 w_{ij} 的定义由式(2.28)给出。

$$w_{ij} = \frac{r_{io_j}^2}{\sum_{k=1}^{K} r_{io_j}^2} \tag{2.28}$$

式中,K 为分簇的数量。

首先,簇中心 o_j 被随机初始化,然后根据式(2.28)计算每个传感器节点的归属度,重新确定簇中心 o_j。这个过程重复进行,直到簇中心不再变化。

2.2.5 CH 选择

经过模糊聚类,所有的传感器节点被划分为 K 个簇。WSN 拓扑控制的目的是使所有节点在每一轮中的能耗最小。因此,CH 选择可以看作是一个能耗最小化的优化问题。本节根据网络拓扑结构的动态变化,使用了基于 PSO 的 CH 选择算法来获得最优的 CH。

能量被用作基于 PSO 的 CH 选择的目标函数中的衡量指标,并且根据式(2.20),传输速率的影响已经被包括在能耗中。此外,本节还考虑了潜在 CH 的剩余能量,以避免剩余能量较少的节点担任 CH,这可能导致这些节点过早死亡,影响整个 WSN 的性能。因此,本节突出了以下两个因素:每一轮所有传感器节点的总能耗和潜在 CH 的剩余能量。CH 选择的目标函数定义如式(2.29)所示。

$$f_{\text{CH}} = \theta \cdot E_{\text{tsum}} + (1-\theta) \cdot E_{\text{rest}} \tag{2.29}$$

式中:E_{tsum} 为 WSN 一轮的总能耗;E_{rest} 为潜在 CH 的剩余能量;θ 为能耗系数。下面详细介绍这两者的计算公式。

特别地,对于第 τ 轮,传感器节点 n_i 的能耗计算式为

$$E_i(\tau) = \begin{cases} E_{ji}^t, & n_i \text{ 为 } O_j \text{ 中的 CM} \\ \sum_{k \in \epsilon_i} E_{iK}^r + E_{bi} + E_{\text{DA}}, & n_i \text{ 为 CH} \end{cases} \tag{2.30}$$

因此,在第 τ 轮,整个传感器网络的总能耗 $E_{\text{tsum}} = \sum_{i=1}^{N} E_i(\tau)$。

如果节点 n_j 是一个潜在的 CH,E_{rest}^j 记为潜在 CH n_j 在第 τ 轮开始时的剩余能量,其计算式为

$$E_{\text{rest}}^{j}(\tau) = E_{\text{init}} - \sum_{\varphi=1}^{\tau-1} E_{j}(\varphi) \tag{2.31}$$

因此，所有潜在 CH 的剩余能量 $E_{\text{rest}} = \sum_{j=1}^{K} E_{\text{rest}}^{j}(\tau)$。

能耗是影响 WSN 寿命的主要因素，设定能耗系数 $\theta=0.8$。式(2.29)用于 PSO 算法选择 CH 的目标函数。速率感知模糊聚类和能量感知的 CH 选择方法可以用算法 2.2 表示。

算法 2.2 速率感知模糊聚类和能量感知的 CH 选择
输入：传感器节点位置、信道状况和分簇个数
输出：传感器分簇和 CH 选择方案
1　随机地初始化每个簇的簇中心 o_j；
2　**repeat**
3　　　**for** 每个传感器节点 n_i
4　　　　　**for** 每个簇 o_j
5　　　　　　　按照式(2.28)计算归属度 w_{ij}；
6　　　　　**end for**
7　　　**end for**
8　　　**for** 每个簇 o_j
9　　　　　重新确定簇中心 o_j；
10　　**end for**
11　**until** 每个簇中心 o_j 不再改变
12　**for** 每个簇 o_j
13　　　按照目标函数(2.29)使用 PSO 算法来选择 CH；
14　**end for**

2.2.6　传感器关联优化问题构建

如前文所述，设计一个高效的拓扑控制算法必须考虑 CH 的负载均衡和 CM 的资源分配。因此，在初始分簇之后，本节考虑在 CH 资源能力和 CM 的 QoS 要求约束下，通过引入价格机制来构建 CM 端和 CH 端的双端优化问题来改进初始的传感器关联结果，从而提高资源利用率，延长整个 WSN 的生存时间。下面将分别详细介绍双端优化问题的构建过程。

2.2.6.1　CM 端

为了提高能量传输效率，CM i 总是试图最大化自身的总体效用。效用函数定义如式(2.32)所示。

$$U_i(r_i) = a\left(r_i - \frac{1}{2}ar_i^2\right); ar_i \leqslant 1 \tag{2.32}$$

式中：$U(\cdot)$ 为二次效用函数；a 为风险厌恶系数；$r_i = \sum_{j \in B} r_{ij}$ 为 CM 的传输速率。该式综合反映了 CM i 的满意程度。事实上，这种满意程度受到多种因素的影响，如传输速率和能耗。因此，用一个效用函数来表达传感器节点的满意度，而不是直接采用节点的能耗作为指标是有意义的。由式(2.20)和式(2.21)中的能耗模型可知,能耗是传输速率的反比例函数,所以本节使用的效用函数使其最大化也能最小化能耗。此外,引入效用函数也可以增强无线资源分配的公平性,提高 WSN 的资源利用率。考虑到效用函数应该是传输速率的单调递增函数,它也可以被建模为对数函数、S 形函数或其他符合要求的函数。当然,本节提出的算法可以很容易地扩展到其他效用函数。

CM 应该对 CH 的服务付出一定的成本,该成本如式(2.33)所示。

$$\sum_{j \in B} p_j x_{ij} \tag{2.33}$$

式中,p_j 为接入 CH j 的价格。因此,CM i 的收益函数如式(2.34)所示。

$$S_i^{CM}(x_{ij}) = a \left[\sum_{j \in B} x_{ij} c_{ij} - \frac{1}{2} a \left(\sum_{j \in B} x_{ij} c_{ij} \right)^2 \right] - \sum_{j \in B} p_j x_{ij} \tag{2.34}$$

为了最大限度地提高 CM 的收益,通过解决如式(2.35)所示的优化问题可以获得最优的传输速率参数。

$$\begin{aligned}
P1: \max_{x} \sum_{i \in \varepsilon} S_i^{CM}(x_{ij}) &= \sum_{i \in \varepsilon} a \left[\sum_{j \in B} x_{ij} c_{ij} - \frac{1}{2} \left(\sum_{j \in B} x_{ij} c_{ij} \right)^2 \right] - \sum_{i \in \varepsilon} \sum_{j \in B} p_j x_{ij} \\
\text{s.t.} \quad & \gamma_i^{\min} \leqslant r_{ij} = x_{ij} c_{ij}; \forall i \in \varepsilon, \forall j \in B \\
& \sum_{i \in B} x_{ij} c_{ij} \leqslant R_j^{\max}; \forall j \in B
\end{aligned} \tag{2.35}$$

2.2.6.2 CH 端

问题 P1 的最优解取决于 CH 的定价策略 $p = [p_1, p_2, \cdots, p_K]$。在本节中,CH 的收益由三部分组成:一部分是式(2.33)中来自 CM 的接入费用,即每个 CM 使用 CH 的一部分无线资源,并向 CH 支付指定的接入费用;第二部分是能耗,CH 服务的 CM 越多,CH 接收、融合及转发数据所需的能量就越多;第三部分是 CH 与基站之间传输产生的能耗。然而,因为 CH 在此时已经通过 CH 选择算法被选定,并且基站的位置也是固定的,所以 CH 向基站传输数据的能耗是确定的,这意味着第三部分是一个常数,因此只需要考虑第一和第二部分。CH j 的收益函数计算式为

$$S_j^{CH}(p_j) = p_j \sum_{i \in \varepsilon_j} x_{ij} - \left[E_j^{elc} \sum_{i \in \varepsilon_j} x_{ij} c_{ij} + E_{DA} \left(\sum_{i \in \varepsilon_j} x_{ij} c_{ij} + 1 \right) \right] - \hat{E}_{bj} \tag{2.36}$$

式中:$\hat{E}_{bj}$ 为每秒向基站传输数据的能耗,它是一个常数。注意,$\sum_{i \in \varepsilon_j} x_{ij} c_{ij}$ 是 CH j 每秒从 CM 接收的数据量,该式右边括号中的第二项是 CH j 接收每比特数据量的能耗,包括数据接收能耗和融合能耗两部分。

CH 的定价策略旨在最大化自己的收益,这可以表示为如式(2.37)所示的优化问题。

$$\begin{aligned}
P2: \max_{p} \sum_{j \in B} S_j^{CH}(p_j) &= \sum_{j \in B} \left(p_j \sum_{i \in \varepsilon_j} x_{ij} - E_j^{elc} \sum_{i \in \varepsilon_j} x_{ij} c_{ij} \right) - \\
& \sum_{j \in B} \left[E_{DA} \left(\sum_{i \in \varepsilon_j} x_{ij} c_{ij} + 1 \right) + \hat{E}_{bj} \right] \\
\text{s.t.} \quad & 0 < p_j \leqslant p^{\max}, \forall j \in B
\end{aligned} \tag{2.37}$$

式中,$p^{\max}$ 为 CH 预定的最高接入价格。

2.3 面向负载均衡和拥塞控制的传感器关联

针对上一节提出的传感器关联优化问题,本节首先通过求解该问题得到最优的传感器关联策略;然后考虑到传感器节点的能耗和计算能力限制,在某些场景下部署高复杂度的拓扑控制方案是不现实的,为此,本节针对最优传感器关联算法复杂度高的问题,利用拉格朗日对偶和 KKT 最优性条件来获得优化问题的闭式次优解,在此基础上提出一个低复杂度的传感器关联方案;最后考虑到 CH 处理能力约束和接入数量导致的不稳定关联,利用拥塞因子和 GS 算法来进一步调整传感器关联,以实现 CH 负载均衡和稳定的传感器关联。

2.3.1 最优传感器关联策略

在本节将讨论如何获得最优速率参数和接入价格。速率参数实际上给出了 CM 的无线资源分配,并决定了传感器的关联。接入价格,作为分布式负载控制的一部分,用于最大限度地提高整个网络的资源利用率,从而提高 CM 的平均传输速率。下面将给出问题 P1 和 P2 最优解的求解过程。

2.3.1.1 CM 端

CM 的收益函数是一个凸函数。因此,P1 是一个带有约束条件的凸优化问题,可以用拉格朗日函数和 KKT 最优性条件来求解。

优化问题 P1 的拉格朗日函数 $L(x_{ij},\lambda_j,\nu_{ij})$ 如式(2.38)所示。

$$L(x_{ij},\lambda_j,\nu_{ij}) = \sum_{i\in\varepsilon} a\left[\sum_{j\in B} x_{ij}c_{ij} - \frac{1}{2}a\left(\sum_{j\in B} x_{ij}c_{ij}\right)^2\right] - \sum_{i\in\varepsilon}\sum_{j\in B} p_j x_{ij} + \sum_{i\in\varepsilon}\sum_{j\in B}\nu_{ij}(x_{ij}c_{ij}-\gamma_i^{\min}) + \sum_{j\in B}\lambda_j\left(R_j^{\max}-\sum_{i\in\varepsilon_j} x_{ij}c_{ij}\right) \quad (2.38)$$

式中,λ_j 和 ν_{ij} 为拉格朗日乘子。对偶函数如式(2.39)所示。

$$g(\lambda,\nu) = \max_{x} L(x_{ij},\lambda_j,\nu_{ij}) \quad (2.39)$$

则对偶问题如式(2.40)所示。

$$\begin{aligned}&\min_{\lambda,\nu} g(\lambda,\nu)\\ &\text{s.t. } x_{ij}=\hat{x}_{ij}\\ &\quad \lambda_j\geqslant 0, \forall j\in B\\ &\quad \nu_{ij}\geqslant 0, \forall i\in\varepsilon, \forall j\in B\end{aligned} \quad (2.40)$$

根据 P1 的凸性,通过令拉格朗日函数[式(2.38)]的一阶导数为零,可以得到解 $\hat{x}_{ij}$ 的表达式为

$$\hat{x}_{ij} = \frac{a-\lambda_j+\nu_{ij}-\dfrac{p_j}{c_{ij}}}{a^2 c_{ij}} \quad (2.41)$$

然后通过拉格朗日对偶和 KKT 条件可以成功求解 P1。下文给出了详细的推导过程，最优速率参数 $\hat{x}_{ij}^*(p)$ 的表达式为

$$\hat{x}_{ij}^*(p) = \begin{cases} \dfrac{a - \dfrac{p_j}{c_{ij}}}{a^2 c_{ij}}, \dfrac{a - \dfrac{p_j}{c_{ij}}}{a^2} \geqslant \gamma_i^{\min} \text{ 或者 } \sum\limits_{i \in \varepsilon_j} \dfrac{a - \dfrac{p_j}{c_{ij}}}{a^2} < R_j^{\max} \\ \dfrac{a - \lambda_j^*(p_j) + \nu_{ij}^*(p_j) - \dfrac{p_j}{c_{ij}}}{a^2 c_{ij}}, \text{其他} \end{cases} \quad (2.42)$$

在得到最优速率参数 $\hat{x}_{ij}^*(p)$ 之后，根据式(2.34)以及 $\hat{x}_{ij}^*(p)$ 来计算 CM i 的收益。然后 CM i 与具有最高收益的 CH 相关联。下面将展示 $\hat{x}_{ij}^*(p)$ 的求解过程。

对偶问题[式(2.40)]的 KKT 条件如式(2.43)~式(2.48)所示。

$$\left\{ ac_{ij} - a^2 c_{ij}^2 \left[\dfrac{a - \lambda_j + \nu_{ij} - \dfrac{p_j}{c_{ij}}}{a^2 c_{ij}} \right] - \left[p_j + (\lambda_j c_{ij} - \nu_{ij} c_{ij}) \right] \right\} \dfrac{\partial(\hat{x}_{ij})}{\partial \lambda_j} \bigg|_{(\lambda_j, \nu_{ij}) = (\lambda_j^*, \nu_{ij}^*)} -$$
$$\sum_{i \in \varepsilon} \left[\dfrac{a - \lambda_j^* + \nu_{ij} - \dfrac{p_j}{c_{ij}}}{a^2 c_{ij}} \right] \times c_{ij} + R_j^{\max} = \zeta_j \quad (2.43)$$

$$\left\{ ac_{ij} - a^2 c_{ij}^2 \left[\dfrac{a - \lambda_j + \nu_{ij} - \dfrac{p_j}{c_{ij}}}{a^2 c_{ij}} \right] - \left[p_j + (\lambda_j c_{ij} - \nu_{ij} c_{ij}) \right] \right\} \dfrac{\partial(\hat{x}_{ij})}{\partial \nu_{ij}} \bigg|_{(\lambda_j, \nu_{ij}) = (\lambda_j^*, \nu_{ij}^*)} -$$
$$\left[\dfrac{a - \lambda_j^* + \nu_{ij} - \dfrac{p_j}{c_{ij}}}{a^2 c_{ij}} \right] \times c_{ij} - \gamma_i^{\min} = \rho_{ij} \quad (2.44)$$

$$\zeta_j \lambda_j = 0 \quad (2.45)$$

$$\rho_{ij} \nu_{ij} = 0 \quad (2.46)$$

$$\zeta_j \geqslant 0 \quad (2.47)$$

$$\rho_{ij} \geqslant 0 \quad (2.48)$$

通过简化，可以将式(2.43)和式(2.44)改写为式(2.49)和式(2.50)。

$$R_j^{\max} - \sum_i \left[\dfrac{a - \lambda_j^* + \nu_{ij} - \dfrac{p_j}{c_{ij}}}{a^2 c_{ij}} \right] \times c_{ij} = \zeta_j \quad (2.49)$$

$$\left[\dfrac{a - \lambda_j^* + \nu_{ij} - \dfrac{p_j}{c_{ij}}}{a^2 c_{ij}} \right] \times c_{ij} - \gamma_i^{\min} = \rho_{ij} \quad (2.50)$$

根据式(2.49)，如果资源能力约束[式(2.25)]得到满足，那么 $\zeta_j > 0$，此时如果 $\lambda_j^* \neq 0$，这与式(2.45)相矛盾。因此，当资源能力约束得到满足时，λ_j 的最优解必然是 $\lambda_j^* = 0$。否则，由于 $\zeta_j = 0$，并且

$$\sum_i \left[\dfrac{a - \lambda_j + \nu_{ij} - \dfrac{p_j}{c_{ij}}}{a^2 c_{ij}} \right] \times c_{ij} \quad (2.51)$$

为 λ_j 的单调递增函数,那么必须存在一个正的 λ_j^* 来确保式(2.45)得到满足。因此,当违反资源能力约束[式(2.25)]时,最优的 λ_j^* 是 p_j 的函数,表示为 $\lambda_j^*(p_j)$。同理,当 CM 的 QoS 要求[式(2.24)]得到满足时,ν_{ij} 的最优解是 $\nu_{ij}^* = 0$;否则,最优解是 p_j 的函数,表示为 $\nu_{ij}^*(p_j)$。因此,如果约束条件[式(2.24)]和[式(2.25)]在 CH j 中得到满足,那么 $\hat{x}_{ij}^*(p)$ 的表达式为

$$\hat{x}_{ij}^*(p) = \frac{a - \frac{p_j}{c_{ij}}}{a^2 c_{ij}} \tag{2.52}$$

否则满足

$$\hat{x}_{ij}^*(p) = \frac{a - \lambda_j^*(p_j) + \nu_{ij}^*(p_j) - \frac{p_j}{c_{ij}}}{a^2 c_{ij}} \tag{2.53}$$

在得到 $\hat{x}_{ij}^*(p)$ 的闭式表达式之后,即得到了对偶函数 $g(\lambda,\nu)$。然后,通过求解对偶问题可以得到 $\lambda_j^*(p_j)$ 和 $\nu_{ij}^*(p_j)$。而获得它们的闭式解是很困难的,因此采用投影次梯度下降法来找到最优解。通过迭代更新 λ 和 ν,更新公式为

$$\begin{aligned}\lambda_j^{(k+1)} &= \left[\lambda_j^k + s_k \left(R_j^{\max} - \sum_{i \in \varepsilon_j} x_{ij} c_{ij}\right)\right]^+ \\ \nu_{ij}^{(k+1)} &= \left[\nu_{ij}^k + s_k (x_{ij} c_{ij} - \gamma_i^{\min})\right]^+ \end{aligned} \tag{2.54}$$

式中:$[x]^+ = \max\{x, 0\}$;$s_k > 0$ 为第 k 次迭代的步长,它可以通过公式 $s_k = \gamma / \|g^k\|$ 计算得到;g^k 为第 k 次迭代中对偶函数的次梯度。

至此,本节成功得到最优速率参数 $\hat{x}_{ij}^*(p)$。

2.3.1.2 CH 端

基于上述讨论,QoS 要求[式(2.24)]和资源容量约束[式(2.25)]使负载 R_j 成为 p 的分段函数,在最优速率参数 $\hat{x}_{ij}^*$ 下,CH j 的无线资源负载 $R_j(p)$ 如式(2.55)所示。

$$R_j(p) \begin{cases} \sum_{i \in \varepsilon_j} \gamma_i^{\min}, \hat{x}_{ij}^* c_{ij} < \gamma_i^{\min}, \forall i \in \varepsilon_j; \\ \sum_{i \in \varepsilon_j} \frac{a - \frac{p_j}{c_{ij}}}{a^2}, \hat{x}_{ij}^* c_{ij} \geqslant \gamma_i^{\min} \text{ 或者} \sum_{i \in \varepsilon_j} \hat{x}_{ij}^* c_{ij} < R_j^{\max}, \forall i \in \varepsilon_j; \\ R_j^{\max}, \sum_{i \in \varepsilon_j} \hat{x}_{ij}^* c_{ij} \geqslant R_j^{\max}, \forall i \in \varepsilon_j; \\ \sum_{i \in \varepsilon_j} \frac{a - \lambda_j^*(p_j) + \nu_{ij}^*(p_j) - \frac{p_j}{c_{ij}}}{a^2}, \text{其他} \end{cases} \tag{2.55}$$

将 CH 负载 $R_j = \sum_{i \in \varepsilon_j} x_{ij} c_{ij}$ 代入问题 P2,此时 P2 的目标函数对于接入价格 p 不是一个凸函数,这导致最优接入价格的闭式表达式很难得到。本节介绍一种改进的 PSO 算法,在 P2 的约束条件下以迭代的方式解决这个问题。下面将详细介绍该改进 PSO 算法(RFCSA)。

首先，多个粒子被放置在一个$|B|$维的空间中。粒子的初始位置是一个$|B|$维的价格向量$p^m(0)=(p_1^m(0),\cdots,p_{|B|}^m(0))$，其中上标$m$是粒子的索引，0表示初次迭代。注意，粒子的初始化必须满足约束条件，因此粒子m的初始价格元素应该位于其边界内。在初始化位置后，每个粒子的速度也被随机创建。以下策略用于创建粒子m的初始速度：$v^m(0)=[v_1^m(0),\cdots,v_j^m(0),\cdots,v_{|B|}^m(0)]$，其中$v_j^m(0)$是在$[-\Delta-p_j^m(0),p^{\max}-\Delta-p_j^m(0)]$的范围内随机创建，$\Delta$是一个小的正实数。这种改进保证了粒子位置的更新在迭代过程中始终满足约束条件。

Pbest$^m(k)$是粒子m在第k次迭代的最优位置，Gbest(k)是所有粒子的全局最优位置。Pbest$^m(0)$被初始化为粒子m的初始位置，Gbest(0)是根据$\hat{x}_{ij}^*(p^m(0))$和式(2.37)获得最大收益的粒子位置。在每次迭代过程中，粒子m的速度按式(2.56)更新。

$$v^m(k+1)=c_1\,\text{rand}_1[\text{Pbest}^m(k)-p^m(k)]+ \\ c_2\,\text{rand}_2[\text{Gbest}(k)-p^m(k)]+\omega v^m(k) \tag{2.56}$$

式中：c_1和c_2为权重参数；rand$_1$和rand$_2$为$(0,1)$中的随机数；ω为迭代权重，根据式(2.57)更新。

$$\omega=\omega_{\max}-(\omega_{\max}-\omega_{\min})\frac{k+1}{I} \tag{2.57}$$

式中：$\omega_{\max}$和$\omega_{\min}$分别为初始和最终权重；I为预定的最大迭代次数。动态权重的设计可以获得比固定权重更好的优化结果，并加速算法的收敛。粒子m的位置通过式(2.58)更新。

$$p^m(k+1)=p^m(k)+v^m(k+1) \tag{2.58}$$

然而，在每次迭代中，粒子价格的更新可能会违反不等式约束，即粒子的位置可能位于边界之外。因此，$p_j^m(k+1)$的更新过程需要改进，如式(2.59)所示。

$$p_j^m(k+1)=\begin{cases}p^{\max},\ p_j^m(k)+v_j^m(k)\geqslant p^{\max}\\ p_j^m(k)+v_j^m(k),\ 0<p_j^m(k)+v_j^m(k)<p^{\max}\\ 0,\ p_j^m(k)+v_j^m(k)\leqslant 0\end{cases} \tag{2.59}$$

然后经过$k+1$次迭代，此时粒子m的位置，即CH的价格向量更新为$p^m(k+1)=[p_1^m(k+1),\cdots,p_j^m(k+1),\cdots,p_{|s|}^m(k+1)]$。在粒子的位置被更新后，我们需要计算每个粒子的最优位置和全局最优位置。如上所述，对于粒子m，将$p^m(k+1)$代入式(2.37)，可以得到粒子m的收益，表示为$\hat{S}^m(k+1)$。然后，迭代$k+1$次的最优位置按照式(2.60)更新。

$$\text{Pbest}^m(k+1)=\begin{cases}\text{Pbest}^m(k),\ \hat{S}^m(k+1)<\hat{S}^m(k)\\ p^m(k+1),\ \hat{S}^m(k+1)\geqslant\hat{S}^m(k)\end{cases} \tag{2.60}$$

然后，在迭代$k+1$次后，全局最优位置Gbest$(k+1)$定义为具有最大收益的粒子的位置。当迭代次数达到预定的最大迭代次数I时，算法结束。此时的最优价格向量p为全局最优值Gbest(I)。在给出问题P1和P2的最优解后，每个CM根据CH广播的接入价格获得最优的速率参数$\hat{x}_{ij}^*(p)$，然后与具有最高收益的CH关联。RFCSA的细节在算法2.3中给出。

算法 2.3　RFCSA

输入:通过算法 2.2 得到的初始化传感器拓扑控制和 PSO 参数
输出:传感器关联方案
1　初始化 $p^m(0)$、$v^m(0)$ 以及 $Pbest^m(0)$, $\forall m$;
2　while 迭代次数 $k+1 \leqslant I$
3　　for 每个粒子 m
4　　　按照式(2.57)更新权重 ω;
5　　　分别按照(2.56)和式(2.59)更新粒子 m 的速度和位置;
6　　　for 每个 CM i
7　　　　用式(2.42)计算 $\hat{x}_{ij}^*(p^m(k+1))$;
8　　　end for
9　　　按照式(2.22)更新 $Pbest^m$;
10　 end for
11　 更新 Gbest;
12　end while
13　根据式(2.42),用 Gbest 计算最优速率参数 $\hat{x}_{ij}^*$;
14　for 每个 CM i
15　　for 每个 CH j
16　　　按照式(2.34)来计算 CM i 的收益;
17　　　CM 关联收益最高的 CH;
18　　end for
19　end for

2.3.2　低复杂度传感器关联策略

改进的 PSO 算法(RFCSA)求解问题 P2 虽然成功获得了最优接入价格 p,但是导致算法具有较高的时间复杂度。为了在可容忍的性能差距下降低 RFCSA 的复杂度,本节提出了一种次优方法来获得接入价格的闭式解,这样 CH 就可以根据其当前的负载情况直接计算其价格。幸运的是,当满足所有 CM 的 QoS 要求和 CH 的资源容量约束时,即满足 $\lambda_j = 0$, $\nu_{ij} = 0$, ($\forall i \in \varepsilon, \forall j \in B$),P2 的目标函数是一个凸函数,那么 P2 可以通过凸优化方法求解得到闭式解。

考虑最小速率约束[式(2.24)],如果当前接入的 CH j 不符合 CM i 的最低传输速率要求,那么 CM i 就不会接入 CH j。也就是说,如果 $\hat{x}_{ij}^*(p)c_{ij} < \gamma_i^{\min}$,那么 $\hat{x}_{ij}^*(p) = 0$。这种做法的原因有两个:首先,我们可以通过这种方式来确保每个 CM 满足其 QoS 要求;其次,根据式(2.34),CM 最终会接入具有最高收益的 CH。因此,这种处理方式对 RFCSA 得到的关联结果的影响基本可以忽略不计。综上所述,当约束条件[式(2.24)]得到满足时重写式(2.42),如式(2.61)所示。

$$\hat{x}_{ij}^*(p_j) = \frac{a - p_j/c_{ij} - \lambda_j^*(p_j)}{a^2 c_{ij}} \tag{2.61}$$

之后，本节推导得出以下的引理来解决 CH 资源容量约束[式(2.25)]。

引理 1：当 CM i 与 CH j 关联时，假设满足 CM 的 QoS 要求[式(2.24)]，那么 $v_{ij}=0$ ($\forall i \in \varepsilon_j$)，此时如果负载 R_j 达到簇 O_j 中 CH j 的资源容量约束 $R_j^{\max}$，CM i 的最优速率参数为 $\hat{x}_{ij}^{*}=R_j^{\max}/(|\varepsilon_j|c_{ij})$，$\forall i \in \varepsilon_j$。

下面将给出该引理的证明过程。

证明：在簇 O_j 中，拉格朗日乘子 λ_j^{*} 用于保证 CH j 的资源容量约束。如果负载 R_j 达到簇 O_j 中 CH j 的资源容量约束 $R_j^{\max}$，则最优解 λ_j^{*} 是 p_j 的函数，且 $\lambda_j^{*}(p_j)>0$。基于互补松弛条件，有 $\sum_{i \in \varepsilon_j} \hat{x}_{ij}^{*} c_{ij} = R_j^{\max}$。接下来将讨论所有 $i \in \varepsilon_j$ 的最优速率参数 $\hat{x}_{ij}^{*}$。

在这种情况下，由于不需要考虑簇 O_j 中的用户关联问题，获得 CH j 中 CM 的最优速率参数等价于找到了 CM 的最优资源分配因子。因此，本节将 CH j 中 CM i 的资源分配因子定义为 m_i，存在

$$\hat{x}_{ij}^{*} c_{ij} = m_i R_j^{\max} \tag{2.62}$$

其中 $\sum_{i \in \varepsilon_j} m_i = 1$。由于只考虑簇 O_j 的资源分配问题，该簇内的 CM 的目标函数是使 CM 的总效用最大化，如式(2.63)所示。

$$\begin{aligned}\max_{m} \sum_{i \in \varepsilon_j} a\left[m_i R_j^{\max} - \frac{1}{2} a (m_i R_j^{\max})^2\right] \\ = a R_j^{\max} - \frac{1}{2} a (R_j^{\max})^2 \sum_{i \in \varepsilon_j} m_i^2\end{aligned} \tag{2.63}$$

根据幂均值函数单调递增特性可以得到式(2.64)。

$$M_r(1) = \frac{\sum_{i \in \varepsilon_j} m_i}{|\varepsilon_j|} \geqslant M_r(2) = \sqrt{\frac{\sum_{i \in \varepsilon_j} m_i^2}{|\varepsilon_j|}} \tag{2.64}$$

因此，可以得到如式(2.65)所示的不等式。

$$\sum_{i \in \varepsilon_j} m_i^2 \geqslant \frac{1}{|\varepsilon_j|} \tag{2.65}$$

将不等式(2.65)代入式(2.63)，可得

$$a R_j^{\max} - \frac{1}{2} a (R_j^{\max})^2 \sum_{i \in \varepsilon_j} m_i^2 \leqslant a R_j^{\max} - \frac{1}{2} a \frac{(R_j^{\max})^2}{|\varepsilon_j|} \tag{2.66}$$

该式当且仅当 $m_1 = \cdots = m_i = \cdots = m_{|\varepsilon_j|}$ 时等号成立。因此，为了最大化式(2.63)，最优的资源分配因子 m_i 对于这个簇内所有 CM 来说应该是相等的，并且 $m_i = 1/|\varepsilon_j|$。在这种情况下，簇 O_j 中 CM i 的最优速率参数为

$$\hat{x}_{ij}^{*} = \frac{R_j^{\max}}{|\varepsilon_j| c_{ij}}, \forall i \in \varepsilon_j \tag{2.67}$$

至此引理 1 证明完成。

根据引理 1，当一个簇内的负载超过 CH 的资源容量时，最优速率参数与 CH 的接入价格无关，而是由可实现的速率和 CM 数量决定。在这种情况下可以根据 $\hat{x}_{ij}^{*} = R_j^{\max}/(|\varepsilon_j| c_{ij})$ 来直接获得关联结果；否则，$\hat{x}_{ij}^{*}(p) = [a-(p_j/c_{ij})]/(a^2 c_{ij})$。之后，根据优化问题 P2[式(2.37)]的

凸性,P2 问题可以通过 KKT 条件求解。P2 目标函数的一阶导数如式(2.68)所示。

$$\sum_{i\in\varepsilon_j}x_{ij}+p_j\sum_{i\in\varepsilon_j}x'_{ij}-(E_j^{\text{elc}}+E_{\text{DA}})\sum_{i\in\varepsilon_j}x'_{ij}c_{ij}=0 \tag{2.68}$$

将 $\hat{x}_{ij}^*$ 的表达式代入式(2.68),可以得到最优接入价格如式(2.69)所示。

$$\hat{p}_j^*=\frac{(a+E_j^{\text{elc}}+E_{\text{DA}})\sum_{i\in\varepsilon_j}\frac{1}{c_{ij}}}{2\sum_{i\in\varepsilon_j}\frac{1}{c_{ij}^2}} \tag{2.69}$$

由式(2.69)可以看出,CH 的负载越大,新接入 CH 的 CM 需要支付的资源价格就越高,这是合理且符合实际情况的。

在这个算法中,每个 CH 获得最优的接入价格,CM 根据接入价格计算出速率参数。然后,可以根据 CM 和 CH 的收益函数分别建立 CM 和 CH 的偏好列表,这些列表将被用于之后的 GS 算法。本节提出了一个闭式低复杂度次优 RFCSA 传感器关联算法(LCRFCSA)。LCRFCSA 的具体流程由算法 2.4 给出。

算法 2.4　低复杂度 RFCSA(LCRFCSA)

输入:利用算法 2.2 得到的初始化传感器拓扑控制
输出:低复杂度传感器关联方案

1　　for CH j
2　　　　用式(2.69)计算 $\hat{p}_j^*$;
3　　　　for 每个 CM i
4　　　　　　if $\sum_{i\in\varepsilon}[a-p_j/c_{ij}]/(a^2c_{ij})\leqslant R_j^{\max}$
5　　　　　　　　if $\hat{x}_{ij}^*(p)c_{ij}<\gamma_i^{\min}$
6　　　　　　　　　　$\hat{x}_{ij}^*(p)=0$;
7　　　　　　　　else
8　　　　　　　　　　$\hat{x}_{ij}^*(p)=[a-(p_j/c_{ij})]/(a^2c_{ij})$;
9　　　　　　　　end if
10　　　　　　else
11　　　　　　　　$\hat{x}_{ij}^*(p)=R_j^{\max}/(|\varepsilon_j|c_{ij})$;
12　　　　　　end if
13　　　　end for
14　　end for
15　　for 每个 CM i
16　　　　for 每个 CH j
17　　　　　　利用最优的速率参数按照式(2.34)来计算 CM i 的收益;
18　　　　　　CM 关联收益最高的 CH;
19　　　　end for
20　　end for

下面讨论 RFCSA 和 LCRFCSA 的复杂度对比。对于 RFCSA，其中 $\hat{p}_j^*$ 和 $\hat{x}_{ij}^*$ 的值需要用 PSO 计算。假设 PSO 总共需要 I 次迭代，粒子数为 Q，RFCSA 的复杂度为 $O[IQK(N-K)]$。相比之下，在 LCRFCSA 算法中，使用了 $\hat{p}_j^*$ 和 $\hat{x}_{ij}^*$ 的闭式表达式，并且在整个优化过程中每个传感器节点只计算一次。因此，LCRFCSA 算法的复杂度要比最优 RFCSA 算法低得多。LCRFCSA 在 RFCSA 的基础上降低了 RFCSA 算法的复杂度，采用凸优化的方式来得到所提出传感器关联问题的闭式解，在可容忍的性能差距范围内极大限度地降低了 RFCSA 的时间复杂度。

2.3.3 稳定传感器关联和负载均衡策略

本节将考虑 CH 的处理能力约束，表示为 $N_j^{\max}(\forall j \in B)$。每个 CM 在每轮中向一个 CH 传输 L 数据量。因此，一个簇中的 CM 数量决定了这个 CH 的工作负载，在设计关联算法时必须考虑该因素。为了实现 CH 之间的负载平衡，引入了一个拥塞因子，它可以使传感器节点在 CH 之间的关联更加均匀。CH j 的拥塞因子由 $\eta_j = N_j/|\varepsilon|$ 给出，其中 $N_j = |\varepsilon_j|$ 是 CH j 所服务的 CM 数量，$|\varepsilon|$ 是 WSN 中的 CM 数量。然后，函数 f_c 被定义为衡量 CH 的拥塞程度，如式(2.70)所示。

$$f_c(\eta_j) = 1 - \eta_j \tag{2.70}$$

根据式(2.34)，与 CH j 相关联的 CM 收益函数增加考虑负载均衡，如式(2.71)所示。

$$\hat{S}_i^{CM}(x_{ij}) = f_c(\eta_j) S_i^{CM}(x_{ij}), \forall i \in \varepsilon_j \tag{2.71}$$

得到新的速率参数并且 CH 在 P2 问题的基础上重新调整其接入价格。

正如在网络模型部分提到的，限制接入数量 $N_j^{\max}(\forall j \in B)$ 可能导致不稳定的关联。当一个 CH 达到其最大 CM 接入数量时，称该 CH 已"满"。在 CM 端，如果 $\hat{x}_{ij}^* \neq 0$ 且 $\hat{x}_{ik}^* = 0$，那么 CM i 倾向于选择 CH j 而不是 CH k。因此，子集 $B_i^{PL} = \{j | \hat{x}_{ij}^* \neq 0\}$ 用来表示 CM i 的 CH 偏好集合。很明显，每个 CM 都希望接入具有最高收益的 CH。因此，对于一个给定的接入价格向量 p，CM i 的偏好列表 List_i^{CM} 可以通过根据式(2.34)中的收益函数对 B_i^{PL} 中的所有 CH 进行排序来获得。注意，如果一个 CM 被所有的 CH 拒绝，它将接入未满的且能获得最高收益的 CH。

在 CH 端，当 CM 的数量小于 $N_j^{\max}$ 时，即 CH j 未满，任何传感器节点都可以按需接入。如果所有的 CH 都没有满，那么该算法就会退化为 LCRFCSA。否则，需要建立一个偏好列表来调整 CM 的关联。CH 根据其在式(2.36)中给出的资源收益确定偏好列表 List_j^{CH}。根据上述偏好列表，提出了一种基于 GS 的稳定的传感器关联算法，记为 LCRFCSA-GS，通过改进 LCRFCSA 的关联结果来实现 CH 之间的负载均衡，具体算法流程见算法 2.5。LCRFCSA-GS 进一步发展了 LCRFCSA，以获得一个稳定和负载均衡的传感器关联，同时考虑了 CH 的处理能力约束。首先引入拥塞因子来对 CH 进行负载均衡；然后为了避免传感器节点处理能力限制导致的关联不稳定问题，采用 GS 算法来对关联结果进行改进。

算法 2.5   基于 GS 算法的 LCRFCSA(LCRFCSA-GS)

输入:根据算法 2.4 获得的传感器关联策略
输出:稳定的传感器关联策略

1　基于输入的传感器关联策略和式(2.71),得到 CH j 的偏好列表 $List_j^{CH}(\forall j \in B)$ 和 CM i 的偏好列表 $List_i^{CM}(\forall i \in \varepsilon)$;
2　将所有的 CM 加入到拒绝列表 L_{CM} 中;
3　while L_{CM} 非空
4　　for CM i
5　　　L_{CM} 中的 CM j 适用于 $List_i^{CM}$ 中的第一个 CH;
6　　end for
7　　for CH j
8　　　if $|\varepsilon_j| \leqslant N_j^{max}$
9　　　　CH 保持已经关联的 CM;
10　　　else
11　　　　CH 将排序最高的 N_j^{max} 个 CM 放在其偏好列表 $List_j^{CH}$ 上,并拒绝其余的 CM;
12　　　　将被拒绝的 CM 放入 L_{CM};
13　　　end if
14　　　将 CH j 从 L_{CM} 中 CM 的偏好列表中删除;
15　　end for
16　end while

2.4　仿真结果与分析

本节将验证上文所提出算法的有效性并对结果进行分析。通过实验仿真了 WSN 的生存时间,并与 LEACH 和 FCPSO 进行了比较。FCPSO 是 Rahman 等(2019)提出的一个基于模糊分簇和 PSO 的新型拓扑控制方法。具体来说,首先采用模糊聚类算法根据地理位置对传感器节点进行初始分簇。然后,基于改进的 PSO 算法确定分层拓扑结构中的 CH 节点。在 WSN 中,如果一个传感器节点的能量减少到零,该节点就被认为是死亡节点。如果整个网络中死亡节点的数量达到预定的阈值,就认为整个 WSN 已经死亡。

2.4.1　仿真参数设置

N 个传感器节点被部署在一个区域 G,基站的位置是 (x_0, y_0)。假设每个节点传输一个长度为 L 的数据包。路径损失被建模为 $L(d) = 34 + 40\log(d)$。仿真参数设置如表 2.2 所示。

表 2.2 实验仿真参数

变量	参数	值
G	传感器节点分布区域	500×500
φ	传感器节点部署密度	250
(x,y)	基站位置	$(250,250)$
L	数据包长度	4000bit
θ	目标函数权重因子	0.8
$(\omega_{max},\omega_{min})$	惯性权重	$(1.4,0)$
P_i	数据传输功率	20MW
E_{init}	传感器节点初始电池能量	15KJ
E_i^{elc}	电路能耗	0.005J/bit
E_{DA}	数据融合能耗	5NJ/bit
u	放大器的能量放大效率	0.9
σ_s	对数正态阴影衰落	8DB
σ^2	噪声功率	-104DBm
γ_i^{min}	最小速率限制	0.01bit/s
a	风险规避系数	1

2.4.2 结果分析

本节仿真的重点是 WSN 的能量效率和资源利用率。一个 CH 中 CM 的最大接入数为 $N_j^{max}=34$。在下面的仿真中,将比较这些算法在传感器节点传输速率、公平性和生存时间方面的表现。

图 2.7 展示了传感器节点传输速率的累积分布函数。与 LEACH 和 FCPSO 相比,上文所提出的算法可以有效地提高传感器节点的传输速率,特别是簇边缘的节点。这些边缘节点在上文所提出的算法下仍能保持较高的传输速率,这是因为上文提出的算法考虑了公平性、资源分配和负载均衡的影响,以最大化 WSN 的资源利用率和能量效率。如图 2.7 所示,LCRFCSA 和 RFCSA 具有几乎相同的速率性能,这证明了 LCRFCSA 的传感器关联策略也是非常高效的。传输速率的提高可以有效地降低传感器节点的能耗,延长 WSN 的寿命。在 LCRFCSA-GS 中,对 LCRFCSA 引入了处理能力限制 N_j^{max},即 CH j 可以服务的最大 CM 数量,这些限制使得少数节点无法在每一轮中接入最优的 CH。因此,采用 LCRFCSA-GS 的这些节点的传输速率性能比 RFCSA 和 LCRFCSA 差。

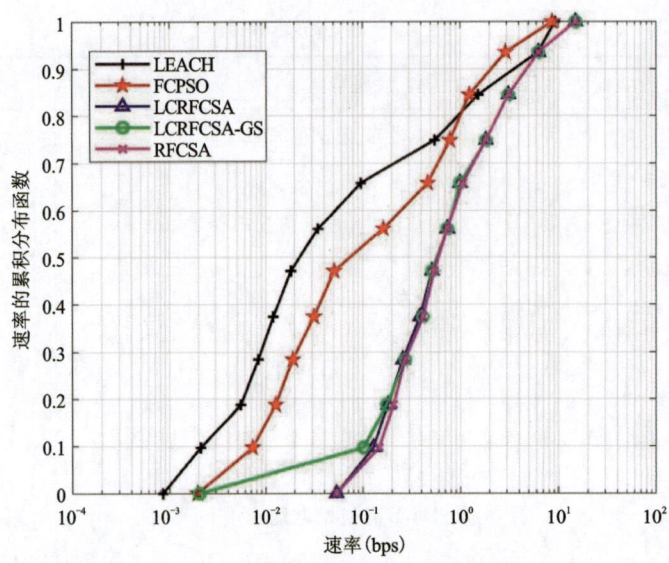

图 2.7　传感器节点速率性能的累积分布函数

图 2.8 展示了每个 CH 的接入价格与 RFCSA 的迭代次数之间的关系。本节使用每个 CH 的接入价格作为衡量提出算法收敛速度的指标。从图中可以看出,所有 CH 的接入价格在 40 次迭代后收敛到一个稳定的值。当该 CH 中的 CM 数量接近饱和时,该 CH 将提高价格;否则,价格将下降,以吸引更多的 CM 接入,进而提高系统资源利用率。价格调整的目的是在不同的 CH 之间实现相对的负载均衡,以提高资源利用率和能量效率。经过 40 次迭代,整个 WSN 的传感器关联将不再变化,即 RFCSA 已经收敛。此外,LCRFCSA 中使用了 $\hat{p}_j^*$ 和 $\hat{x}_{ij}^*$ 的闭式表达式,并且在整个优化过程中,每个传感器节点的 $\hat{p}_j^*$ 和 $\hat{x}_{ij}^*$ 的值只需计算一次,所以 LCRFCSA 的复杂度远远低于 RFCSA。

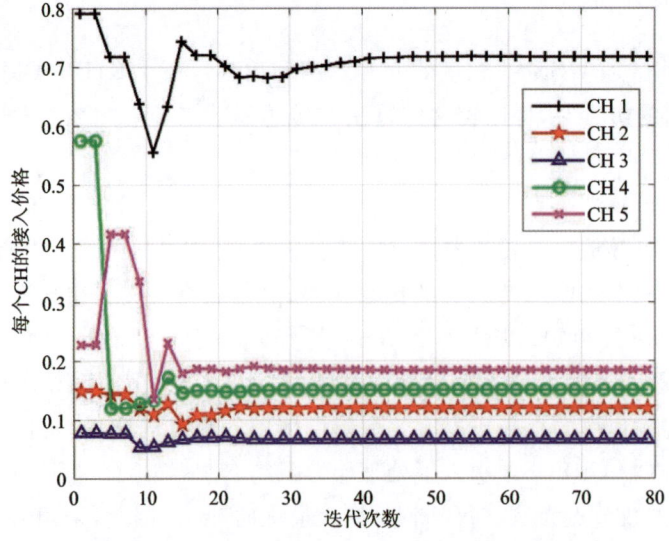

图 2.8　每个 CH 的接入价格随 RFCSA 算法的迭代次数的变化

为了验证本章所提算法在不同拓扑结构的 WSN 中的速率性能，图 2.9 中展示了 100 个随机网络拓扑中传感器节点的平均速率。5 条直线代表传感器节点在 100 个随机网络中的平均速率。尽管单个网络的平均速率是一个随机值，但从图中可以看出，在大多数随机 WSN 拓扑中，本章所提出的 RFCSA、LCRFCSA 和 LCRFCSA-GS 速率性能要优于 FCPSO 和 LEACH。在 LCRFCSA-GS 中，由于 CH 拥塞因子的引入和接入限制 $N_j^{\max}$ 的存在，CH 之间的负载分配更加均衡，这意味着传感器节点的资源分配更加公平。因此，LCRFCSA-GS 得到的速率方差是最小的。由图 2.9 可以得出结论，本章提出的算法可以提高 WSN 的资源利用率和能量效率。

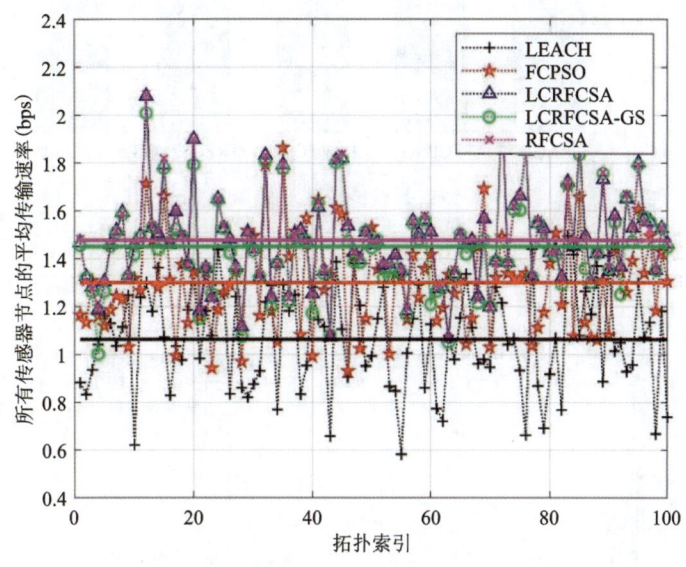

图 2.9 100 个随机 WSN 拓扑中传感器节点的平均传输速率

图 2.10 展示了不同算法下传感器节点传输速率的 Jain 公平指数。从图中可以看出，这些算法在传输速率上表现出比 LEACH 和 FCPSO 更好的公平性。FCPSO 没有考虑信噪比和 CM 的拥塞程度的影响，这导致一些边缘传感器节点与具有较低传输速率的 CH 相关联。RFCSA 和 LCRFCSA 通过确保传输速率的公平性来提高边缘节点的 QoS 并延长 WSN 的寿命。为了实现负载均衡并满足接入 CH 的最大 CM 数量限制，LCRFCSA-GS 使少数传感器节点无法接入最优的 CH。因此，LCRFCSA-GS 的 Jain 公平指数略低于 RFCSA，但仍远优于 LEACH 和 FCPSO。

图 2.11 展示了传感器节点的能耗与轮数之间的关系。与 LEACH 和 FCPSO 相比，RFCSA、LCRFCSA 和 LCRFCSA-GS 可以有效降低 WSN 的能耗，从而延长其生存时间，并且具有几乎相同的能量效率。在每一轮中，LCRFCSA-GS 使少数节点接入非最优的 CH，这导致这些节点的能耗增加。因此，LCRFCSA-GS 的能量效率比 RFCSA 和 LCRFCSA 略差。然而，在实际的 WSN 中，传感器节点的处理能力相当有限，这使得 LCRFCSA-GS 更加有用。

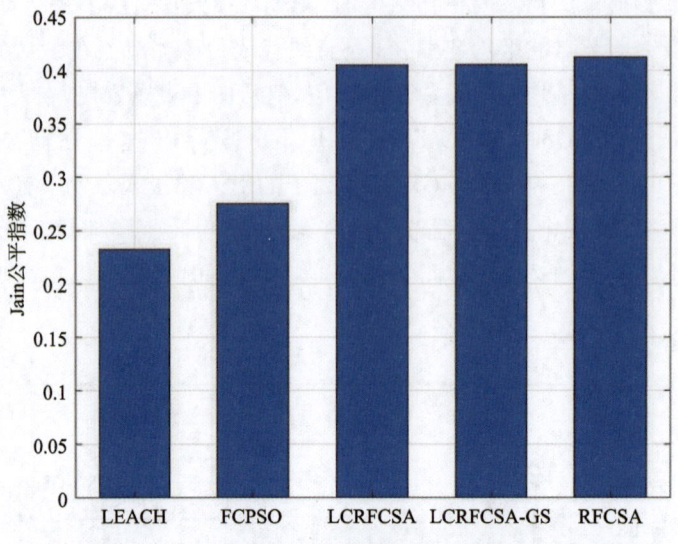

图 2.10 传感器节点传输速率的 Jain 公平指数

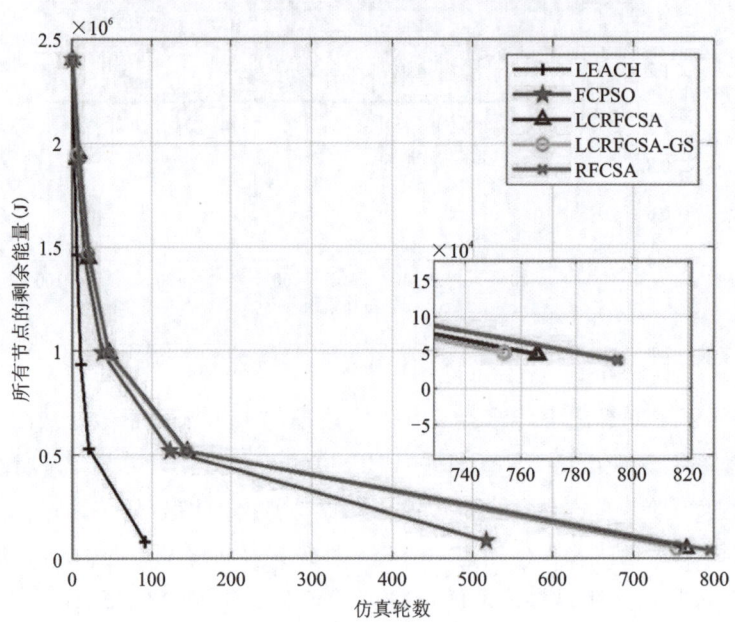

图 2.11 所有传感器节点的剩余能量随仿真轮数的变化

图 2.12 展示了每一轮存活的节点数量。与 LEACH 和 FCPSO 相比,本章所提出的算法能有效增加每轮存活的节点数量。原因有两个方面:首先,在选择 CH 的目标函数中考虑了潜在 CH 的剩余能量。由于 CH 比 CM 每轮消耗更多的能量,选择具有更多剩余能量的节点作为 CH 可以增加整个 WSN 的生存时间。其次,本章所提出的算法提高了传感器节点的传输速率,这将缩短传输时间,从而减少了节点在每轮的能耗。与图 2.11 的能效结果类似,最优的 RFCSA 和次优的 LCRFCSA 之间的性能差距非常小。同时,LCRFCSA-GS 在存活节点数量上的性能比 RFCSA 和 LCRFCSA 略差,这主要是 CH 的处理能力限制导致的。

第 2 章 监测数据无线传感网络稳定关联策略研究

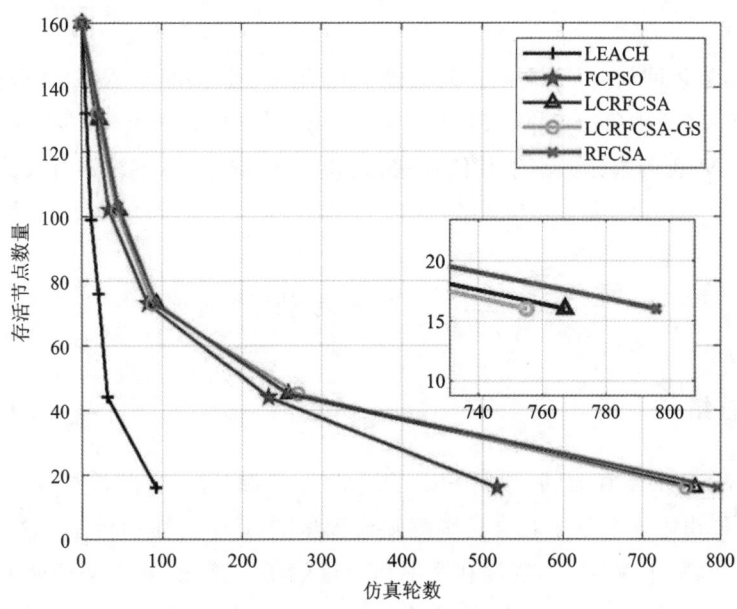

图 2.12 存活节点数量随仿真轮数的变化

从图 2.12 中可以看出,在 200～300 轮之间,LCRFCSA-GS 算法中存活节点数量比其他算法略大。这是因为 $N_j^{\max}$ 减少了一些过载簇的节点数量,使得这些簇中的节点传输速率高于其他算法,所以这些节点的能耗略小,生存时间稍长。然而,这些受益节点的速率增量实际上小于被迫卸载到非最优 CH 的节点的速率减量,所以整个网络的速率实际上是降低的,这可以从图 2.13 中看出。同理,LCRFCSA-GS 中整个网络的能耗也比 RFCSA 略大。

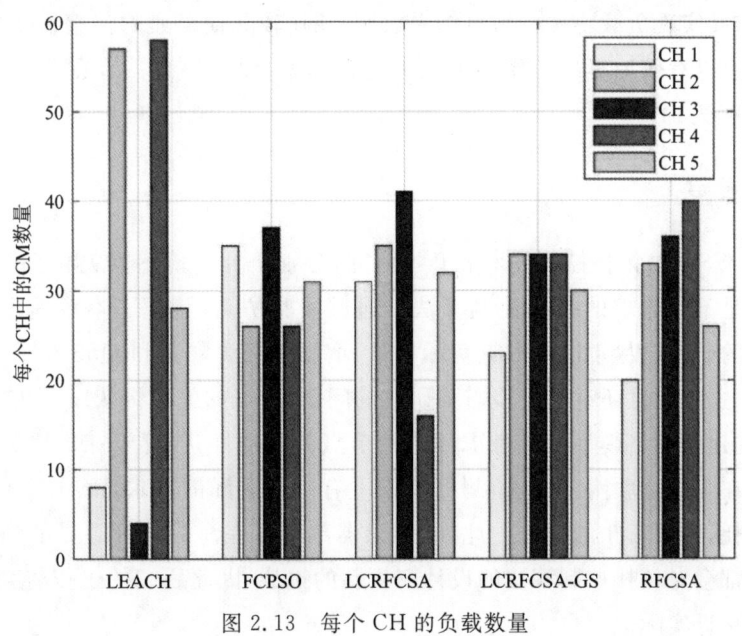

图 2.13 每个 CH 的负载数量

图 2.13 展示了不同算法下每个 CH 的 CM 数量。与 LEACH 算法相比,其他算法中的 CM 分布更加均匀。

上述仿真结果表明,在 CH 之间均匀分配节点有利于提高整个 WSN 的资源利用和能量效率。LCRFCSA-GS 中每个簇的 CM 数量在[23,34]范围内,满足了 CH 的处理能力约束,而且不同簇的 CM 数量差异远小于其他算法,这说明 LCRFCSA-GS 中引入的拥塞因子是有用且高效的。

2.5 总结与展望

2.5.1 总结

为了延长 WSN 的生存时间,本章考虑了公平性、资源分配、负载均衡、能量消耗和拥塞管理之间的关系,提出了一个基于联合速率感知模糊聚类、CH 选择和传感器关联的 3 层框架,以最大限度地提高整个 WSN 的资源利用率和能量效率。首先,采用基于速率感知的模糊聚类算法对所有传感器节点进行分簇,然后为 PSO 设计了新的适应度函数并基于它进行 CH 选择。其次,考虑到 CH 的资源容量受限和 CM 的 QoS 要求,在引入价格机制的基础上构建了最大化 CH 和 CM 双端效用函数的传感器关联优化问题,并提出了一种最优传感器关联算法 RFCSA,以提高资源利用效率和能量效率。之后,考虑到最优算法的复杂度以及某些实际场景传感器节点处理能力有限,提出了一种次优的低复杂度算法 LCRFCSA,以获得速率参数和接入价格的闭式解,这大大降低了 RFCSA 的复杂度,而性能下降可以忽略不计。最后,在提出的算法中引入了拥塞因子和 GS 算法,在满足 CH 的处理能力约束的同时获得了稳定的传感器关联,并实现负载均衡。仿真结果表明,相比较其他经典的传感器拓扑控制算法,本章提出的算法可以有效地提高传感器节点的传输速率,保证传感器节点公平性,减少能量消耗,延长 WSN 的寿命。

2.5.2 展望

本章针对 WSN 中拓扑控制技术展开了研究,分别研究了传感器关联、负载均衡等技术,提出了 3 个满足不同需求的拓扑控制算法。通过实验仿真,验证了本章提出的算法的有效性。虽然本章的研究已尽量试图贴近实际场景,增加了资源限制和 QoS 要求等约束,但是仍然有可以改进之处,而且还有进一步需要研究的问题,未来的工作将从以下几方面展开。

(1)本章构建的网络模型没有考虑传感器节点的移动性,传感器在部署完成后不会发生移动。移动性在工业物联网、环境监测等场景下有一定实际的需求,而且 CH 的移动性会减少数据收集能耗,延缓 CH 的死亡。此外,传感器部署存在海拔高度差异的情况也没有被考虑。以上情况都会对拓扑控制算法的设计产生新的挑战,因此后续的工作将会改进系统建模以使网络更加贴近实际。

(2)本章在 CH 选择时考虑了每一轮总能耗以及潜在 CH 剩余能耗,并且针对 CH 做了负载均衡，以后的研究中还可以考虑节点密度、流量负载等因素。在此基础上，可以根据与基站的距离动态地调节簇内节点数量，使远离基站的 CH 专注于提供更好的服务。

（3）随着传感器网络的部署日益广泛，安全问题成为人们关注的焦点。由于其独特的特性，即大规模、自组织、中心控制、动态拓扑和资源受限，WSN 极易受到攻击。此外，由于能量有限和计算能力低，传感器无法实现复杂的密码算法。上述特征要求在部署 WSN 时采用针对 WSN 优化的安全机制，以保证它们工作的效率和可靠性。因此，考虑 WSN 控制协议的安全性是未来工作中的重点。

第3章 滑坡演化状态预测模型研究

本章以三峡库区秭归县白水河滑坡为研究对象,主要研究水动力条件下动水驱动型滑坡的演化机制,基于工程地质规律,利用深度学习算法和数据同化算法完成滑坡状态的预测,并运用智能信息综合方法构建临滑状态判识方法。整理分析动水驱动型滑坡的各类监测数据,选取关键数据并提取特征,运用深度学习算法对具有耦合关系的滑坡监测数据进行特征提取并完成关键滑坡数据的预测。基于工程地质规律和滑坡运动规律构建物理预测模型,运用数据同化方法预测滑坡状态矩阵,实现滑坡状态矩阵中相关参数和关键系数的更新和调整,表达出不同状态下滑坡对外界激励的响应。联合分析滑坡外界影响因素和内部性质,基于多维云模型构建滑坡状态判识方法,将数据形式的滑坡状态矩阵转化为对应的滑坡状态的定性概念,最终完成对滑坡状态的判识。本章的技术流程如图 3.1 所示。

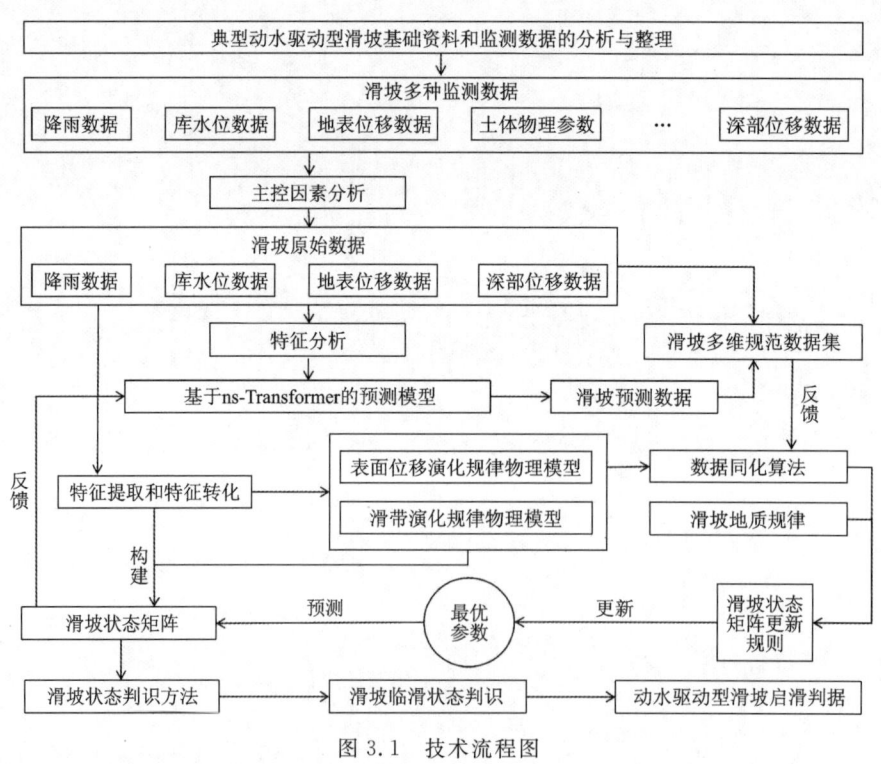

图 3.1 技术流程图

1) 实现滑坡多种监测数据的精确预测,构建滑坡多维规范数据集

利用数据清洗、特征选择和数据离散化等数据预处理方法,选取与动水驱动型滑坡最相

关的特征,将不同采样频率、不同形式的滑坡监测数据和试验数据统一到相同的时空维度中,构建标准化时序滑坡数据矩阵。分析预处理后的滑坡数据的时序特征,选取与动水驱动型滑坡数据特征相契合的时序序列预测方法,并将其运用到标准化时序数据矩阵的预测中,原始数据与预测数据共同构建滑坡多维规范数据集。

2)完成滑坡状态表达与演化过程分析,构建滑坡状态演化更新规则

研究水动力循环渗流特征、滑坡体应力-应变关系、位移场运动关系,揭示滑坡在外界影响因素下表面位移和滑坡内部性质的变化规律,并构建对应的物理模型,提取物理模型中的关键系数、相关参数及潜在特征,实现滑坡状态的有效表达。基于滑坡工程地质规律的限制,设计演化方法实现滑坡状态演化过程中关键系数的更新,确定滑坡状态演化过程中的系数调整规则。

3)设计滑坡演化状态同化算法,提出滑坡状态矩阵预测方法

研究外界因素影响下的滑坡劣化机理,以多种动水影响因素与滑坡表面位移和滑带劣化指标的联动关系为依据建立动态过程模型,设计滑坡演化状态同化算法预测滑坡表面位移和滑带劣化指标。综合分析滑坡多维规范数据集中的预测数据与滑坡演化状态同化算法中的预测数据,基于滑坡状态演化更新规则动态调整模型中的关键系数和相关参数,完成对动态过程模型中重要系数的更新与修正,实现滑坡状态矩阵的预测。

4)设计滑坡状态的判识方法,实现生成状态的筛选

针对单一滑坡参数阈值无法准确判识滑坡临滑状态,难以精确完成动水驱动型滑坡的预报预警,基于重点动水驱动型滑坡状态样本,引入多维云模型融合滑坡状态演化过程中的重要参数转换为对应滑坡状态的定性概念。研究不同滑坡演化状态生成云模型的可视化差异,并作为不同滑坡状态的判断标准,最终结合多种滑坡外界因素和内部性质,完成滑坡状态的判识,并进一步实现临滑状态的判识。通过设计的临滑状态判识方法优化 GAN 网络判别器,进一步筛选生成的临滑状态,并加入滑坡临滑状态数据集,提升基于深度学习的滑坡预报预警模型的准确率。

3.1 相关理论基础

3.1.1 用于时间序列预测的深度学习模型

时间序列是一种按照时间顺序排列的数据集合,其中每个数据点都与特定的时间点相关联,一般是指对某种事物发展变化过程进行观测并按照一定频率采集得出的一组随机变量。时间序列预测的任务就是从众多数据中挖掘出其蕴含的核心规律并且依据已知的因素对未来的数据作出准确的估计。这种类型的数据常常涉及对某个变量(例如温度、股票价格、销售量等)随时间变化的观测或测量。时间序列数据具有时间的连续性,相邻时间点之间存在一定的关联性,这使得其分析和预测相对于其他类型的数据更加复杂。因为传统的神经网络通常不考虑数据点之间的时间关系,而时间序列数据中的时间结构对于模型的性能至关重要(梁宏涛等,2023)。传统机器学习算法难以满足预测任务的高效率和高精度需求,无法捕捉

到时间维度上的依赖性和动态模式,而滑坡的相关监测数据属于典型的多变量、等间隔的时间序列,监测数据中的当前观测的地表位移通常与过去观测的降雨量和库水位数据相关,具有很强的时序依赖性,且滑坡监测数据包含一些随时间变化的动态模式数据,例如降雨量和库水位的变化具有季节性与周期性,因此使用用于时间序列预测的深度学习模型可以更好地适应这些动态模式的变化。

3.1.1.1 长短期记忆网络

循环神经网络(recurrent neural network,RNN)是专门设计的神经网络结构,应用于处理时间序列数据,通过在模型中引入循环结构,使得神经网络能够更好地应对时间序列数据中的时序性和动态性(杨丽等,2018)。

RNN 是一种具有循环连接的神经网络,允许信息在网络中传递。基本的 RNN 单元包含一个状态(隐藏状态),其通过时间步长依次更新。因其拥有特殊的自循环结构并且参数共享,RNN 能较好地学习时间序列中蕴含的非线性特征,但 RNN 在处理长序列时,容易面临梯度消失或梯度爆炸的问题,对于长期依赖关系的建模能力较弱,难以捕捉长时间内的记忆。

Hochreiter 和 Schmidhuber(1997)提出了长短期记忆网络(long short-term memory,LSTM),引入了特殊的存储单元,包括输入门、遗忘门、输出门等,以控制信息的流动和记忆,解决了 RNN 的长期依赖问题。

LSTM 属于特殊的 RNN,它改变了 RNN 的内部构造,在其基础上增加了门控机制,以此控制网络中的信息传递。门控机制通过输入门和遗忘门控制上一时刻中部分高价值信息的保留与冗余信息的丢弃,通过输出门控制当前时刻的内部状态有多少信息需要传递给下一个隐藏层状态。3 个门相互配合,进行时间序列信息处理。LSTM 记忆单元的基本结构如图 3.2 所示。

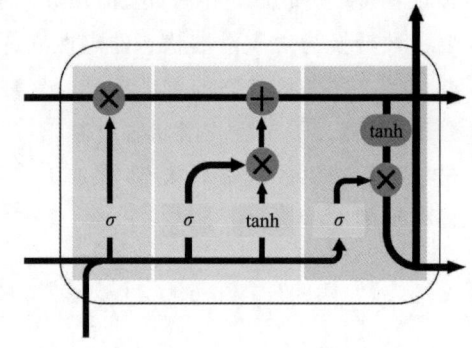

图 3.2 长短期记忆网络记忆单元结构

LSTM 能够根据前一时刻状态与当前时刻的外部输入,计算出候选状态与各个门状态,并利用遗忘门和输入门对候选状态和前一时刻单元状态进行运算,以此更新记忆单元状态,最终通过输出门将内部信息传递给隐藏层状态。LSTM 向前传播的具体过程如下。

(1)输入门:决定新信息的输入量。它通过 Sigmoid 激活函数产生一个介于 0~1 之间的输出,表示保留或丢弃新信息的程度,计算式为

$$i_t = \sigma(W_{ii}x_t + b_{ii} + W_{hi}h_{t-1} + b_{hi}) \tag{3.1}$$

(2)遗忘门:决定过去的信息保留或遗忘的程度。它通过 Sigmoid 激活函数产生一个介于 0~1 之间的输出,表示保留或丢弃过去信息的程度,计算式为

$$f_t = \sigma(W_{if}x_t + b_{if} + W_{hf}h_{t-1} + b_{hf}) \tag{3.2}$$

(3)细胞状态更新:利用输入门的输出和一个 Tanh 激活函数来更新细胞状态。计算公式如式(3.3)所示,新的细胞状态如式(3.4)所示。

$$\widetilde{C}_t = \tanh(W_{ic}x_t + b_{ic} + W_{hc}h_{t-1} + b_{hc}) \tag{3.3}$$

$$C_t = f_t \cdot C_{t-1} + i_t \cdot \widetilde{C}_t \tag{3.4}$$

(4)输出门:决定细胞状态的哪部分将成为 LSTM 输出的一部分。输出门通过 Sigmoid 激活函数产生一个介于 0~1 之间的输出。计算公式如式(3.5)所示,最终的输出如式(3.6)所示。

$$o_t = \sigma(W_{io}x_t + b_{io} + W_{ho}h_{t-1} + b_{ho}) \tag{3.5}$$

$$h_t = o_t \cdot \tanh(C_t) \tag{3.6}$$

式(3.1)~式(3.6)中: i_t、f_t、$\widetilde{C}_t$、C_t、o_t、h_t 分别为 t 时刻的遗忘门、输入门、输出门、隐藏层状态、候选状态和单元状态;W 和 b 分别为权重与偏置;tanh 为 Tanh 激活函数;σ 为 Sigmoid 激活函数。

3.1.1.2 传统 Transformer 模型

Transformer 模型是由 Google 公司在 2017 年提出的一种深度学习模型架构,主要用于自然语言处理任务,如机器翻译、文本生成等。这个模型的设计使其在处理长距离依赖关系时表现优异,相比传统的循环神经网络(RNN)和长短期记忆网络(LSTM)等模型更为高效(李华旭,2021)。

Transformer 模型的整体结构包括多个相同层的编码器和解码器。每个层都包含自注意力机制、前馈网络和残差连接。传统 Transformer 模型的基本框架和内部结构如图 3.3 所示。

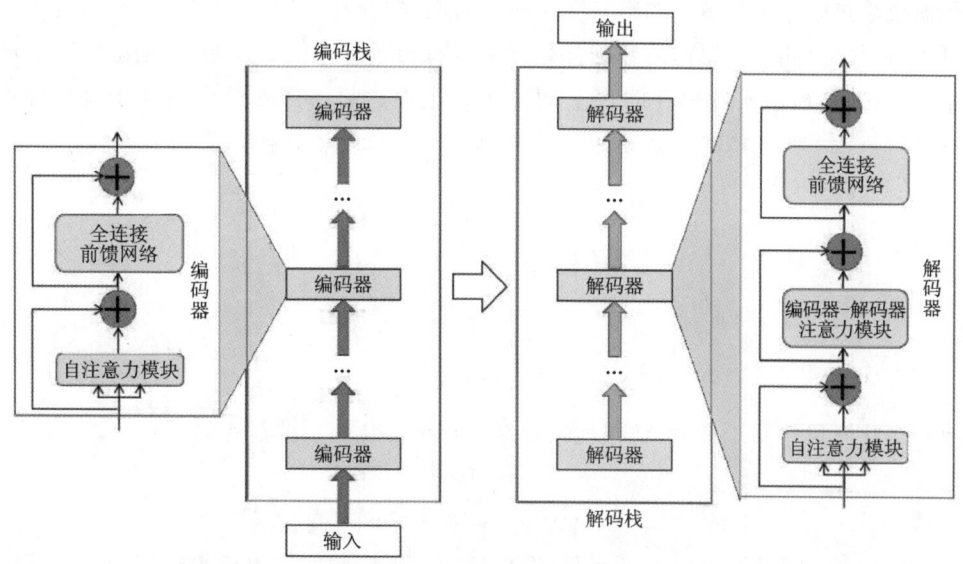

图 3.3 Transformer 模型的基本框架和内部结构

自注意力机制允许模型在处理序列时对不同位置的信息分配不同的注意力权重,而不受序列顺序的限制。给定一个输入序列 X,自注意力机制计算每个位置 i 的注意力权重集合。

$$\text{Attention}(Q_i, K, V) = \text{Softmax}\left(\frac{Q_i K^{\text{T}}}{\sqrt{d_k}}\right) V \tag{3.7}$$

式中：Q_i 为查询向量，由输入序列中的位置 i 的元素构成；K 和 V 分别为键(Key)和值(Value)向量，由输入序列中的所有位置的元素构成；d_k 为查询和键的维度。Softmax 函数用于归一化注意力权重，确保它们的总和为 1。

为了提高模型的表现，Transformer 引入了多头注意力机制，通过多个注意力头并行地学习不同的表示。

$$\text{MultiHead}(Q, K, V) = \text{Concat}(\text{head}_1, \text{head}_2, \cdots, \text{head}_h) W^o \tag{3.8}$$

式中：每个注意力头 head_i 是通过上述自注意力机制计算得到的；Concat 是将多个头连接起来的操作；W^o 是输出的权重矩阵。

为克服计算量随序列长度的二次增长而增长的问题，改进 Transformer 模型的后续工作，旨在降低自注意力机制的复杂性。

3.1.1.3 去过度平稳化的 Transformer 模型

与以往改进 Transformer 模型侧重于架构设计的工作不同，去过度平稳化的 Transformer 模型(non-stationary Transformers, nsTransformers)从时间序列的基本属性——静态性的角度分析序列预测任务(Liu et al., 2022)。值得注意的是，作为一个通用框架，nsTransformers 可以轻松应用于各种基于 Transformers 的模型。

nsTransformer 模型包含序列平稳化模块和去平稳注意力模块。其中，序列平稳化模块可以增强输入数据的平稳性，该模块主要包括 2 个阶段：窗口归一化阶段与反归一化阶段。归一化模块通过一个滑动窗口的形式对每一维时间序列数据进行归一化处理，这样窗口化的方式可以将每一个相邻窗口内的数据都处理为具有相同的均值与方差，以消除序列之间尺度上的差异性，并增加输入数据在时序上的分布稳定性。归一化的过程是对于每个输入 $x = [x_1, x_2, x_3, \cdots, x_s]^{\text{T}}$，将其转换为 $x' = [x_1', x_2', x_3', \cdots, x_s']^{\text{T}}$，转换方法如下所示：

$$\mu_x = \frac{1}{s}\sum_{i=1}^{s} x_i \tag{3.9}$$

$$\sigma_x^2 = \frac{1}{s}\sum_{i=1}^{s}(x_i - \mu_x)^2 \tag{3.10}$$

$$x'_i = \frac{1}{\sigma_x} \odot (x_i - \mu_x) \tag{3.11}$$

反归一化阶段作用于最后，将模型输出结果反标准化。主要过程如下：

$$y' = H(x') \tag{3.12}$$

$$\hat{y}_i = \sigma_x \odot (y_i + \mu_x) \tag{3.13}$$

去平稳注意力模块重新整合非平稳信息，缓解过平稳问题。该模块使用归一化后的输入和归一化时存储的统计量，从而与未归一化时的注意力图相似。由 Transformer 的注意力计算公式(3.7)，以及进行序列平稳化时，模型输入在时间维度进行的尺度变换公式(3.9)~(3.11)，并基于模型嵌入层和前向传播层在时间维度的线性假设，可推导出注意力层的输入分别满足：

$$Q' = \frac{(Q - 1\mu_Q^T)}{\sigma_x} \tag{3.14}$$

$$K' = \frac{(K - 1\mu_K^T)}{\sigma_x} \tag{3.15}$$

根据 Softmax 算子的平移不变性，代入注意力计算公式后，推导可得：

$$\text{Softmax}\left(\frac{Q_i K^T}{\sqrt{d_k}}\right) = \text{Softmax}\left(\frac{\sigma_x^2 Q_i' K^T + 1\mu_Q^T K^T}{\sqrt{d_k}}\right) \tag{3.16}$$

由于前馈神经网络（feed-forward networks，FFN）中存在非线性激活层，推导出式(3.16)后，通过多层感知机（multilayer perceptron，MLP）处理原始序列，学习去平稳化因子，形成去平稳化注意力模块，传递时序数据的非平稳信息至模型内部。将序列平稳化模块包裹于模型输入输出层前后，并在注意力计算中的 Softmax 算子前引入可学习的自适应尺度变换，使其能够广泛应用在以注意力为结构核心的 Transformer 及其变体上，在提高非平稳时序数据的可预测性的同时，充分挖掘注意力机制的时序建模能力。nsTransformer 模型的整体结构如图 3.4 所示。

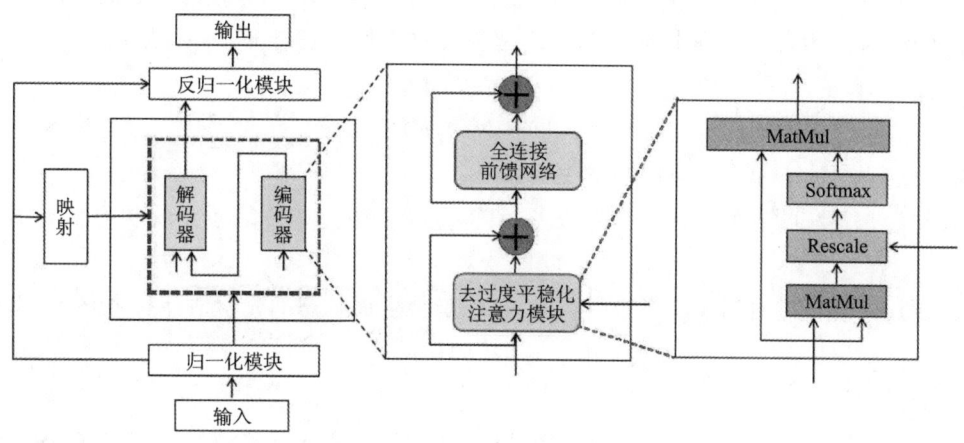

图 3.4 nsTransformer 模型的整体结构

3.1.2 数据同化算法

数据同化是一种将观测数据与数值模型结果结合起来的方法，以提高模型的准确性和可靠性。这种方法在气象学、海洋学、环境科学、地球物理学等领域得到广泛应用。数据同化的目标是通过将观测数据与模型结果融合，减小模型与观测之间的差异，从而提高模型的预测能力（马建文和秦思娴，2012）。因此通过数据同化算法可以优化滑坡相关的物理模型，在与 nsTransformer 模型和检测数据的共同反馈下，寻找不同滑坡演化状态下的参数，使物理模型进一步精确表达滑坡状态。常见的数据同化算法主要包括卡尔曼滤波、粒子滤波、集合卡尔曼滤波、变分数据同化等，本节主要使用的是卡尔曼滤波和粒子滤波同化算法，接下来将对这两种算法进行详细介绍。

3.1.2.1 卡尔曼滤波算法

卡尔曼滤波(Kalman filter)是一种用于估计系统状态的递归算法,最初由 Kalman 在 1960 年提出,被广泛应用于控制系统、信号处理和数据同化等领域,尤其在实时应用中表现出色(彭丁聪,2009)。

卡尔曼滤波的主要目标是通过融合系统模型的预测和观测数据,估计系统的状态,并提供最优估计值。该算法考虑了系统模型的不确定性和观测数据的噪声,从而能够有效地处理包含随机不确定性的系统。它能够从一系列的不完全及包含噪声的测量中,估计动态系统的状态。卡尔曼滤波会根据各测量量在不同时间下的值,考虑各时间下的联合分布,再产生对未知变数的估计,因此会比只以单一测量量为基础的估计方式要准。

假设存在预测模型,即卡尔曼滤波的状态方程为

$$x_t = Ax_{t-1} + Bu_{t-1} + w_{t-1} \tag{3.17}$$

卡尔曼滤波的观测方程,在监测状态和预测模型预测所得状态之间的关系为

$$z_t = Hx_t + v_t \tag{3.18}$$

式(3.17)和式(3.18)中:A 与 B 为状态方程的系数矩阵;H 为观测方程的系数矩阵;w_{t-1} 为预测模型的噪声,v_t 为观测过程中的噪声,且二者互相独立服从正态分布,所以有

$$p(w) \sim N(0, Q)$$
$$p(v) \sim N(0, R) \tag{3.19}$$

基于以上推导,卡尔曼滤波的基本步骤如下:

(1)初始化系统状态的估计值和协方差矩阵,其中协方差矩阵表示系统状态估计的不确定性。

(2)利用系统模型对当前状态进行预测,这一步会生成状态的先验估计和协方差矩阵。

$$\hat{x}_t^- = A\hat{x}_{t-1} + Bu_{t-1} \tag{3.20}$$

$$P_t^- = AP_{t-1}A^T + Q \tag{3.21}$$

式中:$\hat{x}_t^-$ 为状态预测值;u_{t-1} 为预测模型变量;t 为时间;P 为状态预测的协方差;Q 为过程噪声的协方差矩阵。

(3)通过将系统模型的预测与实际观测进行比较,计算卡尔曼增益 K。卡尔曼增益表示预测与观测的权衡,用于更新状态的估计值和协方差矩阵。使用卡尔曼增益将预测的状态估计与观测数据结合,生成系统状态的后验估计。

$$K_t = P_t^- H^T (HP_t^- H^T + R)^{-1} \tag{3.22}$$

$$\hat{x}_t = \hat{x}_t^- + K_t(z_t - H\hat{x}_t^-) \tag{3.23}$$

$$P_t = (I - K_t H)P_t^- \tag{3.24}$$

式中:z 为观测值;R 为观测值的协方差;$-$ 为预测状态;T 为矩阵的转置。

(4)返回第(2)步,递归地进行预测和更新步骤,以实时地更新系统状态的估计。

通过递归执行这些步骤,卡尔曼滤波能够提供对系统状态的最优估计,并考虑了模型预测和观测数据的不确定性。卡尔曼滤波流程如图 3.5 所示。

第 3 章 滑坡演化状态预测模型研究

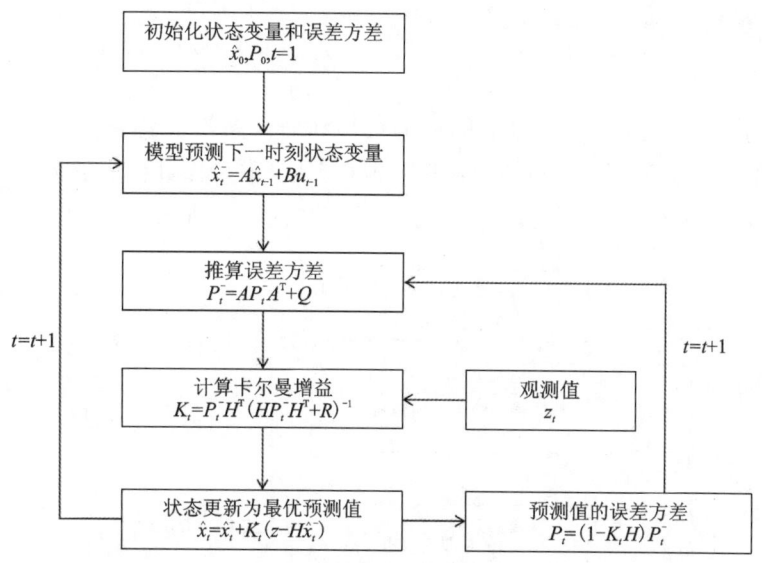

图 3.5 卡尔曼滤波流程图

3.1.2.2 粒子滤波算法

粒子滤波(particle filter),也称为蒙特卡罗滤波(Monte Carlo filter),是一种基于蒙特卡罗方法的非参数贝叶斯滤波技术,用于估计系统状态。粒子滤波不依赖于线性模型或高斯分布,因此在非线性和非高斯性的问题中表现较好。自 20 世纪 90 年代初以来,粒子滤波在目标跟踪、机器人定位、即时定位与地图构建(simultaneous localization and mapping,SLAM)等领域取得了显著的成功(胡士强和敬忠良,2005)。

粒子滤波采用一组粒子来表示系统状态的后验分布,通过模拟这些粒子的运动和观测,实现对系统状态的估计。核心思想是利用粒子的权重来表征其在后验分布中的概率贡献,从而提高对系统状态的估计精度。粒子滤波包括初始化、预测、更新、权重归一化和重采样等步骤。预测阶段通过系统模型生成粒子的先验估计,更新阶段利用观测数据调整粒子的权重,权重归一化确保权重之和为 1,最后通过重采样产生新一轮的粒子集合。

标准化粒子滤波算法流程如下:

(1)粒子集初始化,当 $k=0$ 时,由先验概率 $p(x_0)$ 生成粒子集合 $\{x_0^i, w_0^i\}_{i=1}^N$,其中,N 是粒子的数量,x_0^i 是初始状态的第 i 个粒子,w_0^i 是对应的权重。

(2)当 k 大于等于 1 时,循环执行以下步骤:

①重要性采样,即预测步,从重要性概率密度中生成采样粒子 $\{x_k^i, w_k^i\}_{i=1}^N$,通过式(3.25)计算粒子权重 w_k^i,并进行归一化。通过归一化,确保所有粒子的权重之和为 1。

$$w_k^i = \frac{w_k^i}{\sum_{j=1}^N w_k^j} \tag{3.25}$$

②重采样:通过根据粒子的权重进行有放回的抽样,生成新的粒子集合$\{x_k^i, 1/N\}$。

③输出:通过式(3.26)计算k时刻的状态估计值。

$$\hat{x}_k = \sum_{i=1}^{N} x_k^i, w_k^i \tag{3.26}$$

通过这样的递归过程,粒子滤波能够在非线性和非高斯性问题中提供对系统状态的估计。粒子的权重反映了每个粒子与观测数据的拟合程度,重采样过程增加了高权重粒子的数量,从而提高对后续状态的估计精度。粒子滤波流程如图3.6所示。

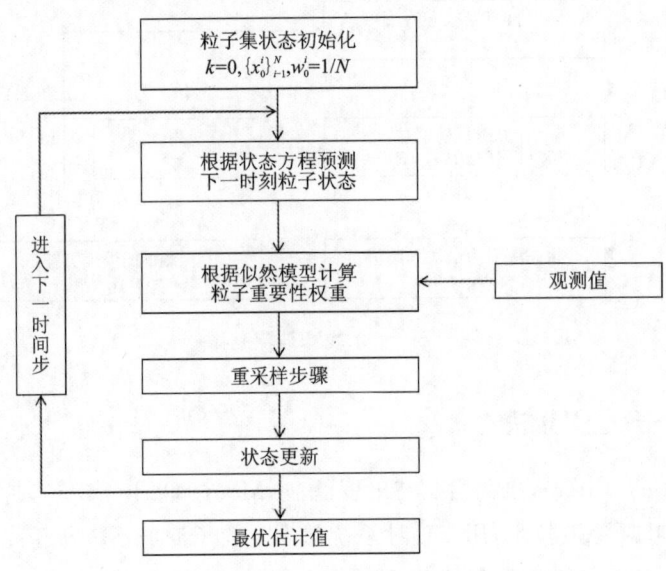

图3.6 粒子滤波流程图

3.1.3 云模型

云模型算法是一种基于云模型理论的数学模型,由中国科学家李德毅于2005年提出。云模型理论是一种用于描述不确定性、模糊性和随机性的数学工具,它模拟了人类对不确定性问题的认知过程。云模型算法被广泛应用于决策支持、信息融合、风险评估等领域(叶琼等,2011)。云模型算法的基本思想是将不确定性问题表示为云模型,并通过对云模型的操作来进行决策。云模型算法的优势在于能够更好地处理不确定性和模糊性,适用于那些传统的数学方法难以处理的问题。

云的数字特征包括期望值Ex、熵En和超熵He,这些都是用来对降雨-库水联合作用下动水驱动型滑坡的状态进行定量分析的参数。期望值Ex是云滴在域空间内的预期分布,长时间精细操作中某一阶段手部子动作的定性概念可以从中得到定量定义。熵En是衡量与某一阶段手部子动作的定性概念相关的不确定性。熵代表了云滴的离散程度和域空间内可被接受为属于每个手部子动作的云滴的范围。因此,熵可以用来有效地表示手部子动作的定性和固有的模糊概念。超熵He是对与熵相关的不确定性的衡量,它反映了云滴之间的内聚程度(Liu et al.,2023)。图3.7所示是一个正态云模型数字特征示意图。

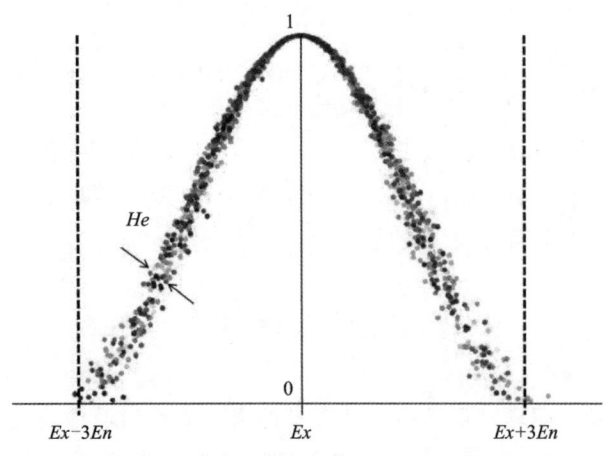

图 3.7 云模型数字特征示意图

通过将某一阶段的手部子动作的动作特征作为正向云生成器的输入,可以计算出该阶段手部子动作的隶属度,完成对该阶段手部子动作从定性到定量的分析。相反,将随机手部子动作样本数据作为反向云生成器的输入,可以计算出该手部子动作的云数字特征,完成对该阶段手部子动作从定量到定性的分析。

本节通过正向云生成器构建正态云模型,对手部子动作的特征进行从定性到定量的分析,从而完成长时间精细操作的手部子动作分割。正向云生成器的构建过程如下:

(1) Ex 的确定。对一个变量,如果其具有一定的变化范围,形如 $V_{Q_i}[B_{\min}, B_{\max}]$,$Ex$ 计算式为

$$Ex = (B_{\min} + B_{\max})/2 \tag{3.27}$$

式中:$B_{\min}$ 和 $B_{\max}$ 分别表示变量 V_{Q_i} 的最小和最大边界。对于单边界限的某变量,形如 $V_{Q_i}[B_{\min}, +\infty]$ 或者 $V_{Q_i}[-\infty, B_{\max}]$,可先根据变量的上下界确定其缺省的边界参数或期望值,然后根据式(3.27)计算云的数字特征 Ex。

(2) En 的确定。由于建立的多维云模型要综合考虑每一个变量的变化,本节中即指每一个变量的变动数值,要根据其变化的最大范围来确定云的数字特征 En,并且该评价因子的 En 不变,由下式确定:

$$En = (Ex)/3 \tag{3.28}$$

式中:Ex 为某个变量对应的不同期望值。这里的公式是根据 $3En$ 规则进行设置的。

(3) He 的确定。云的数字特性 He,可以根据各评价因子的最大范围选择一个合适的常数 k,一般来说 $He \leq 0.5$。如果 $He > 0.5$,云滴之间的距离过大以及分散,就不能很好地表达定性的概念。He 的计算式为

$$He = kEn \tag{3.29}$$

(4) 正向云生成器。输入云的 3 个数字特征,计算隶属度,从而确定云滴的分布。在云模型中,隶属度指的是一个对象属于某个模糊集合的程度或概率。正向云生成器如图 3.8 所示。

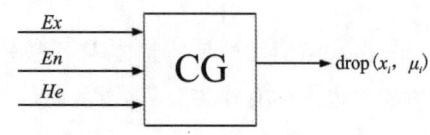

图 3.8 正向云生成器示意图

隶属度的计算式为

$$\mu_i = \exp\left[-\frac{1}{d}\sum_{j=1}^{d}\frac{(x_{ji}-Ex_j)^2}{y_{ji}^2}\right] \quad (3.30)$$

式中：d 为生成云模型的最大维数；x_{ji} 是以 $(Ex_1, Ex_2, \cdots, Ex_j)$ 为期望，$(En_1, En_2, \cdots, En_j)$ 为方差生成的第 i 个 j 维正态随机数；y_{ji} 是以 $(En_1, En_2, \cdots, En_j)$ 为期望，$(He_1, He_2, \cdots, He_j)$ 为方差生成的第 i 个 j 维正态随机数。最后令 (x_i, μ_i) 为云滴。

3.2 滑坡演化特征与物理性质研究

本节以三峡库区动水驱动型滑坡中含软弱带的潜在顺层岩质滑坡为研究对象，联合分析多年高密度全方位的监测与试验数据，研究滑坡状态的有效表达、揭示滑坡状态演化规律、构建滑坡临滑状态评价标准及判识模型。三峡库区存在着众多具有不同的形态、不同规模、不同结构及不同物质组成的库岸边坡。其中，白水河滑坡属于比较典型的容易受到降雨和库水外界因素影响的滑坡（易贤龙，2016）。由于白水河滑坡的监测系统相对较为完善，其降雨、库水、地表位移和深部位移等监测数据都较为全面，与白水河滑坡相关的一些基础资料和土体试验参数也较为完整，因此，以白水河滑坡为实验对象，验证滑坡关键数据预测模型、构建的相关物理预测模型及动水驱动型滑坡演化状态判识模型的有效性。

3.2.1 滑坡地质背景及相关数据

3.2.1.1 白水河滑坡概况

三峡库区白水河滑坡（经度 110°32′09″，纬度 31°01′34″）处于三峡大坝上游，距离大坝约 56km，滑坡前缘在长江南岸 135m 水位以下，是大型深层活动性滑坡。该滑坡位于长江南（右）岸，湖北省宜昌市秭归县沙镇溪镇白水河村。白水河滑坡的地理位置如图 3.9 所示。

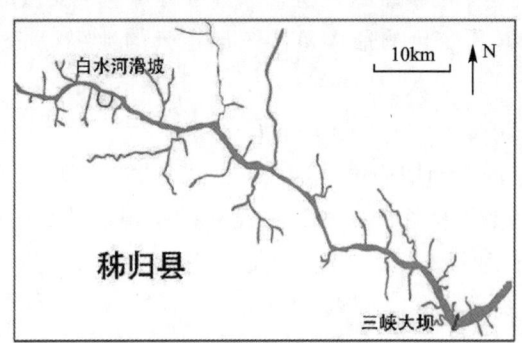

图 3.9 白水河滑坡地理位置示意图

白水河滑坡的坡体整体表现为南部高而北部低，南部坡体的高度最高可达 410m，东部和西部两边由山脊作为分界，滑坡整体坡度约 30°。滑坡的坡向为北偏西约 21°，中前部坡度比较缓，中后部坡度比较陡。滑坡东西向和南北向分别长约 700m 和 600m，体积约为 1230×

$10^4 m^3$。该滑坡属于特大型松散堆积层滑坡,其整体平面形态为宽舌状,剖面形态呈阶梯状。白水河滑坡全貌如图3.10所示。由勘查资料可知,白水河滑坡地层较为平缓,主要出露中生界侏罗系香溪组与第四系。白水河滑坡体主要由崩坡积碎石、块石、角砾和粉质黏土等物质成分构成,结构较为密实(吴冲龙等,2006)。

图 3.10 白水河滑坡全貌

白水河滑坡主要由滑体、滑带和滑床构成。白水河滑坡滑体厚度分布不均匀,主要由含碎石块的粉质黏土、崩坡积物和滑坡石屑堆积物构成。白水河滑坡滑带平均厚度约 0.7m,分为上、下两部分。上部滑带是第四系覆盖层和基岩接触带,其主要物质成分是含碎石和角砾的粉质黏土,多呈现深灰色(易贤龙,2016)。下部滑带为碎裂岩底部与下伏基岩(即砂岩滑床)的接触带,该下部滑带的主要产物是含碳质粉砂质泥岩,渗水性较差,呈深灰色(易庆林等,2010)。白水河滑坡上部滑带滑床为块裂岩体,为侏罗系香溪组中厚层泥质粉砂岩,呈灰色,结构致密且具有较强硬度,下部滑带滑床为侏罗系香溪组深灰色薄至中厚层的粉砂岩夹薄层状构造的含碳质泥岩,结构同样致密且坚硬(范意民等,2008)。

3.2.1.2 白水河滑坡相关监测点

白水河滑坡从2003年6月起逐渐建设了相对完善的监测系统。为了更好地研究滑坡不同区域的位移变化情况,先后在滑坡体的4条剖面线上布置了11个GPS位移监测点,并在剖面线Ⅲ上设置了3个钻孔,进行深部位移监测。此外,白水河滑坡还有1个降水量监测站和1个库水位监测点。白水河滑坡的地表位移和深部位移监测点布置情况如图3.11所示。

白水河滑坡的剖面图及该剖面线上的监测点分布如图3.12所示。其中,ZK1钻孔和ZG93监测点相邻最近,且ZK1和ZG93的监测数据最为完整,故本节选取ZG93的地表监测位移作为滑坡预测模型的预测对象。

白水河滑坡属于三峡库区顺层滑坡,滑坡前缘紧贴扬子江,滑坡中部存在一竖向季节性冲沟,在多降雨季节水量变多。白水河滑坡三面环山,有利于雨水汇集,汇集的雨水经过地表径流运送后流入扬子江。白水河滑坡地下水主要有两类,即松散堆积层孔隙水和基岩裂隙水。松散堆积层孔隙水的含水介质以滑坡堆积物为主,这类含水介质具有弱透水性至中等透水性,通常弱富水;基岩裂隙水的含水介质以砂岩和粉砂质泥岩为主,这类含水介质具有一定的弱透水性。因此,可以认为降雨和库水位波动是造成滑坡发生变形位移的主要外界影响因素。

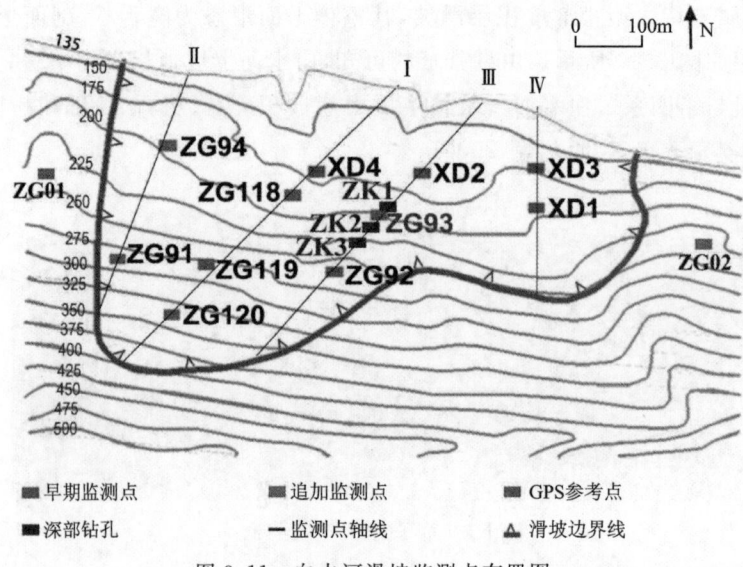

图 3.11 白水河滑坡监测点布置图

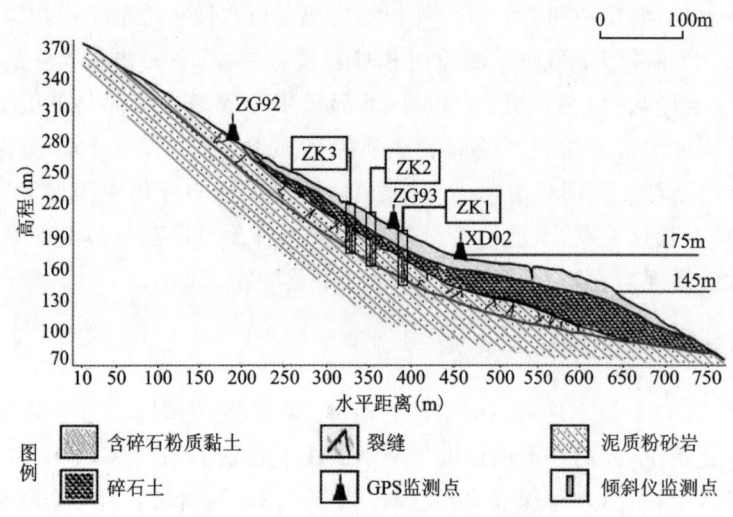

图 3.12 白水河滑坡剖面线Ⅲ示意图

3.2.2 动水驱动型滑坡演化规律分析

3.2.2.1 典型滑坡变形演化规律

通常,划分变形阶段并预测滑坡趋势的最常见方法是基于累计位移-时间曲线(Saito,1965;Gokceoglu & Sezer,2009)。累计位移时间监测曲线是滑坡变形状态及相对稳定性程度的重要外在表征。典型滑坡累计位移-时间曲线往往能直观地反映滑坡发展演变过程中各阶段的特征。通过对监测资料研究可知,滑坡的变形演化过程大致包括了初期变形、等速变形和加速变形 3 个阶段。其中,加速变形阶段是滑坡失稳前需要重点关注的阶段,该阶段还可以进一步拆分为初加速、中加速和加加速 3 个子阶段(罗文强等,2016)。

如图 3.13 所示，$A—B$ 段对应滑坡体初始变形阶段，这个时期是滑坡体变形初期，坡体刚开始发生变形。随着时间推移，曲线斜率慢慢趋于平缓。$B—C$ 段对应滑坡体等速变形阶段，该阶段变形速率较为平稳。$C—F$ 段对应滑坡最具危险性的加速变形阶段，在这期间滑坡累计位移-时间曲线斜率不断增大，直到滑坡失稳并破坏。可以看出，若进入加速变形阶段，滑坡会在较短时间内失稳破坏。因此，只有准确判断滑坡处于何种阶段，并在不同阶段采取相应的处置措施，才能避免灾难发生。

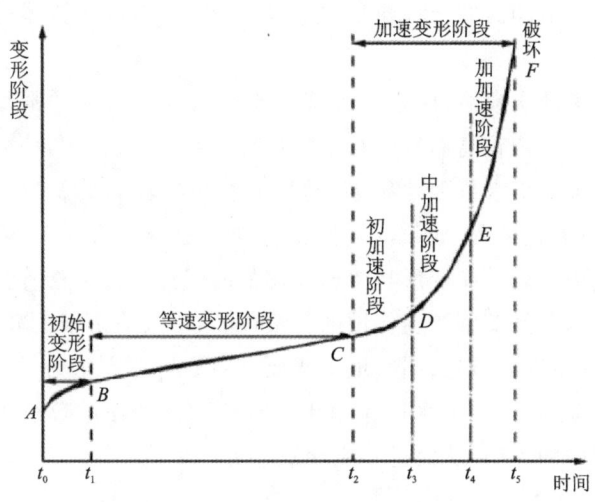

图 3.13　典型滑坡累计位移-时间曲线

3.2.2.2　降雨-库水联合作用机制

滑坡在受到降雨-库水联合作用时会发生阶梯状的位移运动。降雨通过入渗作用降低了滑坡中后部岩土体的稳定性，导致中后部的岩土体在重力作用下对前部岩土体产生推力作用；库水位波动降低了滑坡中前部岩土体的稳定性，导致中前部和后部岩土体之间出现裂缝，从而产生牵引作用（易贤龙，2016）。降雨-库水的"推拉"联合作用导致滑坡的稳定性不断变化，导致滑坡累计位移呈现阶梯状的变化趋势。

目前，非饱和降雨入渗方程及非饱和抗剪强度准则是研究降雨入渗的主要依据。降雨入渗过程是水在重力的作用下在土体中不断发生偏移的过程，水分在入渗中逐渐占据空气的空间。滑坡的岩土体在自然环境下分为饱和及非饱和两种状态。以降雨过程的垂直入渗为例，积水在土体中入渗一段时间后，土壤纵向剖面含水量分布情况根据含水量的大小分为饱和区、过渡区、传导区和湿润区 4 个区，其分布如图 3.14 所示。饱和区离滑坡表面最近，岩土体孔隙被雨水充满，是厚度最小的区域；过渡区的岩土体含水量会慢慢降低；传导区的岩土

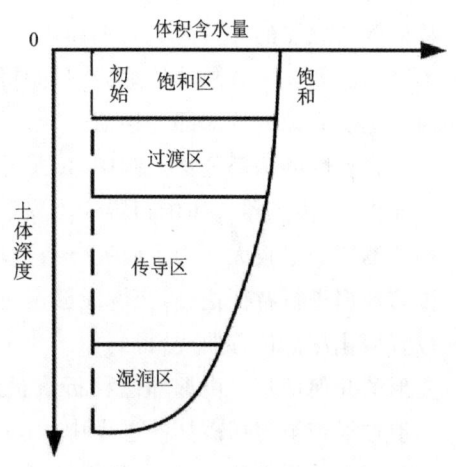

图 3.14　典型含水量分布剖面图

体厚度较大,含水量比较高,而且随深度增加的变化不大;湿润区的岩土体含水量从较高值迅速降低到接近岩土体初始含水量值,其最前端通常被称作湿润锋(来剑斌,2003)。

在降雨入渗的作用下,雨水进入滑坡内部后引发水的渗流和含水量的改变,降低了非饱和土的抗剪强度,导致滑坡的稳定性降低。根据非饱和土力学理论,雨水首先会使滑坡体表面的岩土体变成暂态饱和区,然后在水压力的作用下向下渗透,形成湿润锋。湿润锋会随着雨水的渗透慢慢向下移动,饱和区的大小也随之变大,使得滑坡岩土体受到影响的区域也在变大。而滑坡从表面到滑动面的土体抗剪强度逐步降低,使得滑坡体的受力发生变化,稳定性降低(董智敏,2018)。

三峡库区存在许多涉水滑坡,库水位骤降非常容易导致坡体的滑塌。库水位下降,会造成滑坡体中地下水由于水位较高而反向补给的情况,导致滑坡的浸润线变为凸起的弧形。由于地下水水位下降速度比库水位要慢很多,滑坡上会出现较高的渗出面,从而增加岩土体的渗透阻力,水力坡降也因此变大,导致滑坡倾斜方向的渗透压力变大,降低了滑坡的稳定性。地下水的渗透作用造成的岩土体变形与渗透作用的时间有关。渗透作用初期,岩土体受到影响比较小,变形不明显,但是随着渗透作用的持续,地下水会对滑坡的软弱结构面产生物理化学作用,导致其力学性质逐渐劣化;同时地下水还会对岩土体产生力学作用和扩展作用,导致其中的裂隙和孔隙逐渐变大;地下水还作用于具有流动性的松散粒径土体,使其随着地下水的渗透作用发生非定向的运动,从而进一步导致滑坡产生位移运动(张训文,2016)。

3.2.2.3 滑带完整性指标

滑坡深部位移指滑坡在不同深度下的岩土体发生的累计位移。因为深部位移数据可以用来方便地计算滑动面的深度,所以在滑坡的位移监测系统中得到了大量的应用。滑带完整性是一种根据深部位移数据来描述滑坡滑动带受到剪切破坏的严重程度的指标(汤罗圣,2013)。

在滑坡发育过程中,滑坡的滑动带容易发生比较大的剪切破坏,滑带土的深部位移监测值往往比基岩和滑坡体要大得多。如图3.15(a)所示,滑坡滑动带附近深部位移的深度-位移曲线理论上是一条不规则曲线。其中,横坐标是深部累计位移,纵坐标是滑坡的深度,深部位移监测传感器的位置为1、2、3和4标点处。在监测技术的制约下,深部位移的监测往往只在不同的深度安装有限的传感器,只能得到有限数量的深部位移监测值,而无法获取深度-位移曲线上所有地方的深部位移值。

在实际的深部位移监测中,传感器1往往安装在上滑动面以上,传感器4则安装在下滑动面以下,传感器2和传感器3均安装在滑带之中,所以传感器2和传感器3的相对深部位移监测值一般较大。为了研究分析滑坡的内部影响因素对滑坡的剪切破坏影响,需要对深部位移数据进行特征挖掘,获取能够衡量滑坡滑带完整性的指标。根据深部位移监测传感器的位置概化深部位移曲线,得到如图3.15(b)所示的折线,这条折线能很好地表示滑带发生剪切变形的几何信息。由深部位移折线得到滑坡滑带区域的变形几何模型,如图3.15(c)所示。在滑坡滑带被剪切破坏的过程中,其累计变形ΔW_{23}不断增加,其上的滑坡体的变形ΔW_{12}会相应减少。根据此规律,衡量滑坡滑带破坏程度的滑带完整性指标S_t定义为

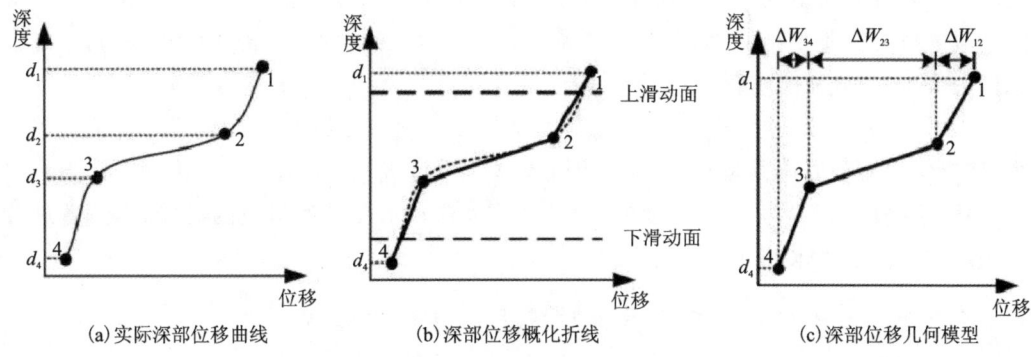

图 3.15 深部位移曲线概化过程

$$S_t = \frac{\Delta W_{12}}{\Delta W_{12} + \Delta W_{23}} \tag{3.31}$$

由式(3.31)可知,当传感器 2 的深部位移测量值非常小时,S_t 的值趋近于 1,表明滑带的剪切破坏在初始状态很小,滑坡的内部影响因素对滑坡的影响很小,滑带完整性较高,滑坡对外部影响因素的敏感程度较低,滑坡较为稳定;当传感器 2 的深部位移测量值非常大时,S_t 的值趋近于 0,表明此时滑带的剪切破坏比较严重,滑坡的内部影响因素对滑坡产生的影响较大,滑带的完整性较低,滑坡对外界影响因素的响应敏感程度比较高,在降雨-库水波动等外界影响因素的作用下容易引发灾害。

3.2.3　滑坡物理预测模型

3.2.3.1　基于多物理指标构建的滑带劣化动态过程模型

本小节通过分析滑带不同部位的劣化-受力-变形与外界降雨-库水等动水影响因素的关系,构建动水作用下滑带劣化动态过程模型。在降雨-库水的联合作用下,滑坡滑动面处岩土体的抗剪强度被逐渐劣化,滑坡体的剩余推力显著增加,滑坡体容易变形,位移变化明显。目前,针对滑坡体受力分布的数值模拟研究主要以特定工况背景下的静态分析为主(Tang et al.,2015)。静态的数值模拟分析能较好地衡量滑坡在极限条件下的稳定性,却难以和动态变化的外界影响因素进行联动分析,使其在滑坡位移预测研究中的应用受到很大的约束。主要研究思路为:首先基于滑带完整性指标和回归分析方法研究动水驱动型滑坡的滑带在多动水因素联合作用下劣化的空间作用机理和时间演化过程,然后基于多物理指标构建动水作用下滑带劣化动态过程模型。

深部位移数据中蕴含了滑坡滑带剪切破坏情况的信息,可以利用深部位移数据计算滑带完整性指标来表示滑坡滑带的剪切破坏情况。首先利用深部位移数据推导出滑坡在一段时间内的滑带完整性指标,再基于回归分析得到外界影响因素-滑带完整性指标回归模型。

由降雨-库水联合作用机制可知,滑坡滑带受到的剪切破坏很大程度上是由渗流作用导致岩土体的抗剪强度弱化而造成的,所以降雨和库水波动是影响滑带完整性的主要原因。由冯帅(2018)的研究可知,外界影响因素对滑坡的影响由各外界影响因素单独的作用和多个外界影响因素联合作用组成。为了简化模型,采用基于外界影响因素权重的叠加计算方法得到全时间段的滑带完整性指标,即根据式(3.32),利用外界影响因素对滑带完整性指标 S_t 进行多元回归分析,得到滑带劣化动态过程模型。

$$S_t = w_1 + w_2 R_t + w_3 R_t K_t + w_4 K_t + w_5 S_{t-1} \tag{3.32}$$

式中:R_t 为 t 时刻的月降雨量;K_t 为 t 时刻的库水位月下降值;w_1、w_2、w_3、w_4 和 w_5 为对应的回归系数,这些回归系数并不是不变的,而是基于当前动水驱动型滑坡的滑坡状态,通过粒子群算法寻找不同的动水条件下的最优参数。

3.2.3.2 基于逆逻辑函数的滑坡地表位移预测模型

逆逻辑函数与滑坡累计位移-时间曲线具有很高的相似度,且已有研究成功地将其应用在滑坡领域,预测滑坡位移,划分滑坡变形阶段,并实现关键滑动时间的预测(Bao et al., 2021)。因此,本小节先基于逆逻辑函数构建滑坡地表位移预测模型,然后通过卡尔曼滤波同化算法加入降雨-库水联合作用机制,建立动水因素下的滑坡位移变化模型,揭示在降雨量与库水位的耦合关系下的滑坡地表位移变形趋势。

滑坡的地表累计位移-时间曲线是一个典型的逆逻辑函数。逻辑曲线函数的一般表达式可以写作

$$f(x) = \frac{L}{1 + e^{-K(x - x_0)}} + w \tag{3.33}$$

其中,x_0、$L(L>0)$、$K(k>0)$ 和 w 是待确定的未知参数。如果将 $f(x)$ 和 x 分别替换为滑坡的累计位移 $S(t)$ 和时间 t,则可以基于式(3.33)得到逻辑函数的逆函数:

$$S(t) = \frac{1}{K} \ln\left(\frac{t-w}{L+w-t}\right) + x_0 \tag{3.34}$$

式中:t 为观测或预测的时间长度,以月为单位;$S(t)$ 为滑坡的累计位移,以 mm 为单位。式(3.34)是滑坡累计位移-时间曲线的一般表达式。滑坡的位移监测工作可以在任何时候开始,通常情况下,地表累计位移-时间函数的初始位移值在监测开始时间 $t=0$ 处被设定为零,即 $S(0)=0$,代入式(3.34)可得

$$x_0 = \frac{1}{K} \ln\left(\frac{L+w}{-w}\right) \tag{3.35}$$

然后,式(3.34)可以被转换为

$$S(t) = \frac{1}{K} \ln \frac{\frac{L+w}{-w} t + L + w}{L + w - t} \tag{3.36}$$

为了将式(3.36)进一步简化,可以假设

$$k = \frac{1}{K}, a = \frac{L+w}{-w}, b = L+w \tag{3.37}$$

同时假设存在误差 c,则式(3.36)简化为

$$S(t) = k \ln\left(\frac{at+b}{b-t}\right) + c \tag{3.38}$$

这些待定系数根据当前阶段动水驱动型滑坡的滑坡状态而确定,在滑坡演化的各个阶段基于遗传算法寻找不同的动水条件下的最优参数。

3.2.4 滑坡状态矩阵

滑坡状态单元可以全方面地表达某一时刻的滑坡演化状态。滑坡状态矩阵需蕴含降雨与库水联合作用下滑坡的形成原因和运动机制,并综合考虑外界影响因素和内部性质。因此,为了全面表示当前时刻的滑坡状态,需要总结动水因素与滑坡位移和滑带劣化的关系,建立外界条件和内部性质与滑坡状态的联动机制。基于上述原因,本小节所建立的当前时刻的滑坡状态矩阵,将考虑本月的降雨和库水位变化等外界影响因素、滑坡体内部参数以及变形情况来综合表征。具体而言,所建立的滑坡状态矩阵将包含当前滑坡变形阶段的滑带在降雨-库水联合作用机制下的演化规律,即滑带劣化动态过程模型;也将包含当前滑坡变形阶段的滑坡地表位移在降雨-库水联合作用机制下的运动规律,即滑坡地表位移预测模型。

滑坡状态矩阵每列为一层,分别是参数层、权重层和状态层。参数层中是表达降雨和库水变化激励滑坡位移运动的相关参数,即滑坡地表位移预测模型中的待定系数;权重层中是降雨和库水位变化联合影响滑带劣化过程中的各个影响因素(关键参数)的权重,即滑带劣化动态过程模型中的回归系数。

接下来将介绍滑坡状态矩阵中作为状态层的各个数据。选取表示滑坡位移运动的月位移 S,降雨与库水联合作用下动水驱动型滑坡变形的外界影响因素(降雨量 R、库水位变化 K)和主要内控因素(滑带完整性 H),以及可以初步表示滑坡演化变形规律的滑坡累计位移-时间曲线的曲率 k_1 和滑坡变形速度-时间曲线的曲率 k_2,共 6 个主要影响因素。第 t 个月的滑坡状态矩阵可表示为

$$U_t = \begin{pmatrix} a & w_1 & S_t \\ b & w_2 & R_t \\ k & w_3 & K_t \\ c & w_4 & H_t \\ d & w_5 & k_1 + k_2 \end{pmatrix} \tag{3.39}$$

其中月位移 S、降雨量 R 和库水位变化 K 需要进行无量纲化,用来消除不同滑坡中对自身的演化过程影响较小的特殊性差异,使所有动水驱动型滑坡都可以使用该矩阵进行状态的表达。无量纲化的公式为

$$X_i'(j) = \frac{X_i(j)}{\frac{1}{n}\sum X_i} \tag{3.40}$$

滑坡累计位移-时间曲线的最大曲率极值点($k_1^{\max}$)对应于滑坡变形演化过程中初始变形阶段和均匀变形阶段的分界点,滑坡变形速度-时间曲线的最大曲率极值点($k_2^{\max}$)对应于滑坡变形演化过程中均匀变形阶段和加速变形阶段的分界点,则整个滑坡累计位移-时间曲线可以初步分为 4 个不同的阶段:初始变形阶段($k_1^{\max 1}$ 之前的时间段)、匀速变形阶段($k_1^{\max 1}$ 和 $k_1^{\max 2}$ 之间的时间段)、加速变形阶段($k_1^{\max 2}$ 和 $k_2^{\max}$ 之间的时间段)和滑动阶段($k_2^{\max}$ 之后的时间段),如图 3.16 所示。

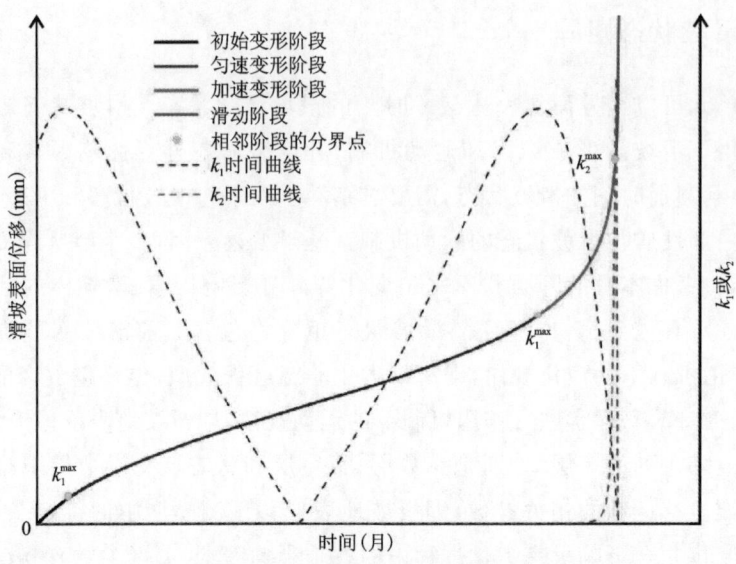

图 3.16 基于逆逻辑函数的典型滑坡变形阶段

想要计算滑坡累计位移-时间曲线的曲率k_1和滑坡变形速度-时间曲线的曲率k_2,首先需要通过式(3.38)的一阶导数、二阶导数和三阶导数获得随时间变化的速度、加速度和加速度率的函数表达式。它们的计算公式分别为

$$\begin{cases} v(t) = \dfrac{kb(a+1)}{(at+b)(b-t)} \\ a_c(t) = \dfrac{-kb(a+1)(ab-b-2at)}{(at+b)^2(b-t)^2} \\ a'_c(t) = \dfrac{2kb(a+1)}{(at+b)^3(b-t)^3}[3a^2t^2 - 3ab(a-1)t + (a^2-a+1)b^2] \end{cases} \quad (3.41)$$

在数学方面,曲率是曲线方向相对于曲线沿着距离的变化率,其值等于在给定点上最符合曲线的圆的半径的倒数。因此,曲率越大,曲线的方向变化越大。在一般的曲线函数$y=f(x)$中,曲率k计算式为

$$k = \frac{|y''|}{[1+(y')^2]^{3/2}} \quad (3.42)$$

其中,y'和y''分别是y对于x的一阶和二阶导数。由此可得滑坡累计位移-时间曲线的曲率k_1和滑坡变形速度-时间曲线的曲率k_2的计算公式为

$$k_1 = \frac{|a_c(t)|}{[1+v^2(t)]^{3/2}} \quad (3.43)$$

$$k_2 = \frac{|a'_c(t)|}{[1+a_c^2(t)]^{3/2}} \quad (3.44)$$

由图 3.16 可知,当k_1和k_2分别达到最大值时,滑坡变形演化过程将会依次进入初始变形阶段、匀速变形阶段、加速变形阶段和滑动阶段。因此可以将k_1+k_2作为滑坡进入下一演化阶段的重要特征,在k_1+k_2每次达到最大值时滑坡的状态都将发生变化。所以将k_1+k_2加入滑坡状态矩阵之中,用以详细地表达当前时刻的滑坡演化状态。

3.3 滑坡状态矩阵预测方法及状态判识研究

降雨和库水波动是影响动水驱动型滑坡最重要的两个外界因素,在降雨和库水的联合作用下,滑坡在宏观上表现出一定的位移运动。目前滑坡位移预测的研究主要是将滑坡视为一个响应系统,基于数学模型或数值模拟的方法从历史监测数据训练或构建出预测模型,在给定降雨和库水等外界影响因素的条件下对滑坡的响应位移进行预测,以验证所构建的简化预测模型是否有效或对特定的滑坡进行稳定性评价,尚缺乏利用监测数据反馈或修正预测模型、提高模型预测精度的研究。

为克服基于深度学习或物理模型预测滑坡状态时存在的局限性,采用卡尔曼滤波和粒子滤波同化算法,实现滑坡状态矩阵的预测,在物理模型预测结果鲁棒性的基础上,提高预测结果的泛化能力,使得预测的滑坡状态矩阵更能表达出动水驱动型滑坡在外界影响因素和内部性质综合作用下的演化规律。因此本节设计基于改进同化算法的滑坡状态矩阵预测方法,分别使用卡尔曼滤波同化算法和粒子滤波同化算法提高滑坡地表位移预测模型、滑带劣化动态过程模型的预测精度,并基于滑坡关键数据预测模型设计不同动水条件下滑坡地表位移预测模型和滑带劣化动态过程模型中待定系数的更新规则,动态更新滑坡状态矩阵中参数层、权重层和状态层的数据,从而实现降雨-库水联合作用机制下动水驱动型滑坡各个阶段演化状态的预测。

3.3.1 滑坡关键数据预测模型

通过对相关资料和文献进行整理与归纳,基于相关性分析在大量的滑坡监测数据中选取降雨量和库水位变化作为动水驱动型滑坡的主要影响因素。滑带完整性指标是指滑坡内部影响因素对滑坡产生的影响,是判断滑坡稳定性的重要参数,而滑坡累计位移是观测滑坡运动最直观的数据,因此选用降雨量、库水位变化、滑带完整性指标和滑坡累计位移作为滑坡关键数据。

这些滑坡关键数据都是存在时间先后关联的有序数据,即时间序列。滑坡位移时间序列具有趋势性,表示数据内部蕴含着滑坡发展变形的长期趋势,伴随着时间的推移,滑坡变形的总体走势会呈现朝着单一方向持续变化;降雨量和库水位变化具有强周期性,从而使滑坡月位移曲线具有涨落相间的交替变化特性,同时也会影响深部位移,使滑带完整性指标也具有周期性;滑坡位移和滑带完整性指标时间序列也具有随机性,表示由于受到不确定外界因素的影响,导致滑坡位移数据和滑带完整性指标在某些时刻会出现偶然性波动。因为滑坡关键数据具有趋势性、周期性和随机性,传统的时间序列预测模型会削弱原始序列的非平稳特性,非平稳特性的丢失导致学习到的注意机制不能很好地区分开不同分布的时序数据,从而忽略滑坡关键数据具有的特性,预测出的数据不符合滑坡运动规律和工程地质规律,对滑坡的研究没有实际意义。因此选用基于nsTransformer的模型实现对滑坡关键数据的预测,使过平稳问题得到缓解,从而取得更加精确的时序预测。

分析预处理后的滑坡关键数据集中各参量的时序特征,基于nsTransformer模型构建滑坡关键数据预测模型,以标准化时序滑坡数据矩阵数据集作为训练数据对模型进行训练,随后将其应用到下一时间段滑坡表面位移数据等高耦合度参数的预测过程中,最终完成对标准化时序滑坡数据矩阵中的关键参数预测(图3.17)。

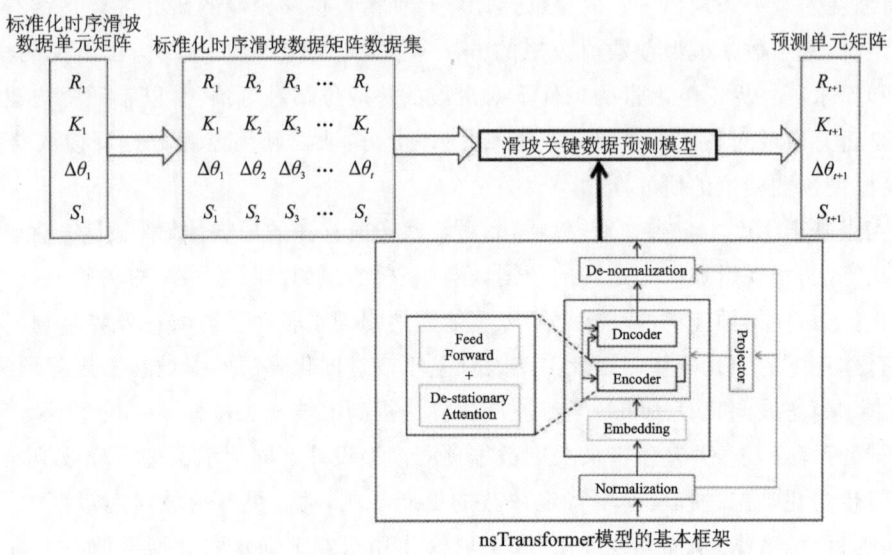

图3.17 基于nsTransformer模型的滑坡关键数据预测流程图

深度学习预测模型在滑坡相关数据预测方面具有强大的泛化能力,对外界激励数据敏感,但容易受到噪声数据的影响,导致模型振荡,预测结果可能违背物理约束。相比之下,物理预测模型基于力学原理,具有较强的鲁棒性,但泛化能力相对较弱,对外界激励数据不太敏感。为了提高滑坡预测的准确性,可以将深度学习模型与物理预测模型结合使用,充分利用它们各自的优势。因此本节基于滑坡关键数据预测模型的预测数据,制定改进同化算法的滑坡状态矩阵预测方法中物理预测模型的系数更新规则,此时的预测值会融合物理预测模型和深度学习预测模型的优点,从而得到更好的预测精度。

3.3.2 基于改进同化算法的滑坡状态矩阵预测方法

3.3.2.1 基于卡尔曼滤波改进同化算法的滑坡地表位移预测模型

本节提出的滑坡物理预测模型在动态的参数下能实现动态预测分析。由于滑坡地表位移预测模型基于逆逻辑函数构建,而卡尔曼滤波在处理线性系统和高斯噪声时非常高效,提供了最优的状态估计且计算开销相对较小,但传统的卡尔曼滤波算法仅通过初始不变的系数完成预测,无法与滑坡演化过程相匹配。因此针对滑坡地表位移预测模型提出一种基于卡尔曼滤波算法的改进数据同化方案,在算法的最后加入遗传优化算法,当误差过大时将丢弃当前预测值并重新拟合符合当前滑坡状态的系数。把降雨和库水联合作用下滑坡累计位移的监测值作为驱动数据,滑坡地表位移预测模型作为驱动模型。将预测模型对累计位移的预测过程视为状态预测过程,累计位移值的监测过程视为量测过程,对滑坡的累计位移作最优估计,实现对滑坡物理预测模型的数据同化。

基于卡尔曼滤波算法的滑坡物理预测模型的改进数据同化方案如图 3.18 所示。在卡尔曼滤波算法中,由滑坡地表位移预测模型的流程可知,预测模型基于上一时刻的累计位移值在外界影响因素的驱动下对当前时刻的累计位移进行预测。将累计位移作为状态变量,则预测模型实现了对状态变量的预测。滑坡累计位移监测值是对滑坡真实累计位移的量测值,而量测噪声相对预测模型的过程噪声要小很多。卡尔曼滤波算法通过对状态变量进行更新实现对状态变量的最优估计。状态更新过程中,首先由先验估计的误差协方差和测量过程的误差协方差计算得到卡尔曼增益,由卡尔曼增益校正当前时刻的状态变量获得最优估计,即实现了对累计位移的同化。经过同化后的累计位移的最优估计值由于融合了监测数据的有效信息,更接近真实的滑坡累计位移值。以该值作为滑坡物理预测模型当前时刻的初始值,对下一时刻的累计位移进行预测,可以得到精度更高的滑坡累计位移预测值,并以此迭代实现模型预测精度的提高。因为基于当前滑坡运动阶段下的演化状态拟合获得的系数不一定与下一时刻的滑坡演化状态相匹配,所以每次得到的滑坡累计位移预测值都将进行判定,以实际滑坡累计位移和滑坡关键数据预测模型预测得到的滑坡累计位移作为判断依据,当得到的滑坡累计位移预测值误差过大时,将通过遗传优化算法计算出符合当前降雨和库水等外界影响因素的条件系数,使滑坡地表位移预测模型可以进一步精确表达当前的滑坡运动变化,这时由滑坡地表位移预测模型得到的最优估计值就是物理预测模型与深度学习预测模型互相结合之后的预测值。

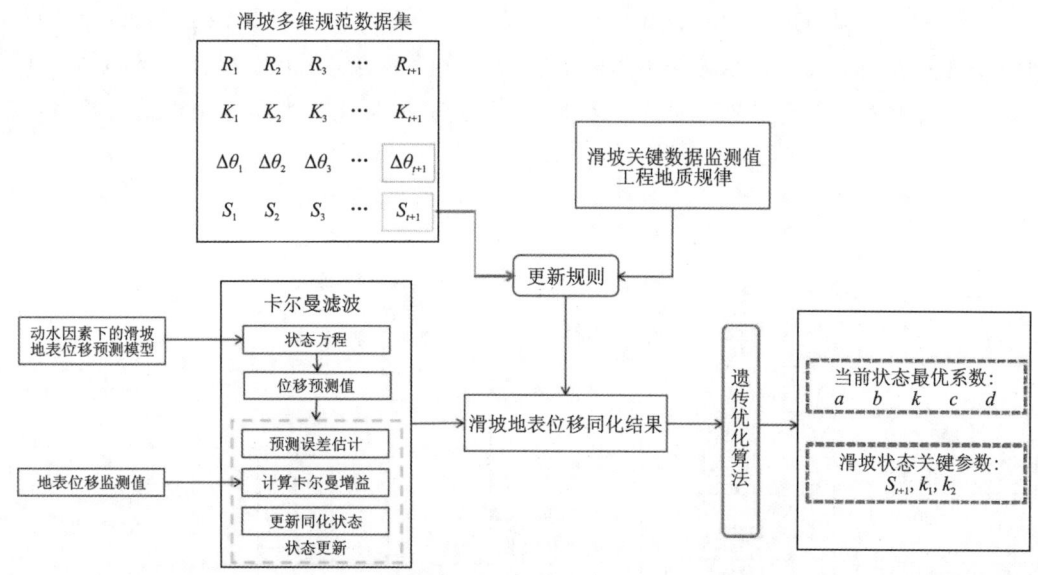

图 3.18 基于卡尔曼滤波改进同化算法的滑坡地表位移预测流程图

3.3.2.2 基于粒子滤波改进同化算法的滑带劣化动态过程模型

基于卡尔曼滤波算法的数据同化方案实质上是利用累计位移的测量误差和滑坡物理预

测模型的过程误差来修正滑坡物理预测模型的预测轨迹,相当于利用累计位移监测值中的信息提高了物理预测模型对累计位移的预测精度。但滑带劣化动态过程模型属于非线性系统,且成因更为复杂,在对滑带这一响应系统进行建模的过程中,进行了比较大的简化,在保证了预测模型的物理约束的同时也导致预测模型存在较大的惰性,很难对预测偏差进行修正。因此,滑带劣化动态过程模型不适合再用卡尔曼滤波进行优化,且传统的粒子滤波算法仅通过初始不变的系数完成预测,无法与滑坡演化过程相匹配。为了能够通过优化参数减少滑坡物理预测模型的结构误差,本小节针对滑带劣化动态过程模型设计了一种基于粒子滤波算法的改进数据同化方案。基本思路和基于卡尔曼滤波算法的同化方案一致,但最后的优化算法改为粒子群优化(PSO)算法。粒子滤波算法的状态变量为滑带完整性,更适用于复杂和实际系统,达到降低预测模型结构误差及提高预测模型预测精度的目的。

基于粒子滤波算法的滑坡物理预测模型数据同化方案如图 3.19 所示。在粒子滤波算法中,将一个滑带完整性指标视为一个粒子。在初始阶段,以滑带完整性指标初始值为均值,初始化一组满足高斯分布的粒子,让粒子在滑带完整性指标值范围内具有比较广的分布。通过滑坡物理预测模型计算每个粒子对应参数下的滑带完整性指标的预测值,将其与观测方程求得的滑带完整性指标的监测值进行对比分析,并由似然函数得到对应粒子的权重。粒子权重值越大,则其所对应的滑带完整性指标与滑坡的真实情况越相似。利用粒子的权重对相对应的滑带完整性指标进行加权求和实现对滑带完整性指标的最优估计。利用重采样方法处理所有粒子,减少权重小的粒子,增加权重大的粒子,避免对权重小的粒子进行无效的计算。根据式(3.38)由当前时刻的滑带完整性指标最优估计值和重采样后的粒子递推得到下一时刻的滑带完整性指标预测值。因为基于当前滑坡运动阶段下的演化状态拟合获得的系数不一定与下一时刻的滑坡演化状态相匹配,所以每次得到的滑带完整性指标预测值都将进行判

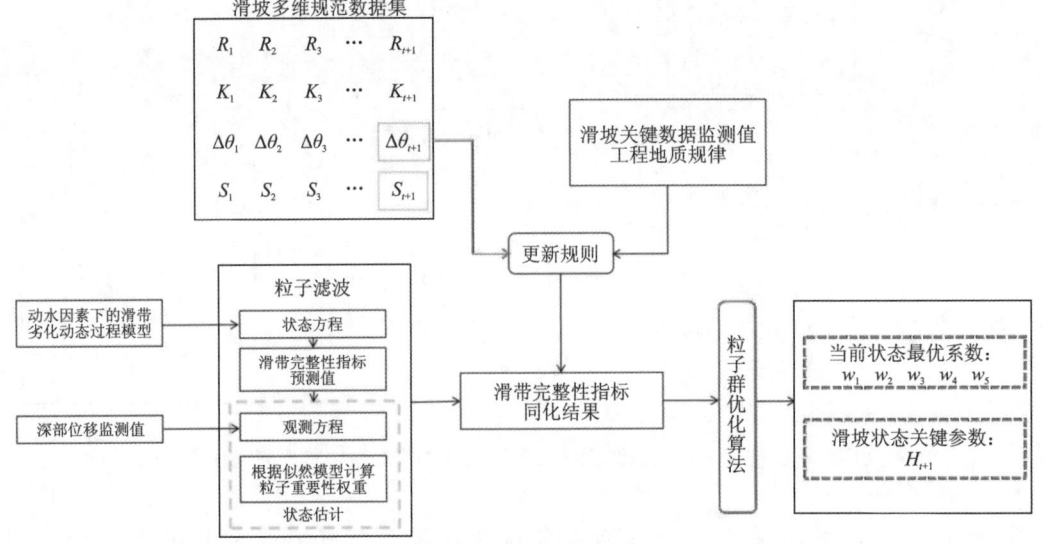

图 3.19 基于粒子滤波改进同化算法的滑带完整性指标预测流程图

定,以实际滑带完整性指标和滑坡关键数据预测模型预测的滑带完整性指标作为判断依据,当得到的滑坡累计位移预测值误差过大时,将通过粒子群优化算法计算出符合当前降雨和库水等外界影响因素的条件系数,使滑带劣化动态过程模型可以进一步精确表达当前的滑坡运动变化,这时滑带劣化动态过程模型得到的最优估计值就是物理预测模型与深度学习预测模型互相结合之后的预测值。

3.3.2.3 滑坡状态矩阵预测

通过基于卡尔曼滤波同化算法的物理预测模型和基于粒子滤波同化算法的物理预测模型,在滑坡关键数据预测模型的反馈下,并在工程地质规律和滑坡运动规律的约束下,分别利用遗传优化算法、粒子群优化算法动态调整和更新下一时刻滑坡地表位移预测模型中的待定系数以及滑带劣化动态过程模型中的回归系数,得到最符合下一时刻在降雨与库水联合作用下的滑坡地表位移预测模型和滑带劣化动态过程模型,精确表达下一时刻动水驱动型滑坡在外界影响因素和内部性质协同作用下的滑坡演化状态。最后,滑坡地表位移预测模型中的最优待定系数将作为预测的滑坡状态矩阵中的参数层,滑带劣化动态过程模型中的最优回归系数将作为预测的滑坡状态矩阵中的权重层,基于卡尔曼滤波同化算法的物理预测模型预测的滑坡累计位移和基于粒子滤波同化算法的物理预测模型预测的滑带完整性指标以及计算出的其他参数将作为预测的滑坡状态矩阵中的参数层。滑坡状态矩阵的预测步骤如图 3.20 所示。

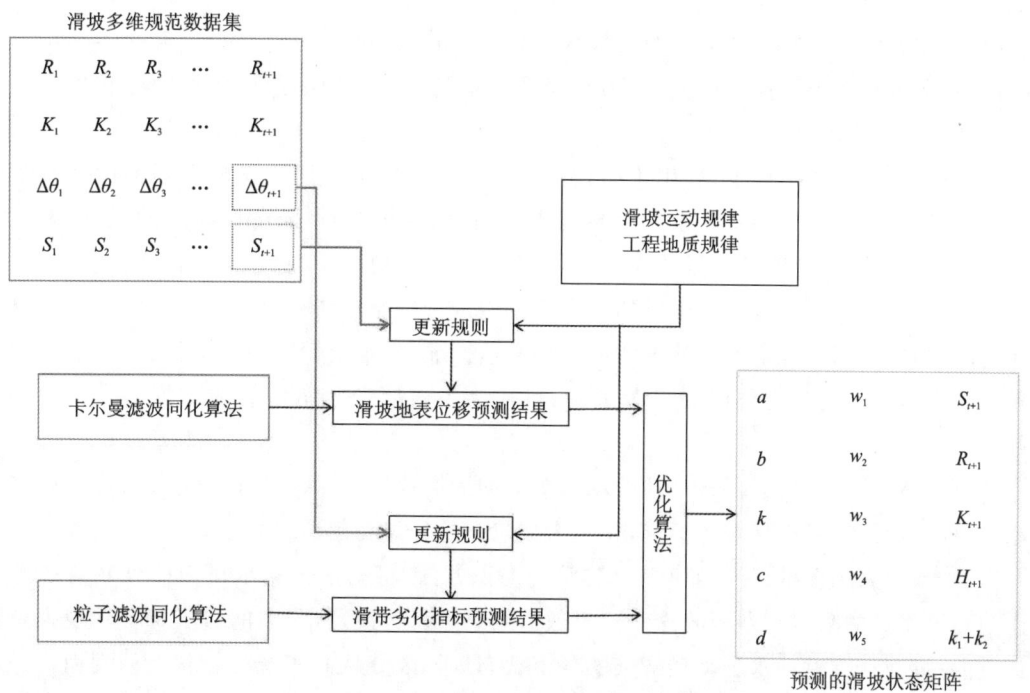

图 3.20　滑坡状态矩阵预测流程图

3.3.3 基于多维云模型的滑坡状态判识方法

充分研究滑坡体的宏观变形过程是揭示动水驱动型滑坡启滑判据的重要基础。在降雨和库水位等外界因素影响下,降雨量和库水位变化耦合特征是动水驱动型滑坡启滑机制研究的关键环节,其中浸润面、渗透压力、含水量等关键特征参量也是动水驱动型滑坡启滑判据的重要因素。滑坡滑带强度劣化和滑坡启滑力学机制是导致滑坡发生变形的关键因素之一,也是研究动水驱动型滑坡启滑判据的重要基础。滑坡状态将不同来源、不同类型的数据等影响动水驱动型滑坡启滑的关键因素进行整合,既具有物理意义又符合数值计算规律。但滑坡状态演化特征属于深层特征,难以只通过滑坡状态矩阵中的数值直观地判断当前演化阶段的滑坡状态。

云模型能同时考虑模糊性和随机性,通过将传统的模糊论和概率论进行升级改造,将动水驱动型滑坡所处状态的定性概念与基于改进同化算法的滑坡状态矩阵预测方法预测得到的滑坡状态矩阵这一定量数值结果进行转换。预测得到的滑坡状态矩阵具有趋势性、周期性、随机性和多样性。若将滑坡的蠕变状态、突变状态、临滑状态和启滑状态之一的具体状态视为一个定性概念,则预测得到的结果集中的每一个结果可以视为该定性概念在定量域中的随机实现,每一个结果的空间位置表达了预测结果对滑坡所处的具体状态这一定性概念的支持程度。

本节采用云模型处理定量的预测结果分布与定性的滑坡状态之间的关系,具体步骤如下:

(1)将已有的动水驱动型滑坡的关键数据转换为滑坡状态矩阵;

(2)将滑坡状态矩阵作为输入,采用云变换将预测结果集中的滑坡状态特征转换为云的数字特征;

(3)对于每个预测结果集,利用正向云生成器生成相同数目的云滴构建当前滑坡状态所对应的多维云模型,生成的云滴隶属度越高则表明该云滴属于当前滑坡状态的程度越大,计算所有预测得到的结果对各个云的隶属度,确定每一个预测结果对云的归属情况;

(4)通过将已知的滑坡状态生成的多维云模型进行对比,寻找不同状态的特征,比较出不同状态间的具体差异,确定各个状态的云模型表达标准,多维云模型中隶属度大于 0.95 的云滴聚集区域与云滴的聚集程度和扩散范围,可作为当前滑坡状态生成的多维云模型的主要特征;

(5)最后将预测的、试验的、其他的动水驱动型滑坡数据按照上述步骤生成对应的多维云模型后,根据确定的云模型表达标准,完成滑坡状态的分类和判识。

因此,本节采用多维云模型建立滑坡状态判识方法,将动水驱动型滑坡所处状态的定性概念与预测得到的滑坡状态矩阵这一定量数值结果进行转换,将隐藏的深层特征转换为更容易识别的浅层特征,对动水驱动型滑坡的各个状态进行区分从而实现滑坡状态的判识。并进一步寻找临滑状态与其他滑坡状态的可视化差异,完成对动水驱动型滑坡临滑状态的判识(图 3.21)。

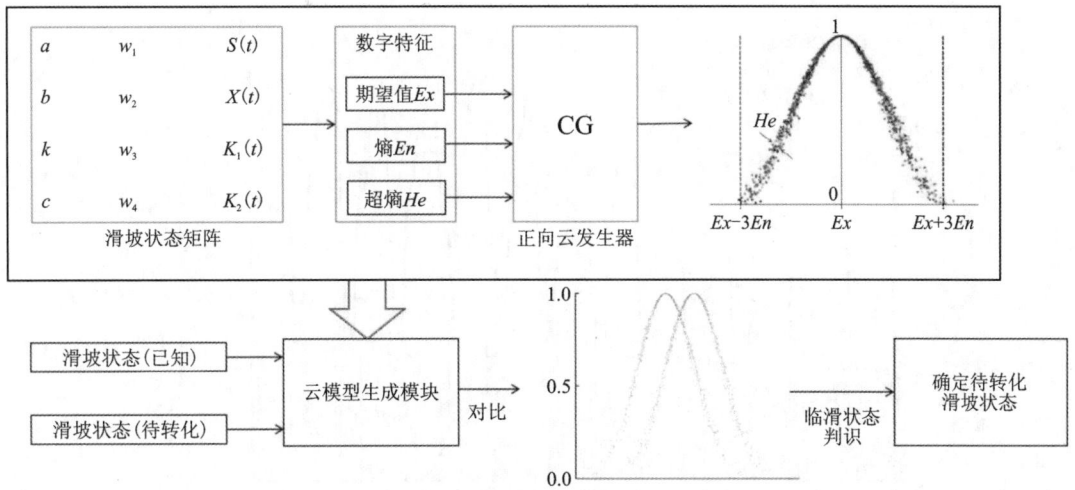

图 3.21 基于多维云模型的滑坡状态判识方法流程图

3.4 实例分析

3.4.1 白水河滑坡监测与试验数据准备

白水河滑坡 ZG93 监测点位于滑坡东侧变形区，处于预警区内，该监测点地表位移趋势与白水河滑坡整体地表变形趋势相一致，并且具有较长的监测周期，监测数据种类丰富且数据较完整。因此，为验证基于 nsTransformer 的滑坡关键数据预测精度以及本章提出的滑坡状态矩阵预测方法的可靠性，选取该监测点 2003 年 7 月—2016 年 6 月期间的地表累计位移监测数据作为原始滑坡位移数据进行后续分析，观测时间间隔为一个月。

3.4.1.1 影响因子选取与关联性分析

影响因子的选取对模型训练效果有重要影响。图 3.22 给出了月降雨量、库水位波动及 ZG93 监测点累计位移 2003 年 6 月—2016 年 6 月期间的变化情况。可以看出，雨季及库水位出现剧烈下降时会使得白水河滑坡位移剧烈增加，累计位移呈阶梯状上升。对于动水驱动型滑坡来说，其中少数的变形受到人类工程活动影响，而绝大多数滑坡发生变形的原因主要与降雨量和库水位变化有关，而内部地质因素对滑坡变形也有重要影响。因此，本小节对降雨、库水位变化、滑带完整性指标三类影响因素进行分析并选择对应输入模型的影响因子。

灰色关联度分析方法对样本量多少和样本量有无规律性都同样适用，且计算量小。为反映所选影响因子与滑坡变形之间的关联程度，采用灰色关联度分析方法进行分析，关联度 r_k 越接近 1，表示它们之间的关联越密切；当关联度 $r_k>0.6$ 时，则可认为该影响因子与滑坡变形的关联较为密切（程鹤和陈树文，2016）。

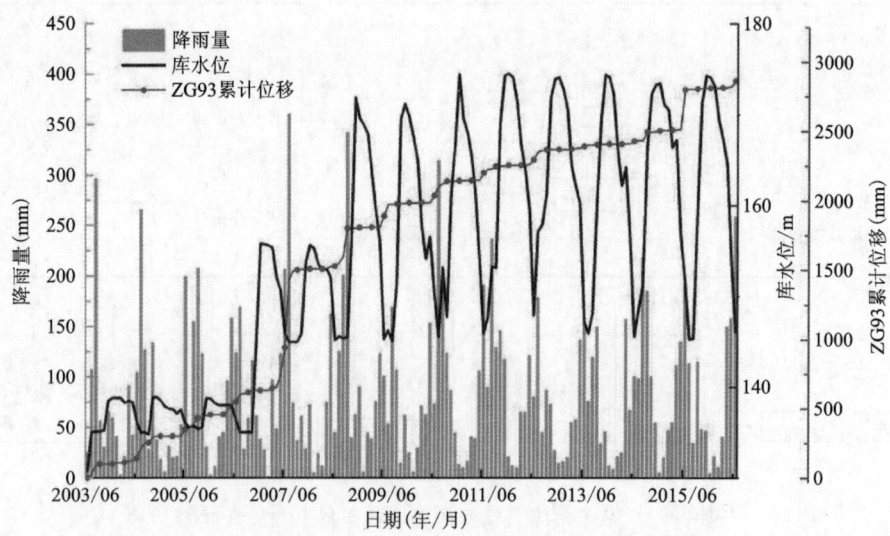

图 3.22 累计位移与降雨量和库水位变化曲线

灰色关联度分析方法过程如下：

(1)设母序列 $Y=[y(1),y(2),\cdots,y(n)]$，子序列 $X_i=[x_i(1),x_i(2),\cdots x_i(n)]$，$i=0,1,2,\cdots,m$。

(2)数据预处理。由于不同要素具有不同量纲和数据范围，因此需要对它们进行无量纲化处理，将它们统一到近似的范围内，然后重点关注其变化和趋势。

$$Y'=\frac{y(k)-y_{\min}}{y_{\max}-y_{\min}}, X_i'=\frac{X_i(k)-\min X_i}{\max X_i-\min X_i} \tag{3.45}$$

式中：Y' 为无量纲化后的母序列；X_i' 为无量纲化后的子序列；$i=0,1,2,\cdots,m;k=1,2,\cdots,n$。

(3)求差序列 $\Delta_i(k),i=0,1,2,\cdots,m,k=1,2,\cdots,n$。

$$\Delta_i(k)=|y'(k)-x'_i(k)| \tag{3.46}$$

(4)求两级最大差与最小差。

$$a=\min_i\min_k\Delta_i(k),b=\max_i\max_k\Delta_i(k) \tag{3.47}$$

式中：a 为最小差；b 为最大差。

(5)计算灰色关联系数。

$$\xi_i(k)=\frac{a+\rho b}{\Delta_i(k)+\rho b},\rho\in(0,1) \tag{3.48}$$

式中：$\xi_i(k)$ 为灰色关联系数；ρ 为分辨率系数，ρ 越大，分辨率越小，通常取 $\rho=0.5$。

(6)计算灰色关联度。

$$r_i=\frac{1}{n}\sum_{k=1}^{n}\xi_i(k) \tag{3.49}$$

式中：r_i 为关联度，$i=0,1,2,\cdots,m$。

通过上述步骤计算可以得到各影响因子所对应的灰色关联度，计算结果如表 3.1 所示。

表 3.1　ZG93 监测点累计位移与影响因子的灰色关联度数值表

监测点	降雨量		库水位变化		滑带完整性指标	
	当月降雨量	前1个月降雨量	当月库水位变化	前1个月库水位变化	当月滑带完整性指标	前1个月滑带完整性指标
ZG93	0.634	0.650	0.646	0.647	0.581	0.586

由表 3.1 可以看出,各项影响因子的关联度均大于 0.58,说明与滑坡累计位移的联系较为紧密。降雨量集合部分关联度最大的影响因子为前 1 个月降雨量,说明前 1 个月降雨量因子中包含的关于滑坡位移变化的信息更重要。在库水位变化集合部分,前 1 个月平均库水位变化是关联程度最高的影响因子。综上所述,降雨量和库水位变化是导致白水河滑坡发生变形的主要影响因素。

3.4.1.2　滑坡多维规范数据集构建

在确认了可以影响动水驱动型滑坡演化变形的关键影响因子后,需构建滑坡多维规范数据集,用以实现相关模型的训练和验证,方便后续的研究。首先将降雨量、库水位变化、滑带完整性指标和滑坡累计位移这些不同频率的参量进行归一化,得到具有相同时间频率的数据,构建标准化时序滑坡数据矩阵。

$$U_{a,t} = \begin{bmatrix} R_t \\ K_t \\ \Delta\theta_t \\ S_t \end{bmatrix} \quad (3.50)$$

式中:$U_{a,t}$ 为一个时序滑坡数据的单元矩阵;a 为滑坡的一个监测点;t 为月份;R 为当月的降雨量数据;K 为当月的库水位变化数据;$\Delta\theta$ 为当月深部变形特征值(即滑带完整性指标);S 为当月的滑坡累计位移数据。

多个标准化时序滑坡数据矩阵将构成标准化时序滑坡数据矩阵数据集,其中用于模型训练的数据集被称为标准化时序滑坡数据矩阵训练数据集,用于验证模型效果的数据集被称为标准化时序滑坡数据矩阵测试数据集。滑坡多维规范数据集由标准化时序滑坡数据矩阵训练数据集和标准化时序滑坡数据矩阵测试数据集共同构成。滑坡多维规范数据集的表示方式如式(3.51)所示。

$$\text{DataSet} = [U_{a,1}, U_{a,2}, U_{a,3}, \cdots, U_{a,t}, \cdots, U_{a,t+n}] \quad (3.51)$$

考虑到后续三峡库区对于滑坡的监测可能会更加完善,可以获取到具体的地质因子相关数据(如土壤含水率、下滑力、抗滑力、地下水位等),所以本章提出的滑坡关键数据预测模型可以通过更改数据结构、添加输入数据矩阵列的方式向模型中输入新的影响因子。数据矩阵中,x 代表不同的影响因子,t 代表不同的时刻,如图 3.23 所示。

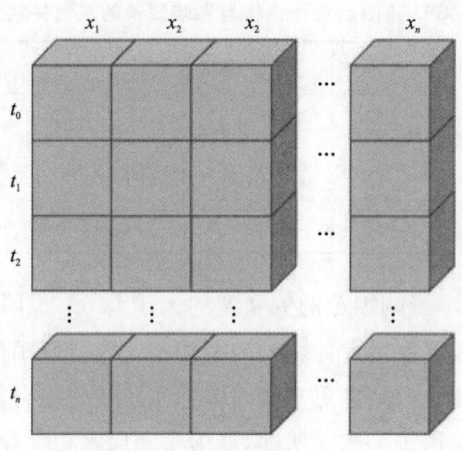

图 3.23 数据矩阵示意图

3.4.2 白水河滑坡关键数据预测

3.4.2.1 基于 nsTransformer 的滑坡关键数据预测模型

前文已经对滑坡原始监测数据进行预处理并制作成滑坡多维规范数据集,为验证基于 nsTransformer 的滑坡关键数据预测模型,将标准化时序滑坡数据矩阵数据集中 75% 的样本划分为训练集,25% 的样本划分为测试集,即选取基于 2003 年 7 月—2013 年 4 月监测数据构建的标准化时序滑坡数据矩阵作为训练数据,选取基于 2013 年 5 月—2016 年 6 月监测数据构建的标准化时序滑坡数据矩阵作为测试数据。为了得到最优的预测效果,通常需要选择合适的超参数进行模型的训练。本节将设置适宜该模型的参数,完成模型的训练。

首先完成 nsTransformer 中基础参数的设置,将数据频率(freq)设置为"M",表示输入数据的频率为一个月;将 seq_len 设置为 20,表示输入 encoder 的序列长度;将 label_len 设置为 10,表示输入 decoder 中的 token 的长度,即通过前 10 个真实值来辅助 decoder 进行预测;将学习率(learning_rate)设置为 0.000 1,表示模型的收敛速度;将训练轮数(train_epochs)设置为 200;将批大小(batch_size)设置为 32。其他参数保持为默认值,其中学习率(learning_rate)、训练轮数(train_epochs)和批大小(batch_size)对模型的训练效果有较大影响。在完成模型参数的设置后,将对滑坡关键数据进行预测,以预测滑坡累计位移为例,基于 nsTransformer 的滑坡关键数据预测模型的预测结果将与其他时间序列预测模型的预测结果进行对比分析。

3.4.2.2 不同时间序列预测模型性能对比分析

为证明滑坡关键数据预测模型的有效性,将该模型与长短期记忆网络(long short-term memory,LSTM)模型和神经网络(back propagation,BP)模型进行比较,预测结果如图 3.24 所示。其中,折线图代表各个模型的预测结果,柱状图代表对应模型预测结果的绝对误差。

可以发现,采用基于 nsTransformer 的滑坡关键数据预测模型得到的预测结果能较好地刻画出滑坡位移的阶跃型变化特征。

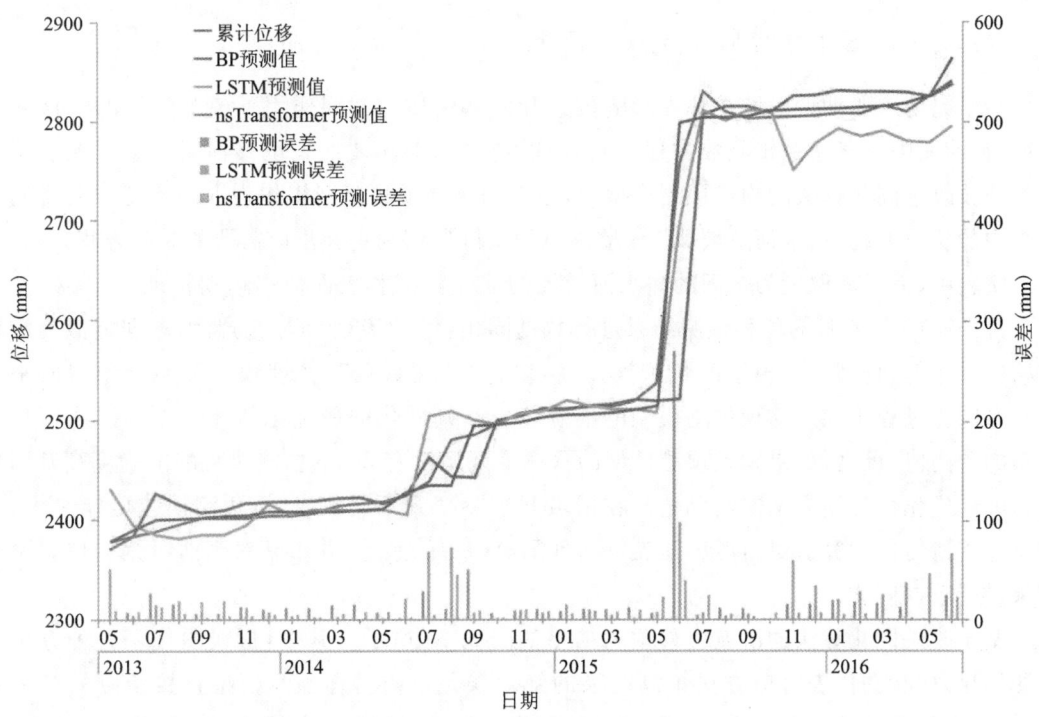

图 3.24 不同时间序列预测模型滑坡位移预测结果对比

为了衡量滑坡关键数据预测模型的精度,本节引入两种评价标准:均方根误差 RMSE 和平均绝对误差 MAE。计算方法如下:

$$\mathrm{RMSE} = \sqrt{\frac{1}{N}\sum_{i=1}^{N}(\hat{Y_i} - Y_i)^2} \tag{3.52}$$

$$\mathrm{MAE} = \frac{1}{N}\sum_{i=1}^{N}|\hat{Y_i} - Y_i| \tag{3.53}$$

式中:$\hat{Y_i}$ 为预测值;Y_i 为实际监测值。

表 3.2 给出了 3 种方法预测误差的 MAE 值和 RMSE 值,可以看出本章提出的基于 nsTransformer 的滑坡关键数据预测模型的预测误差最小,其预测精度与其他模型相比有大幅提升。

表 3.2 不同算法的性能指标对比

评价标准	BP	LSTM	nsTransformer
MAE	19.007	21.335	8.634
RMSE	47.215	32.563	13.033

3.4.3 白水河滑坡状态矩阵预测

3.4.3.1 基于改进同化算法的滑坡位移预测结果分析

为研究动水驱动型滑坡在外界影响因素和内部性质的共同作用下各个阶段的滑坡演化特征，在前文中基于逆逻辑函数构建了物理预测模型，即滑坡地表位移预测模型。在基于卡尔曼滤波改进同化算法的物理预测模型中，建立的物理预测模型将作为卡尔曼滤波改进同化算法中的状态方程，白水河滑坡 ZG93 监测点的实际监测为更新步所需要的观测方程。

实验中，为了获取更为全面的白水河滑坡的演化状态和表面位移运动特征，首先对 2013 年 5 月—2016 年 6 月的位移预测结果进行数据同化，将 ZG93 监测点的监测数据近似为滑坡位移的真实值，物理预测模型的预测误差通过历史监测数据和物理预测模型的预测值来确定。在同化过程中如果物理预测模型的准确度更高则同化的最优化估计结果偏向物理预测模型的预测值；反之，如果物理预测模型的预测准确度没有 ZG93 监测过程的准确度高则同化过程的最优化估计结果偏向监测值。在滑坡状态突变到不同状态时，预测误差可能过大，这时将基于遗传优化算法更新滑坡地表位移预测模型中的系数，并重新对当前时刻的位移预测结果进行数据同化。

基于改进同化算法的滑坡位移预测结果如图 3.25 所示。其中，折线图代表各种方法的预测结果，柱状图代表对应方法预测结果的绝对误差。与物理预测模型直接预测的结果对比，经过卡尔曼滤波数据同化后的预测结果与实际累计位移监测值更贴近，预测误差减少；而

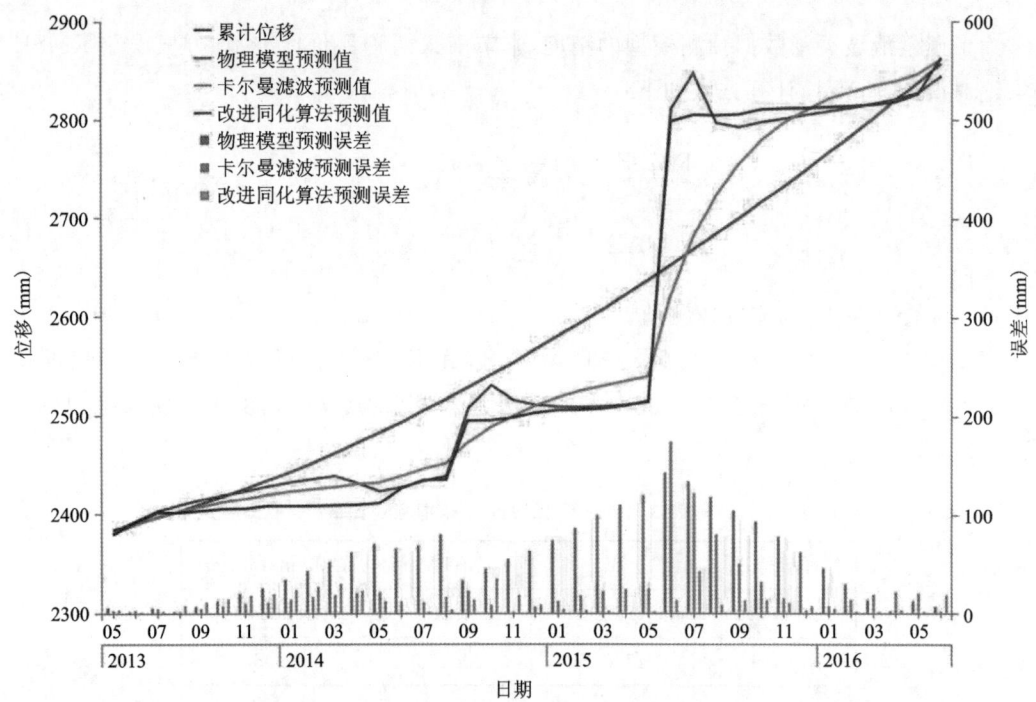

图 3.25 基于改进同化算法的滑坡位移预测结果对比

将基于改进同化算法的滑坡位移预测结果与直接进行卡尔曼滤波同化后的预测结果相比,前者有着明显的滑坡演化过程的阶段性变化,预测误差明显减少,预期结果更加精确,更贴合滑坡表面位移的实际运动曲线。结果证明,基于改进同化算法的滑坡位移预测模型可以有效地预测动水驱动型滑坡在不同运动阶段和不同演化状态下的滑坡表面位移。表 3.3 给出了 3 种方法预测误差的 MAE 值和 RMSE 值。

表 3.3 不同方法的滑坡位移预测精度对比

评价标准	物理预测模型	卡尔曼滤波同化算法	卡尔曼滤波改进同化算法
MAE	55.594	23.185	11.056
RMSE	69.181	41.156	15.264

3.4.3.2 基于改进同化算法的滑带完整性指标预测结果分析

为研究动水驱动型滑坡在降雨-库水联合作用下滑坡状态演化过程中的滑带劣化机理,在前文中基于逆逻辑函数构建了物理预测模型,即滑带劣化动态过程模型。在基于粒子滤波改进同化算法的物理预测模型中,前文建立的物理预测模型将作为粒子滤波改进同化算法中的状态方程,并基于白水河滑坡 ZG93 监测点的实际监测数据拟合出对应的观测方程。

实验中,为了获取更为全面的白水河滑坡的演化状态和滑带劣化特征,首先对 2013 年 5 月—2016 年 6 月的滑带完整性指标预测结果进行数据同化,状态变量随时间递推依靠滑坡物理预测模型完成。随着数据同化的进行,会出现"粒子退化"现象,为减少"粒子退化"问题对估计过程造成的影响,将通过重采样复制权重值较大的粒子来替换权重值较小的粒子,因此粒子滤波同化算法能够降低模型的结构误差,从而更好地提高预测精度。在滑坡状态突变到不同状态时,预测误差可能过大,这时将基于粒子群优化算法更新滑带劣化动态过程模型中的系数,并重新对当前时刻的位移预测结果进行数据同化。

基于改进同化算法的滑带完整性指标预测结果如图 3.26 所示。其中,折线图代表各种方法的预测结果,柱状图代表对应方法预测结果的绝对误差。由于滑带完整性指标本身属于无量纲化的数据且数值较小,所以 3 种方法的预测误差在 RMSE 和 MAE 上的计算结果均小于 0.03,且差距小于 0.01,无法仅通过 RMSE 和 MAE 对预测结果进行分析,因此主要通过数据趋势的匹配程度对预测结果进行评价。表 3.4 给出了 3 种方法预测误差的 MAE 值和 RMSE 值。

与物理预测模型直接预测的结果对比,基于粒子滤波同化算法的预测结果误差更小,但整体没有脱离物理预测模型的预测趋势;而将基于改进同化算法的滑带完整性指标预测结果与直接进行粒子滤波同化后的预测结果相比,基于改进同化算法的滑带完整性指标预测结果更符合实际的滑带劣化过程,和实际的滑带完整性指标的变化趋势有极高的相似度,预测误差减少,预期结果更精确。结果证明,基于改进同化算法的滑带完整性指标预测模型遵循降雨-库水联合作用下的滑带劣化机理,可以有效地预测动水驱动型滑坡在不同运动阶段和不同演化状态下的滑带完整性指标。

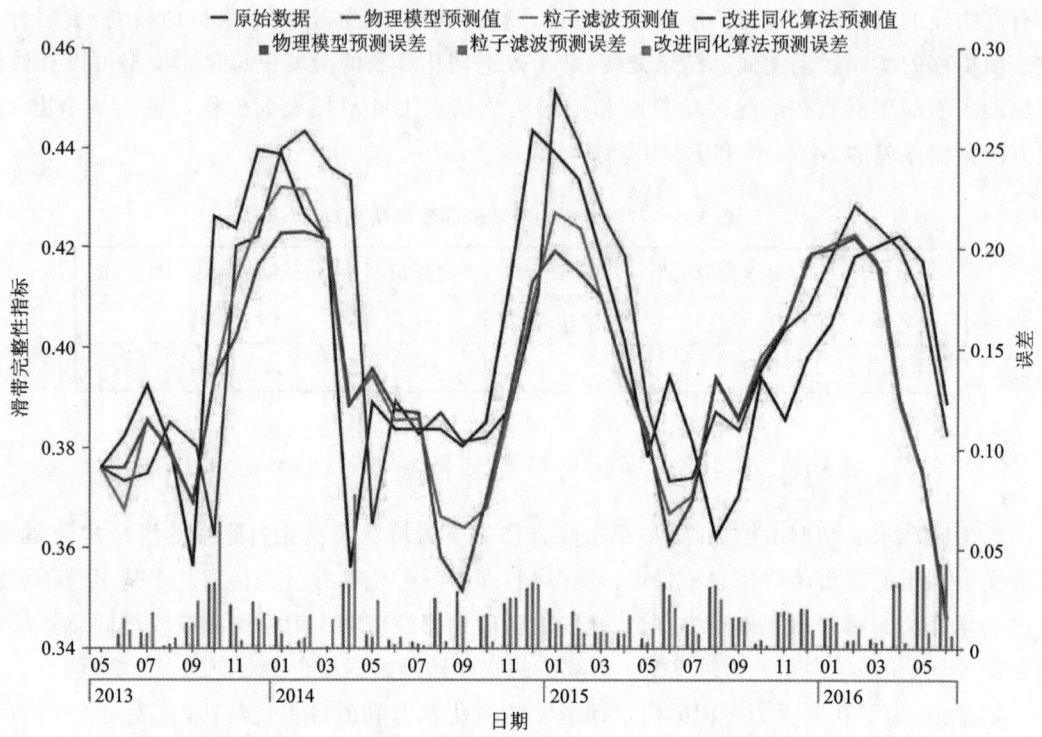

图 3.26　基于改进同化算法的滑带完整性指标预测结果对比

表 3.4　不同方法的滑带完整性指标预测精度对比

评价标准	物理预测模型	粒子滤波同化算法	粒子滤波改进同化算法
MAE	0.017	0.015	0.014
RMSE	0.021	0.019	0.021

3.4.4　白水河滑坡状态判识

3.4.4.1　白水河滑坡不同状态下的云模型特征

本章基于改进同化算法实现了对滑坡地表位移和滑带完整性指标的精确预测，获得了动水驱动型滑坡演化过程中滑坡地表位移预测模型和滑带劣化动态过程模型两个物理预测模型在不同滑坡状态下相匹配的系数，即滑坡状态矩阵中所需要的各个关键参数。本节选择 2013 年 6 月—2016 年 6 月期间的相关数据，总共可以建立 37 个滑坡状态矩阵。本章提出的基于多维云模型的滑坡临滑状态判识方法能将动水驱动型滑坡所处状态的定性概念与预测得到的滑坡状态矩阵这一定量数值结果进行转换，将隐藏的深层特征转换为更容易识别的浅层特征。为进一步分析滑坡状态矩阵转化后的浅层特征，本节基于滑坡的月位移将已知的滑坡状态矩阵划分蠕变状态和突变状态,然后区分动水驱动型滑坡分别处于蠕变状态和突变状态时的云模型特征。白水河滑坡 ZG93 监测点滑坡月位移数据如图 3.27 所示。

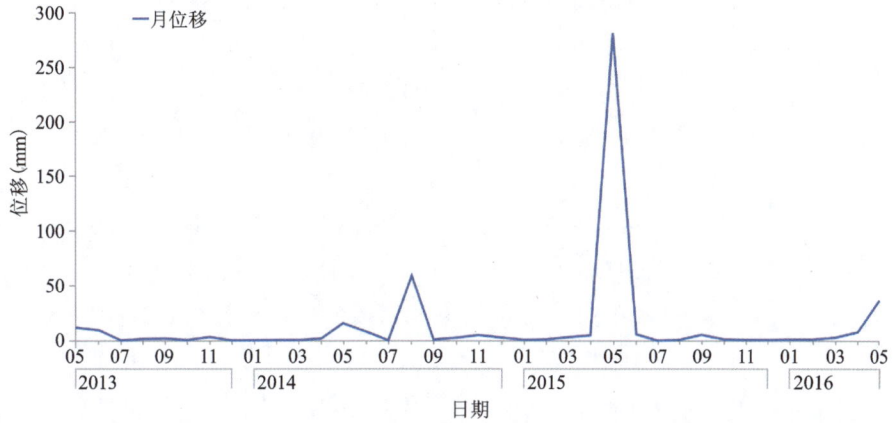

图 3.27　白水河滑坡 ZG93 监测点表面位移预测结果

如图 3.27 所示,白水河滑坡在 2014 年 9 月和 2015 年 6 月,ZG93 监测点监测得到的滑坡月位移分别为 5.96cm 和 28.36cm,都大于 1.5cm,是非常明显的位移突变点。因此这 2 个月的滑坡状态属于突变状态,其滑坡状态矩阵应分别表示为

$$U_{ZG93,201409}=\begin{bmatrix} -948.005\ 2 & 0.364\ 834\ 959 & 2.113\ 489\ 964 \\ 0.878\ 469\ 633 & -0.000\ 518\ 316 & 0 \\ 646.458\ 599\ 6 & 7.795\ 52\mathrm{E}^{-6} & 4.676\ 729\ 923 \\ 2\ 083.845\ 941 & -0.000\ 882\ 474 & 0.381\ 377\ 708 \\ 3\ 085.069\ 163 & 0.193\ 736\ 53 & 0.000\ 693\ 097 \end{bmatrix}$$

$$U_{ZG93,201506}=\begin{bmatrix} -383.478\ 1 & 0.219\ 819\ 569 & 2.201\ 647\ 454 \\ 0.887\ 862\ 226 & -0.000\ 243\ 537 & 1.244\ 432\ 684 \\ 441.738\ 220\ 3 & 4.520\ 57\mathrm{E}^{-6} & 22.253\ 701\ 45 \\ 4\ 124.127\ 65 & -0.000\ 536\ 912 & 0.373\ 872\ 268 \\ 6\ 054.069\ 72 & 0.492\ 0213\ 573 & 0.000\ 858\ 302 \end{bmatrix}$$

(3.54)

为归纳突变状态和蠕变状态之间的区别,并突出各自状态之间的特征,因此选用突变状态与前后 2 个月的蠕变状态进行对比,2014 年 8 月和 2014 年 10 月,2015 年 5 月和 2015 年 7 月的滑坡状态矩阵分别表示为

$$U_{ZG93,201408}=\begin{bmatrix} -35.429\ 4 & 0.169\ 925\ 491 & 2.494\ 742\ 487 \\ 0.976\ 539\ 994 & -0.000\ 174\ 78 & 0 \\ 1\ 759.390\ 397 & 5.744\ 73\mathrm{E}^{-6} & 0.007\ 846\ 862 \\ -0.611\ 236\ 193 & -0.000\ 701\ 464 & 0.387\ 110\ 554 \\ 563.763\ 325\ 5 & 0.637\ 701\ 92 & 0.000\ 728\ 77 \end{bmatrix}$$

$$U_{ZG93,201410}=\begin{bmatrix} -104.054\ 865\ 8 & 0.364\ 750\ 213 & 1.143\ 757\ 57 \\ 1 & -0.000\ 517\ 177 & 0 \\ 33.635\ 613\ 64 & 7.753\ 33E^{-6} & 0.062\ 774\ 898 \\ 1\ 284.906\ 82 & -0.000\ 878\ 236 & 0.382\ 189\ 655 \\ 2.495\ 099\ 559 & 0.193\ 799\ 289 & 5.653\ 69E^{-5} \end{bmatrix}$$

$$U_{ZG93,201505}=\begin{bmatrix} -104.054\ 865\ 8 & 0.220\ 593\ 021 & 1.541\ 038\ 728 \\ 1 & -0.000\ 248\ 216 & 0.800\ 228\ 993 \\ 33.635\ 613\ 64 & 4.612\ 53E^{-6} & 0.360\ 955\ 665 \\ 1\ 287.906\ 82 & -0.000\ 549\ 205 & 0.388\ 444\ 725 \\ 2.495\ 099\ 559 & 0.491\ 613\ 835 & 4.902\ 21E^{-5} \end{bmatrix}$$

$$U_{ZG93,201507}=\begin{bmatrix} -931.258\ 5 & 0.221\ 953\ 975 & 1.298\ 319\ 404 \\ 0.498\ 124\ 401 & -0.002\ 480\ 8 & 1.479\ 231\ 304 \\ 1\ 081.121\ 086 & 4.591\ 86E^{-6} & 0.470\ 811\ 737 \\ 7\ 071.841\ 566 & -0.000\ 547\ 16 & 0.374\ 243\ 356 \\ 8\ 021.166\ 24 & 0.488\ 116\ 271 & 0.000\ 688\ 605 \end{bmatrix} \quad (3.55)$$

基于多维云模型的滑坡状态判识方法,通过白水河滑坡 ZG93 监测点 2014 年 8 月—2014 年 10 月和 2015 年 5 月—2015 年 7 月的数据构建的滑坡状态矩阵特征变化生成的云模型如图 3.28 和图 3.29 所示。图中 y 轴指的是隶属度,x 轴是滑坡状态矩阵在提取数字特征后转换为多维云模型的 2 个特征。

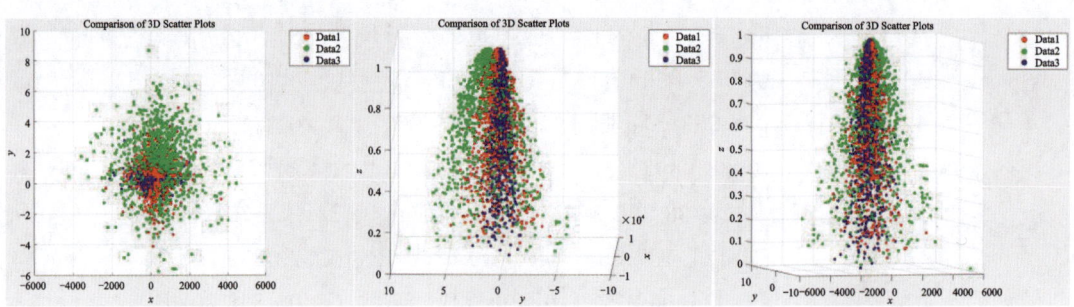

图 3.28　2014 年 8 月—2014 年 10 月蠕变状态与突变状态的多维云模型对比结果图

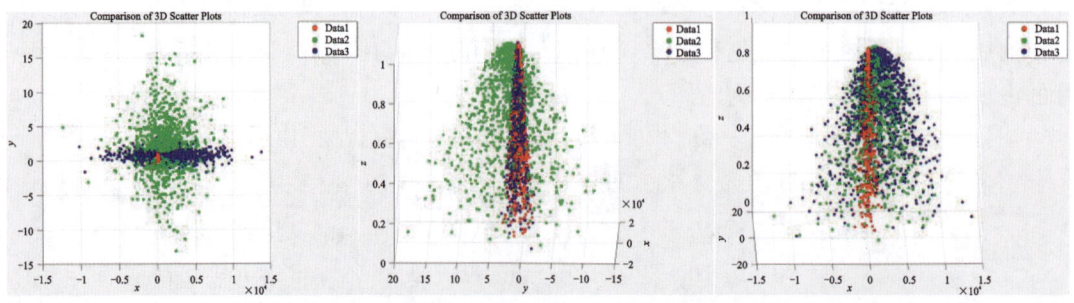

图 3.29　2015 年 5 月—2015 年 7 月蠕变状态与突变状态的多维云模型对比结果图

通常认为,生成的多维云模型中隶属度大于0.95的云滴聚集区域可以表示为当前状态的主要特征区域,基于同一状态生成且能准确表达归属情况的云滴都会集中在该特征区域内,不会产生较大的偏移;云的数字特征会影响生成的多维云模型的厚度和离散度,因此云滴的聚集程度和扩散范围也可作为判断滑坡状态的特征。如果云滴聚集较为密集的区域与当前时刻重合率达到90%以上,则认为下一时刻的滑坡状态没有变化;如果基于下一个滑坡状态矩阵生成的云模型,云滴聚集较为密集的区域与当前时刻重合率没有达到90%,则认为滑坡状态发生了变化。

图3.28中,白水河滑坡在此阶段由匀速变形阶段演化为加速变形阶段,然后又回归到了匀速变形阶段。其中2014年9月为白水河滑坡的突变状态,在图中显示为绿色,2014年8月和2014年10月为白水河滑坡的蠕变状态,分别在图中显示为红色和蓝色。蠕变状态下生成的多维云模型高度重合,云滴聚集较为密集的区域重合率达到90%以上,而突变状态下生成的多维云模型云滴聚集较为密集的区域往y轴正方向偏移,重合率未达到90%。图3.29中,2015年6月为白水河滑坡的突变状态,在图中显示为绿色,2015年5月和2015年7月为白水河滑坡的蠕变状态,分别在图中显示为红色和蓝色。蠕变状态下生成的多维云模型在y轴上高度重合,云滴聚集较为密集的区域重合率达到90%以上,但2015年7月蠕变状态生成的多维云模型在x轴上发生扩散,这可能是因为此时白水河滑坡由匀速变形阶段演化为加速变形阶段中的中加速阶段后没有回到匀速变形阶段,而是演化到了加速变形阶段中的初加速阶段,2个蠕变状态处于滑坡的不同变形阶段,因此出现在y轴上高度相似,但在x轴上发生扩散的现象。而突变状态下生成的多维云模型云滴聚集较为密集的区域往y轴正方向较大幅度偏移,重合率未达到90%。因此该方法可以较明显地判识出动水驱动型滑坡的突变状态和蠕变状态。

3.4.4.2 白水河滑坡临滑状态判识研究

为探寻动水驱动型滑坡在外界影响因素和内部性质共同作用下的演化机制和启滑判据,以实现更为精确的滑坡预报预警,本小节通过数值模拟试验模拟了白水河滑坡ZG93监测点从当前状态演化至滑坡启滑的过程,并基于数值模拟试验获得的数据构建滑坡状态矩阵,再生成对应的多维云模型进行比较,从而获取滑坡临滑状态的特征,完成临滑状态的判识。白水河滑坡ZG93监测点表面位移数值模拟试验结果如图3.30所示。

在图3.30中,蓝色表示白水河滑坡ZG93监测点表面位移的原始数据,橙色表示白水河滑坡ZG93监测点表面位移的试验数据,数值模拟试验的时间从2016年7月—2017年3月,2017年3月滑坡失稳破坏,因此假设2017年2月滑坡处于临滑状态,通过提取该时刻的滑坡状态的特征,进行临滑状态的判识研究。2017年2月临滑状态的滑坡状态矩阵见式(3.56)。

$$U_{ZG93,201702} = \begin{bmatrix} -498.372\,520\,8 & 0.220\,245\,855 & 6.088\,560\,271 \\ 0.498\,229\,728 & -0.000\,247\,275 & 0.996\,708\,812 \\ 1\,082.274\,769 & 4.593\,04\mathrm{E}^{-6} & 10.682\,201\,62 \\ 7\,068.760\,341 & -0.000\,545\,912 & 0.199\,046\,487 \\ 8\,020.879\,396 & 0.492\,097\,921 & 0.005\,369\,76 \end{bmatrix} \quad (3.56)$$

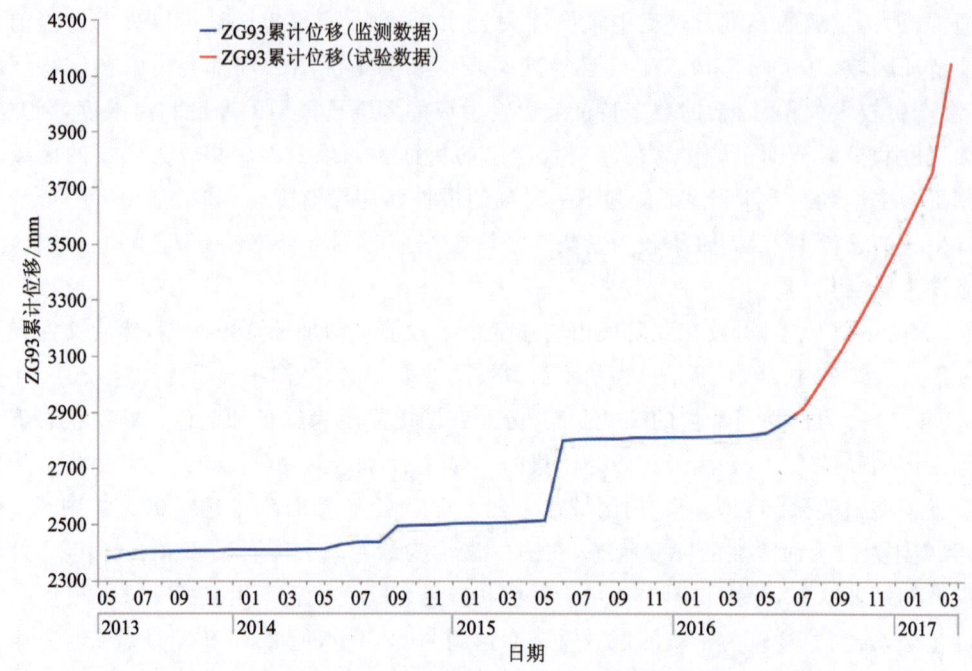

图 3.30　白水河滑坡 ZG93 监测点表面位移数值模拟试验结果图

为挖掘临滑状态时的特征,选用 2015 年 5 月蠕变状态和 2015 年 6 月突变状态与 2017 年 2 月临滑状态进行对比,基于这 3 个月的滑坡状态矩阵生成的多维云模型对比图如图 3.31 所示。

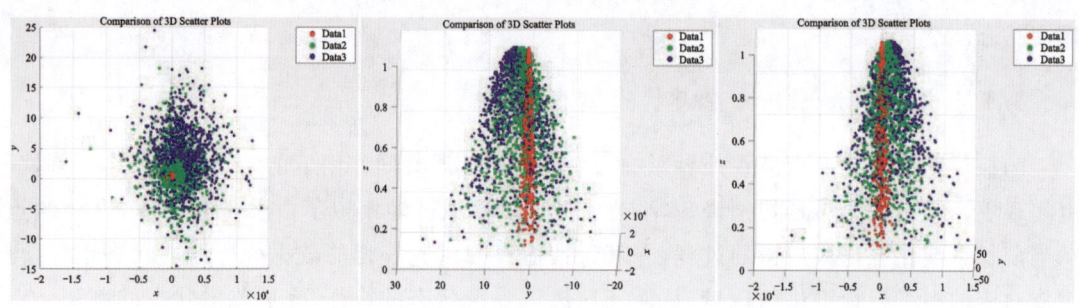

图 3.31　蠕变状态和突变状态与临滑状态的多维云模型对比结果图

在图 3.31 中,红色的多维云模型表示蠕变状态,绿色的多维云模型表示突变状态,蓝色的多维云模型表示临滑状态。基于这 3 种滑坡状态生成的云滴,聚集较为密集的区域重合率均未达到 90%,可以判定这是滑坡演化过程中 3 种不一样的状态。而基于临滑状态和突变状态生成的多维云模型相似,云滴聚集较为密集的区域重合率达到 80% 以上,但基于临滑状态生成的多维云模型在 y 轴正方向上偏移更多,且在 x 轴和 y 轴上云滴较突变状态更加分散。因此滑坡临滑状态的判断标准可以暂定为临滑状态由突变状态演化而来,临滑状态在突变云模型隶属度大于 0.95 的云滴聚集区域在 y 轴上大于 3,且在 y 轴上扩散范围大于 −20 至 20,在 x 轴上扩散范围大于 −15 000 至 15 000。综上所述,基于多维云模型的滑坡状态判识方法能初步完成动水驱动型滑坡的临滑状态判识研究。

3.5　总结与展望

3.5.1　总结

本章充分研究了关于滑坡预测模型和数据同化的相关文献,针对滑坡时序特征,基于 nsTransformer 模型完成滑坡关键数据的预测;在降雨-库水联合作用机制和滑带劣化机理的基础上,提出了滑带劣化动态过程模型和滑坡地表位移预测模型,并针对滑坡物理预测模型和普通同化算法的缺陷进行了改进,提高了滑坡位移和滑带完整性指标的预测精度;基于多维云模型实现了滑坡状态的判识,以及临滑状态的判断依据,为滑坡预测和分析研究提供新的思路。以白水河滑坡为研究对象,对构建的滑坡关键数据预测模型、基于改进同化算法的滑坡状态矩阵预测方法及基于多维云模型的滑坡状态判识方法进行了实例分析,得到的主要研究成果如下。

(1)滑坡关键数据都是存在时间先后关联的有序数据。充分研究典型动水驱动型滑坡的监测数据中蕴含的深层时序特征,有利于提高模型的训练精度,但传统的时间序列预测模型采用平稳化技术来削弱原始序列的非平稳特性,剥夺了平稳序列的内在非平稳性,属于过度平稳化。为去过度平稳化,保留序列内在的滑坡演化非平稳特征,对多源多模态的滑坡监测数据和试验数据,基于 nsTransformer 模型完成滑坡关键数据的预测,得到了更优的预测结果。

(2)滑坡状态的表达需要考虑多种不同的影响因素,且滑坡状态应随着时间的推移而不断变化,滑坡监测数据的简单组合难以有效表达滑坡状态的演化过程,因此本章设计了基于改进同化算法的滑坡状态矩阵预测方法。基于卡尔曼滤波改进同化算法实现了更准确的滑坡位移预测,基于粒子滤波改进同化算法实现了更准确的滑带完整性指标预测,预测数据与监测数据共同构成滑坡状态矩阵。实验结果表明,改进同化算法的预测结果符合滑坡的演化过程,具有较高的预测精度,且构建的滑坡状态矩阵具有一定的合理性,符合滑坡该时刻的演化状态。

(3)针对传统滑坡的预测预报通常将单一影响因素作为判据,难以完整体现动水驱动型滑坡多源多模态作用下的滑坡演化过程这一问题,本章研究了动水驱动型滑坡不同状态的潜在特征,并设计滑坡状态演化的动态表示方法,构建基于多维云模型的滑坡状态判识方法。实验结果表明,不同状态的云模型特征明显,能准确判识滑坡的不同状态,并提供了滑坡临滑状态的判断依据,为提升库区动水驱动型滑坡预测预报的准确率提供新的解决方法。

3.5.2　展望

分析动水驱动型滑坡的变形演化特征及不同因素对动水驱动型滑坡的影响作用并构建滑坡状态矩阵,实现滑坡状态的判识,特别是识别出滑坡的临滑状态,对实现滑坡的精确预报预警有着重要意义,在人们实际生活中有着十分重要的应用价值。本章所开展的相关研究虽取得一定的成果，但仍然存在一些不足之处。在将来的工作中可以从以下几个方面进行改进。

（1）目前大多数研究在选取动水驱动型滑坡的影响因素上通常选取降雨和库水作为基本影响因素，然后采用人为方式进行，并采用关联度、相关性分析筛选出关联度较高的其他影响因素。通过这种方法进行影响因素选择可能存在一定的随意性，可能会导致影响因素的漏选。且滑坡变形是多种因素联合刺激的结果，后续将进一步分析其他影响因素如土壤含水率、抗剪强度、地下水水位和土壤黏聚力等与滑坡位移之间的内部联动关系，并探究更科学的影响因素筛选方法。

（2）当前对滑坡状态的研究较少，缺少对滑坡临滑状态的判识依据。本章虽然提出了基于多维云模型的滑坡状态判识方法，但目前仅针对白水河滑坡 ZG93 监测点的监测数据进行试验研究，实现了白水河滑坡的状态判识。后续将探究该方法在其他滑坡上的应用效果，基于其他的滑坡监测数据构建滑坡状态矩阵，并进行对应的云模型特征分析，用于验证本章提出的临滑状态判断依据的普适性。

第 4 章　滑坡运动状态识别模型研究

滑坡状态矩阵能较好地描述滑坡所处状态,是对滑坡进行深入分析的基础。滑坡状态矩阵属于一个独特的高维时间序列,由滑坡的内部状态和外部激励条件组成。传统生成式对抗网络对离散的数据效果不能满足滑坡预测对数据高精度的要求,而且滑坡监测数据具有非平稳、非线性、高噪声特征,同时考虑到滑坡状态矩阵具有尺寸小、数据间耦合性高的特点,相比于传统生成式对抗网络训练的样本更易受到噪声干扰,本章采用保护层对滑坡状态矩阵中的参数进行保护,同时基于距离注意力机制计算保护层权重,构建还原层,最大效果还原原始数据特征,达到降噪效果,满足机器学习的需要,最后使用灰色关联度构建二次过滤机制,使生成的滑坡状态矩阵符合工程地质条件的需要。

4.1　灰色降噪生成式对抗网络

4.1.1　网络的基础结构

灰色降噪生成式对抗网络主要由负责生成滑坡状态矩阵的生成网络、负责判别生成滑坡状态矩阵是否为真实的判别网络、负责过滤生成滑坡状态矩阵是否符合工程地质条件的二次过滤机制组成。使用保护层、还原层、二次过滤机制构建灰色降噪生成式对抗网络流程如图 4.1 所示。

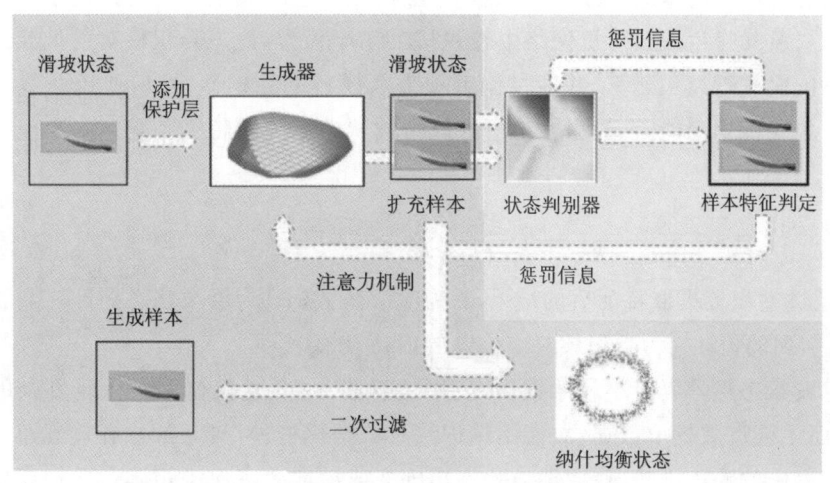

图 4.1　灰色降噪生成式对抗网络流程图

相比于传统生成式对抗网络的生成器,灰色降噪生成式对抗网络的生成器中包含保护层和还原层,用于降低噪声对生成样本的干扰,使生成的滑坡状态矩阵能适用于实际滑坡复杂的运动状态识别情况。相比于传统生成式对抗网络的判别器,灰色降噪生成式对抗网络的判别器使用灰色关联度构建二次过滤机制,使生成的滑坡状态矩阵符合工程地质条件的需要。

4.1.2 保护层的构建

生成式对抗网络为生成与原始输入较为一致的样本,通常使用卷积核提取输入样本数据特征。卷积运算是滑坡状态矩阵特征提取的基础,其一般公式如下:

$$s_t = \int_{-\infty}^{+\infty} x(t)\omega(t-\tau)dt \tag{4.1}$$

式中:s_t 为卷积输出;$x(t)$ 为输入;$\omega(t)$ 为核函数。

在生成式对抗网络中卷积一般使用离散形式,输出 s_n 表示滑坡状态矩阵通过核函数进行加权平均后的结果,基础定义如下:

$$s_n = \sum_{t=-\infty}^{+\infty} x(n)\omega(t-\tau) \tag{4.2}$$

式中:s_n 为离散卷积输出;$x(n)$ 为输入;$\omega(n)$ 为核函数。

在生成式对抗网络中的卷积计算是从输入滑坡状态矩阵到输出滑坡状态矩阵的特征提取过程,卷积核一般为二维矩阵,可以在时间维度、滑坡内部状态和滑坡外界激励因素上对滑坡状态进行综合分析。卷积核的长度为人工设置,深度需要与输入矩阵的深度一致,输出层矩阵的深度由卷积核的个数和输出矩阵的原始深度共同决定。

滑坡运动状态变化受到外界激励和内部状态的影响,相比于一般机器学习任务对降低过拟合要求更高。考虑到生成器在生成滑坡状态矩阵样本的过程中,容易受到过拟合影响,在训练中应该减少特征提取过程中训练参数的数量与更新幅度,降低过拟合对生成滑坡状态矩阵的影响。

通常情况下,相比于使用一次大型卷积核,使用多个小型卷积核可以在保持提取滑坡状态矩阵特征能力不变的情况下减少训练参数,因此在灰色降噪生成式对抗网络中优先使用小型卷积核。灰色降噪生成式对抗网络中卷积核工作流程为:首先卷积核对滑坡状态矩阵按照卷积核大小依次进行卷积运算,并通过偏置项提高模型的稳定性,然后使用非线性激活函数使网络具有非线性处理能力,最后输出所提取滑坡状态矩阵的特征。灰色降噪生成式对抗网络卷积计算过程如下:

$$y = f\left(\sum_{i=1}^{m}\sum_{j=1}^{n} x_{i,j} \times \omega_{i,j} + b\right) \tag{4.3}$$

式中:y 为经过卷积核提取特征后的结果;f 为激活函数;$x_{i,j}$ 为滑坡状态矩阵在卷积核对应位置处第 i 行 j 列的值;$\omega_{i,j}$ 为卷积核对应位置的值;b 为偏置项。

由于滑坡状态矩阵属于小尺寸数据,使用常规的 3×3 卷积核无法构建复杂的生成式对抗网络,从而不能有效提取数据,故使用保护层对数据规格进行扩充,并有效规避生成式对抗网络训练过程中的噪声干扰,使原滑坡状态矩阵变成滑坡状态保护矩阵。保护层的原理是使用多层与原滑坡状态矩阵相同的数据对滑坡状态矩阵的某一个数据进行扩充,降低卷积核在移动的过程中造成的噪声,减少雾化效应,同时扩充原滑坡状态矩阵的尺寸。使用保护层构建滑坡状态保护矩阵过程如图 4.2 所示。

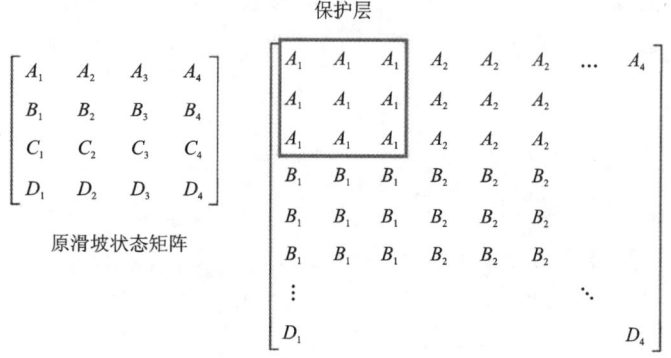

图 4.2 滑坡状态保护矩阵构建过程

在图 4.2 中,原滑坡状态矩阵 A、B、C、D 等不同字母表示影响滑坡运动的不同外界激励条件与滑坡内部状态,下标表示不同时间。保护层通过复制多次原滑坡状态矩阵参数形成。

通过保护层,生成对抗网络可以构建更深层的网络,充分提取滑坡状态特征,并生成与原滑坡状态矩阵较为一致的样本。保护层层数 P 计算公式如下:

$$P=LC+S+\alpha \tag{4.4}$$

式中:LC 表示卷积核的大小,卷积核采用 $n\times n$ 的矩形常规卷积;S 表示卷积过程中卷积核移动的步长;α 表示保护层平衡系数,用于调整卷积核特征提取能力,α 越大,降噪能力越强,提取特征能力越弱,α 越小,降噪能力越弱,提取特征能力越强。当保护层层数的两倍大于卷积核大小时,生成式对抗网络整体特征提取能力趋于稳定。

4.1.3 还原层的构建

使用保护层降低时序生成式对抗网络的噪声干扰后,需要根据保护层层数,将滑坡状态保护矩阵还原成原始滑坡状态矩阵。为了将生成式对抗网络生成的滑坡状态保护矩阵样本更接近地还原成原始滑坡状态矩阵,根据保护层至中心参数的距离计算权重,通过距离注意力机制进行还原。

注意力机制构建还原层是一种仿照人类视觉系统的工作原理。人类观察某事物时,通常会为自己感兴趣部分分配更多的注意力,提取更多的细节信息,以便在相同单位时间中获得更多的知识。这种能力是一种高效的信息处理机制,使用注意力机制构建还原层降低生成式对抗网络生成滑坡状态矩阵样本噪声的原理与上述过程类似。面对噪声对滑坡状态矩阵产生的影响,不需要将保护层所有的信息全部接收进行复杂计算,而是根据保护层所处位置到中心参数距离,计算保护层众多信息中对中心参数更为重要的信息。使用还原层将滑坡状态保护矩阵还原成原始滑坡状态矩阵,不仅会提高后续机器学习的效率,还会降低模型整体的复杂度,进而使整个计算资源更合理地分配。

使用注意力机制构建还原层的本质是一个权重分配求和的过程,通过增强保护层核心部分的权重,即离中心参数距离更近的保护层参数的权重,减少保护层非核心部分的权重,即离中心参数距离更远的保护层参数的权重,弱化不同参数间噪声的影响。使用距离注意力机制构建还原层的流程如图4.3所示。

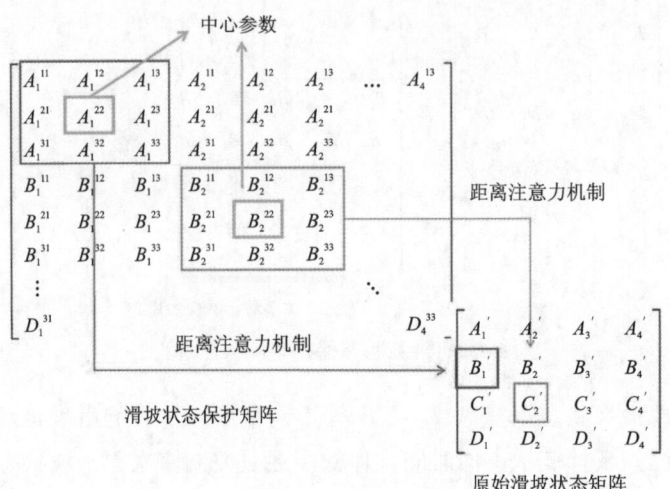

图 4.3　距离注意力机制还原原始滑坡状态矩阵流程

距离注意力机制的输出值 C 是将距离归一化后与滑坡状态保护矩阵参数值进行加权求和的结果,计算式为

$$C = \sum_{i=1}^{n}(s'_{ij} \times a_{ij}) \tag{4.5}$$

$$s'_{ij} = s_{ij} / \sum_{i=1}^{m}\sum_{j=1}^{n} s_{ij} \tag{4.6}$$

$$s_{ij} = |(i - \lceil i/2 \rceil) + (j - \lceil j/2 \rceil)| \tag{4.7}$$

式中:C 为还原后滑坡状态矩阵的中心参数;s_{ij} 为滑坡状态保护矩阵参数到中心参数的距离;s'_{ij} 为归一化之后的距离;a_{ij} 为生成式对抗网络初步生成滑坡状态保护矩阵第 i 行 j 列的参数;$\lceil\ \rceil$ 表示对结果向上取整,以便计算保护层参数到核心参数的距离。

4.1.4　二次过滤机制

生成对抗网络是机器学习处理小样本问题的一种解决方案,其根据原始样本情况生成大量符合原始样本的生成样本,用于解决研究区域临滑状态样本不足的问题。生成式对抗网络主要由生成网络模型与判别网络模型组成。其中,生成网络模型输入样本空间中的滑坡状态矩阵随机采样结果,用于分析滑坡原始状态矩阵的分布规律;判别网络模型属于分类模型,通过训练网络调整参数对真实滑坡状态矩阵和生成滑坡状态矩阵进行判别,使生成式对抗网络生成的滑坡状态矩阵尽可能从数学层面和工程地质条件上符合真实的滑坡状态矩阵。一般情况下,判别网络属于二分类器,输出结果为真实滑坡状态矩阵或生成滑坡状态矩阵。

生成网络模型和判别网络模型通过反馈函数调整结构中的超参数进行模型训练,训练在损失函数低于阈值或者预定训练周期后停止。当判别网络模型的判别准确率接近50%时,即无法准确判别滑坡状态矩阵是真实滑坡状态矩阵还是生成式对抗网络生成的样本滑坡状态矩阵,证明生成式对抗网络生成的样本符合真实情况。

生成式对抗网络的目标函数如下:

$$\min_G \max_D V(D,G) = E_{x \sim P_{\text{data}}(x)}[\log D(x)] + E_{z \sim p_z(z)}[\log[1-D(G(z))]] \quad (4.8)$$

式中:$D(\cdot)$为滑坡状态矩阵判别器;$G(\cdot)$为滑坡状态矩阵生成器;x为真实滑坡状态矩阵;z为输入的随机噪声,用于生成滑坡状态矩阵。在对抗训练生成滑坡状态矩阵的过程中,判别网络倾向最大化式(4.8)的值;生成网络与判别网络相反,倾向最小化式(4.8)的值。当$D[G(z)]$等于0.5时,生成式对抗网络达到纳什均衡状态,生成的滑坡状态矩阵从数学层面初步满足滑坡状态识别的需求。

滑坡实际情况复杂,机器学习模型对于复杂的山体滑坡运动过程来说是一个黑箱模型,单纯使用损失函数无法从工程地质条件角度完整地生成符合工程地质条件的滑坡状态矩阵。考虑到灰色系统对滑坡状态的分析是一种基于对滑坡运动规律全面认知基础上形成的,虽然对滑坡运动过程中个别数据无法及时获取,不过系统本身具有一定的初始性能,因此数据是否全面对其判断影响不是关键,其内在的规律才是核心,故以灰色关联法为基础,构建分析符合工程地质条件的滑坡状态矩阵二次过滤机制。

生成的滑坡状态矩阵与原始滑坡状态矩阵间灰色关联度G计算流程如下。

(1)滑坡矩阵归一化处理:考虑到滑坡状态矩阵中各参数量纲不同,通常需要对各参数进行归一化处理,降低不同参数取值范围对滑坡矩阵的整体影响。

$$x'_{ij} = x_{ij} / \sum_{j=1}^{m} x_{ij} \quad (4.9)$$

式中:x_{ij}为滑坡状态矩阵中第i行j列的参数。

(2)求极差:将滑坡状态矩阵中所有参数映射到相对统一的尺度上。

$$a = \min_i \min_k |x_0(k) - x_i(k)| \quad (4.10)$$

$$b = \max_i \max_k |x_0(k) - x_i(k)| \quad (4.11)$$

式中:$x_0(k)$为真实滑坡状态矩阵;$x_i(k)$为生成滑坡状态矩阵;a为两极最小值;b为两极最大值。

(3)计算灰色关联系数与灰色关联度:通过计算生成滑坡状态矩阵与训练集中单一滑坡状态矩阵的关联度,可以分析生成滑坡状态矩阵与单一真实滑坡状态矩阵的相似性。

$$y(x_0(k), x_i(k)) = \frac{a + pb}{|x_0(k) - x_i(k)| + pb} \quad (4.12)$$

$$G = \frac{1}{n} \sum_{k=1}^{n} y(x_0(k), x_i(k)) \quad (4.13)$$

式中:p为分辨率,默认取0.5。

(4)计算生成滑坡状态矩阵与训练样本整体灰色关联度G',若整体灰色关联度大于阈值,则说明生成的滑坡状态矩阵符合工程地质条件,适用于滑坡运动状态识别工作。

$$G' = \frac{1}{n}\sum_{i=1}^{n} G_i \tag{4.14}$$

式中:G_i 为生成滑坡状态矩阵与单个训练样本之间的灰色关联度。

4.2 仿射迁移学习

不同区域滑坡的监测数据的分布情况可能存在一定的差异,为了将生成式对抗网络生成的滑坡样本数据合理迁移至目标研究区域,需要考虑如何使灰色降噪生成式对抗网络生成的滑坡状态矩阵样本分布与研究区域滑坡状态样本分布一致的问题。不考虑源域与目标域滑坡状态矩阵样本分布差异,单纯地将灰色降噪生成式对抗网络生成的滑坡状态矩阵样本迁移至目标域,通过机器学习模型学习迁移过的滑坡状态矩阵,无法满足目标域滑坡位移预测的高精度要求。由于仿射迁移学习可以通过平移、旋转、缩放等手段,使灰色降噪生成式对抗网络生成大量符合工程地质条件的滑坡状态矩阵样本的分布符合目标域滑坡状态矩阵的分布,因此本节采用仿射迁移学习调整生成滑坡状态矩阵样本的分布,使目标域相关算法能充分挖掘不同区域滑坡的知识,解决研究区域监测数据不足的问题。

4.2.1 仿射迁移启动值

迁移学习是某一模型或数据集对另一模型或数据集产生影响的学习策略,常用于解决机器学习过程中由各种原因导致的训练数据不足,而无法满足机器学习需要的海量样本问题。源域数据集有大量完整、准确的数据标签,通常能满足机器学习自我训练的需要。目标域数据集由于各种原因而样本不足,无法满足机器学习的需要。源域和目标域需要足够的联系才能满足迁移学习的需要,若源域与目标域联系不足,则迁移效果不佳,无法达到预期效果。

为了衡量不同区域滑坡状态矩阵迁移的可能性,同时考虑到灰色降噪生成式对抗网络生成的滑坡状态矩阵与目标域滑坡状态矩阵均满足希尔伯特空间分布规律,以最大均值差异法构建迁移启动值(TMMD)。迁移启动值定义如下:

$$\text{TMMD} = \max(E(f(x)) - E(f(y)) + \lambda V(D_S, D_T) \tag{4.15}$$

式中:λ 为对惩罚程度的调节幅度;$V(D_S, D_T)$ 为平衡源域和目标域工程地质条件不同带来的对迁移的影响。

通过最大均值差异法,选择合适的距离函数,计算源域滑坡状态矩阵与目标域滑坡状态矩阵的最大均值范数距离,并通过惩罚函数平衡不同工程地质条件带来的差异。在实际迁移的过程中,优先选择迁移启动值最低的区域作为源域,以便取得良好的迁移效果;若迁移启动值小于阈值,则说明两个研究区域的滑坡监测数据无法达到良好的迁移效果。源域选择示意图如图 4.4 所示。

基于源域滑坡状态与目标域滑坡状态存在域适应的一般假设是边际概率密度函数之间存在一定的差异。通过特征转换减少源域滑坡状态与目标域滑坡状态分布规律的差异性,使源域滑坡状态与目标域滑坡状态的联合期望差值趋近于零。通过 TMMD 将多维度滑坡状态

第 4 章　滑坡运动状态识别模型研究

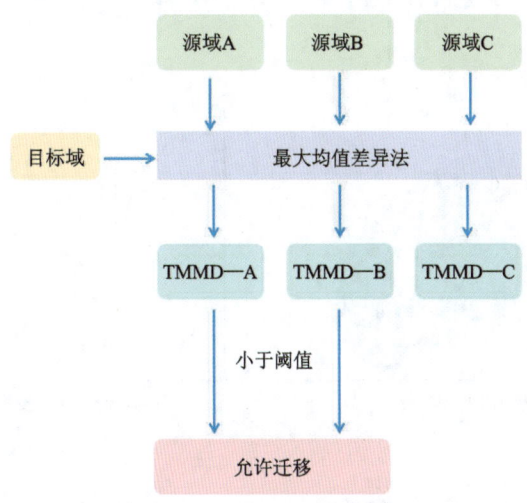

图 4.4　源域选择示意图

特征的期望距离作为距离度量。需要注意的是，单纯地减少边缘分布的差异性不能保证区域滑坡状态分布规律的相似性。

仿射迁移学习过程中各参数定义如下：

$$D_S = \{X_S, T_S\} \quad (4.16)$$

$$D_T = \{X_T, T_T\} \quad (4.17)$$

$$Y_S = f_S(X_S, \delta_S) \quad (4.18)$$

$$Y_T = f_T(X_T, \delta_T) \quad (4.19)$$

式中：D_S 为源域滑坡状态数据集，由源域滑坡状态矩阵 X_S 和滑坡状态矩阵标签 T_S 组成；D_T 为目标域滑坡状态数据集，由源域滑坡状态矩阵 X_T 和滑坡状态矩阵标签 T_T 组成；Y_S 为源域模型输出，通过源域机器学习模型 f_S 和机器学习模型参数 δ_S 共同完成；Y_T 为目标域模型输出，通过目标域机器学习模型 f_T 和机器学习模型参数 δ_T 共同完成。

4.2.2　仿射迁移流程

考虑到仿射变换可以改变滑坡状态矩阵样本在样本空间中分布的自由度，能调整滑坡状态矩阵在样本空间中的分布情况，本节使用仿射变换减少灰色降噪生成式对抗网络生成的滑坡状态矩阵和目标域滑坡状态矩阵在样本空间的分布差异。通过仿射迁移学习对灰色降噪生成式对抗网络生成的滑坡状态矩阵进行旋转、缩放、平移处理，使生成的滑坡状态矩阵和目标域的滑坡状态矩阵在样本空间的分布规律接近。仿射迁移学习的目标函数定义如下：

$$\min j(h) = \sum_i L(f(R,K),w) + \lambda D(h) + \mu \text{TMMD} \quad (4.20)$$

式中：$D(h)$ 为惩罚函数，防止仿射迁移过程中模型过拟合；λ 为调节惩罚参数；μ 为平衡迁移启动值的参数，若 μ 越大，表示迁移的难度越高。

仿射迁移学习的核心是使用平移、旋转、缩放等手段使灰色降噪生成式对抗网络生成的滑坡状态矩阵样本分布规律与目标域滑坡状态矩阵样本分布规律一致。仿射迁移学习示意图如图4.5所示。

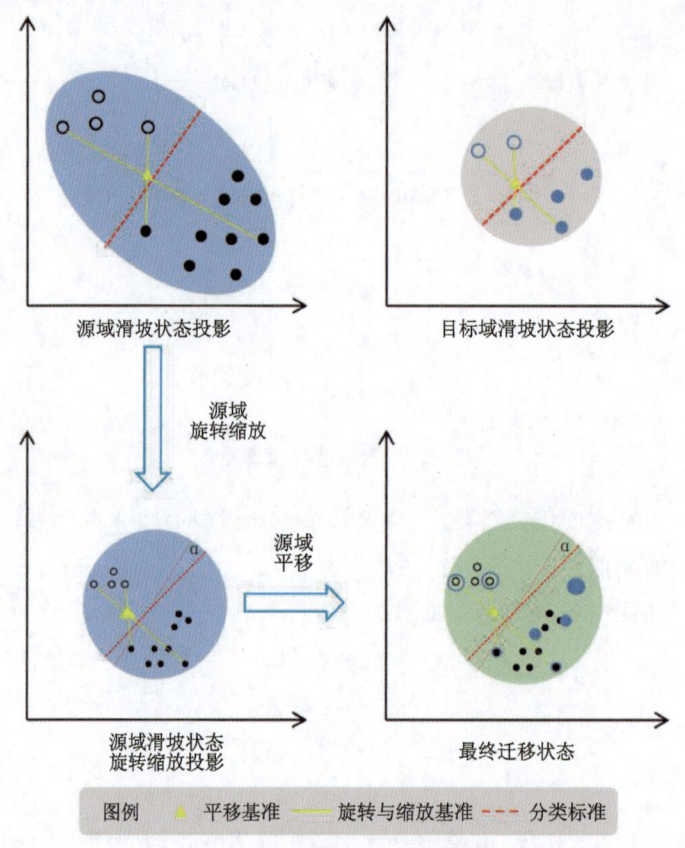

图4.5 仿射迁移学习示意图

旋转基准、缩放基准、平移基准的选择是迁移效果好坏的关键。平移基准确定方式为,寻找灰色降噪生成式对抗网络生成样本最远两个滑坡状态矩阵,连接两个滑坡状态矩阵获得直线1,并寻找灰色降噪生成式对抗网络生成样本最近两个滑坡状态矩阵,连接两个滑坡状态矩阵获得直线2,将两条直线的交点定义为交点1。寻找目标域最远两个滑坡状态矩阵,连接两个滑坡状态矩阵获得直线3,并寻找目标域最近两个滑坡状态矩阵,连接两个滑坡状态矩阵获得直线4,将两条直线的交点定义为交点2。交点1与交点2相对于原点的距离构成平移基准T。旋转基准确定方式为,将确定平移基准过程中的直线1、直线3的夹角α_1,与直线2、直线4的夹角α_2作为旋转基准,构建旋转矩阵$R(\alpha_1,\alpha_2)$。缩放基准确定方式为,将灰色降噪生成式对抗网络生成样本最远两个滑坡状态矩阵之间的距离与目标域最远两个滑坡状态矩阵之间的距离比作为缩放基准S。

通过仿射迁移学习,使灰色降噪生成式对抗网络生成的滑坡状态矩阵分布规律与目标域滑坡状态矩阵分布规律一致,以便进一步完成对目标域滑坡运动情况的预测。

仿射迁移学习定义如下:

第 4 章 滑坡运动状态识别模型研究

$$\begin{bmatrix} x' \\ y' \end{bmatrix} = T + R\left[S\begin{bmatrix} x \\ y \end{bmatrix} \right] \tag{4.21}$$

式中：x、y 为变换前的位置；x'、y' 为变换后的位置；T 为平移基准，由两个轴方向的向量 a_0、a_3 组成，表示灰色降噪生成式对抗网络生成的滑坡状态矩阵整体平移过程；R 为旋转基准，由 $\cos\theta$、$\sin\theta$、$-\cos\theta$、$-\sin\theta$ 表示的旋转矩阵组成，表示灰色降噪生成式对抗网络生成样本整体旋转情况；S 为缩放基准，由 k、l 两个缩放因子组成，表示灰色降噪生成式对抗网络生成样本整体的缩放情况，当 $k=l$ 时，为等比缩放。

为了更清晰地分析仿射变换的具体步骤，可将仿射变换分步进行。主要分为平移、旋转、缩放、对称、错切，其中对称可以理解为一种特殊的旋转，错切可以理解为一种特殊的缩放。仿射变换中单步变换如下：

(1) 平移。

$$\begin{bmatrix} x' \\ y' \end{bmatrix} = \begin{bmatrix} 1 & 0 \\ 0 & 1 \end{bmatrix}\begin{bmatrix} x \\ y \end{bmatrix} + \begin{bmatrix} a_0 \\ a_3 \end{bmatrix} \tag{4.22}$$

式中：x、y 为变换前的位置；x'、y' 为变换后的位置；a_0、a_3 为调节滑坡状态矩阵整体分布的平移向量。

(2) 旋转。

$$\begin{bmatrix} x' \\ y' \end{bmatrix} = \begin{bmatrix} \cos\theta & \sin\theta \\ -\sin\theta & \cos\theta \end{bmatrix}\begin{bmatrix} x \\ y \end{bmatrix} \tag{4.23}$$

式中：x、y 为变换前的位置；x'、y' 为变换后的位置；$\cos\theta$、$\sin\theta$、$-\cos\theta$、$-\sin\theta$ 构成调节滑坡状态矩阵整体分布旋转矩阵。

(3) 缩放。

$$\begin{bmatrix} x' \\ y' \end{bmatrix} = \begin{bmatrix} k & 0 \\ 0 & l \end{bmatrix}\begin{bmatrix} x \\ y \end{bmatrix} \tag{4.24}$$

式中：x、y 为变换前的位置；x'、y' 为变换后的位置；k、l 为缩放因子，当 $k=l$ 时，为等比缩放。

(4) 对称。

$$\begin{bmatrix} x' \\ y' \end{bmatrix} = \begin{bmatrix} -1 & 0 \\ 0 & 1 \end{bmatrix}\begin{bmatrix} x \\ y \end{bmatrix} \tag{4.25}$$

$$\begin{bmatrix} x' \\ y' \end{bmatrix} = \begin{bmatrix} 1 & 0 \\ 0 & -1 \end{bmatrix}\begin{bmatrix} x \\ y \end{bmatrix} \tag{4.26}$$

式中：x、y 为变换前的位置；x'、y' 为变换后的位置。

(5) 错切。

$$\begin{bmatrix} x' \\ y' \end{bmatrix} = \begin{bmatrix} 1 & k \\ l & 1 \end{bmatrix}\begin{bmatrix} x \\ y \end{bmatrix} \tag{4.27}$$

式中：x、y 为变换前的位置；x'、y' 为变换后的位置；k、l 不同时为 0。

4.3 基于空间投影聚类的滑坡状态判识

通过灰色降噪生成式对抗网络和仿射迁移学习对目标域滑坡状态矩阵扩充后,目标域得到大量滑坡状态样本,满足机器学习需要。考虑到滑坡运动情况不仅仅受到外界激励条件的影响,还与滑坡自身所处状态有关,对于这种情况,使用单一的机器学习模型无法准确有效地对滑坡运动情况进行预测,也无法从解释性的角度分析模型的预测效果,进而影响推广机器学习的滑坡预测领域的适用性。因此,根据滑坡内部处于不同状态且外界受到相似影响,滑坡下一时刻运动状态不同的假设,本节通过建立滑坡状态矩阵分析滑坡的外界激励条件与内部因素,使用空间投影聚类算法将滑坡运动的过程分为临滑状态、突变状态、稳定状态等不同情况,其中临滑状态是分析滑坡运动情况的重点。通过对运动状态不同的滑坡建立不同的机器学习模型,提高模型的可解释性,对滑坡运动状态进行深入分析。本节主要阐述滑坡状态判识模型建立所需要的算法和构建过程。

4.3.1 滑坡状态矩阵的构建

迅速发展的山体滑坡监测手段,使获取影响滑坡运动状态的高维数据已经不是技术难点。复杂的高维数据中噪声和冗余的存在,使得直接对影响滑坡运动状态的相关因素进行覆盖并不能充分反映滑坡的实际运动情况,最终会使滑坡状态的分类效果下降。因此,反映滑坡实际的运动情况,探索滑坡运动的内在规律,并使用数学手段进行合理有效地表示,对于预测滑坡位移情况有着重要意义。

考虑到相同外界激励条件对同一滑坡在不同时期引起的响应不同,使用滑坡敏感性状态来表示此情况对于位移预测的影响。使用预测模型将滑坡激励降雨量(R)、月库水位变化(K)初步预测滑坡位移,将预测位移与实际位移差值定义为滑坡敏感状态。滑坡敏感状态ΔW定义如下:

$$\Delta W = W - F(R, K) \tag{4.28}$$

式中:W为实际位移;F为预测模型。

为从多角度分析滑坡运动情况,使用降雨量、库水位变化、滑坡敏感性状态、位移的时间序列构建滑坡状态矩阵,定义如下:

$$S_{m,t} = \begin{bmatrix} R_{-t} & \cdots & R_{-1} & R_0 \\ K_{-t} & \cdots & K_{-1} & K_0 \\ \Delta W_{-t} & \cdots & \Delta W_{-1} & \Delta W_0 \\ W_{-t} & \cdots & W_{-1} & W_0 \end{bmatrix} \tag{4.29}$$

式中:$S_{m,t}$为第m个滑坡状态矩阵在t时刻的状态,包含此时刻前t个月的监测数据;R_{-t}为前t个月的降雨量;K_{-t}为前t个月库水位变化;ΔW_{-t}为前t个月的敏感性状态;W_{-t}为前t个月的位移。

4.3.2 空间投影

考虑到高维空间的滑坡状态矩阵中存在影响滑坡运动的多个月降雨量、库水位变化、滑坡敏感性状态、月位移等特征参数,为了排除影响滑坡运动状态的高维数据中复杂的高维数据中噪声和冗余的存在,从而获取能够反映滑坡不同运动状态的类别标签的过程,采用空间投影算法对滑坡状态矩阵中的高维数据进行降维。空间投影算法流程如图4.6所示。

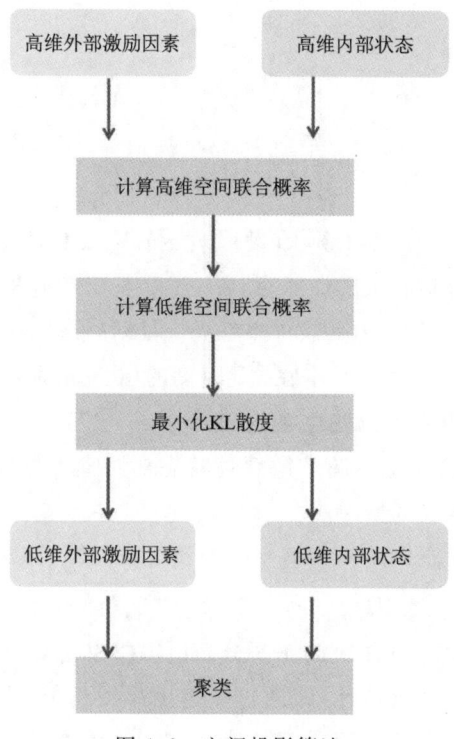

图4.6 空间投影算法

4.3.2.1 方差估计

假设每个滑坡状态矩阵 S_i 服从一维正态分布 $N(\mu_i, \sigma_i^2)$,其中 σ_i^2 是以滑坡状态矩阵 S_i 为中心的高斯分布的方差。首先计算各个滑坡状态矩阵之间的概率,通过计算高维滑坡状态矩阵样本两两之间的概率,建立滑坡状态分布概率矩阵。在滑坡状态分布矩阵中,若概率值大则认为两个滑坡状态具有较高的相似性,可能属于同一种运动状态,反之亦然。

与传统的空间投影算法相比,本方法通过计算滑坡状态矩阵样本的两个条件概率,并将条件概率对称化,减少了滑坡状态分布矩阵中概率的不对称性对最终投影效果的影响。通常使用滑坡状态矩阵中心位置 S_i 的正态分布所得概率密度 $P_{i|j}$ 为标准进行近邻选择,$P_{i|j}$ 表示滑坡状态矩阵 S_i 与滑坡状态矩阵 S_j 属于同类滑坡状态可能性的大小,若 $P_{i|j}$ 的值越大,表示两个滑坡状态矩阵之间的距离越小,两个滑坡状态矩阵所表示的滑坡运动状态属于同一状态的可能性则越大。滑坡状态分布矩阵中条件概率的计算式为

$$P_{i|j} = \frac{\exp\left(-\frac{\|S_i - S_j\|^2}{2\sigma_j^2}\right)}{\sum_{k \neq j} \exp\left(-\frac{\|S_j - S_k\|^2}{2\sigma_j^2}\right)} \qquad (4.30)$$

$$\|S_i - S_j\| = \sqrt{R_S + K_S + \Delta W_S + W_S} \qquad (4.31)$$

$$R_S = \sum_{i=1}^{t} \alpha_i (R_{t1-i} - R_{t2-i})^2 \qquad (4.32)$$

$$K_S = \sum_{i=1}^{t} \beta_i (K_{t1-i} - K_{t2-i})^2 \qquad (4.33)$$

$$\Delta W_S = \sum_{i=1}^{t-1} \lambda_i (\Delta W_{t1-i} - \Delta W_{t2-i})^2 \qquad (4.34)$$

$$W_S = \sum_{i=1}^{t-1} \delta_i (\Delta W_{t1-i} - \Delta W_{t2-i})^2 \qquad (4.35)$$

式中：R_{t1-i}为中心样本在t_{1-i}时刻的降雨量；K_{t1-i}为中心样本在t_{1-i}时刻的库水位变化；ΔW_{t1-i}为中心样本在t_{1-i}时刻的敏感性状态；W_{t1-i}为中心样本在t_{1-i}时刻的位移；R_{t2-i}为其余样本在t_{2-i}时刻的降雨量；K_{t2-i}为其余样本在t_{2-i}时刻的库水位变化；ΔW_{2-i}为其余样本在t_{2-i}时刻的敏感性状态；W_{t2-i}为其余样本在t_{2-i}时刻的位移；α_i为降雨量系数，起到归一化与调节降雨量对距离的影响；β_i为库水位变化系数，起到归一化与调节库水位变化对距离的影响；λ_i为敏感性状态系数，起到归一化与调节敏感性状态对距离的影响；δ_i表示位移系数，起到归一化与调节敏感性状态对距离的影响。

使用困惑度对比滑坡状态矩阵样本概率分布情况，滑坡状态矩阵S_j的困惑度计算式为

$$H(P_{i|j}) = 2^{-\sum_i P_{i|j} \cdot \log_2(p_{i|j})} \qquad (4.36)$$

式中：$P_{i|j}$为滑坡状态矩阵中心位置S_i的正态分布所得概率密度。

然后使用二分法来完成参数估计，即通过设定困惑度的值，来求解未知的滑坡状态矩阵所服从的一维正态分布中的方差。困惑度的值对实际高维滑坡状态矩阵数据集的降维效果有明显的影响：若困惑度偏大，则大量低维滑坡状态矩阵聚集，无法分析实际的滑坡运动状态分布情况；若困惑度偏小，则低维滑坡状态矩阵容易离群，不易判断低维空间中滑坡运动状态的聚集效果。困惑度的初始值一般设置在 5~50 之间。

4.3.2.2 高维联合概率 p 与低维联合概率 q 求解

在求出滑坡状态矩阵所服从的一维正态分布中的方差σ_i^2后，计算高维空间滑坡状态矩阵的联合概率p_{ij}，计算式为

$$p_{ij} = \frac{p_{i|j} + p_{j|i}}{2n} \qquad (4.37)$$

式(4.37)起对称化作用，从而弱化一些异常值对整体滑坡状态矩阵投影的影响力度，同时将概率对称化之后，使用梯度下降法迭代求解的计算过程得到一定程度的简化。

传统投影方式在完成滑坡状态矩阵投影的过程中，容易造成投影状态拥挤问题。但事实上，传统投影算法并不会直接导致滑坡状态矩阵投影后各个簇聚集在一起无法区分，高

维空间和低维空间中的滑坡状态矩阵的概率分布不一致现象才是导致投影状态拥挤的原因。

考虑到滑坡状态矩阵投影状态拥挤的根本原因是低维样本点之间的距离太近，由于 t 分布属于长尾分布，选取 t 分布来构造低维空间的联合概率。

为增加不同状态的滑坡状态矩阵在投影后的区分度，基于样本间的距离构造联合概率以衡量低维样本点之间的相似性，使用长尾概率分布转化距离，使高维度下滑坡状态矩阵间的中低等距离样本在完成空间投影后距离变得较远，并使高维度下滑坡状态矩阵间的远距离样本在完成空间投影后距离变得更远。

考虑到尾部相对较矮的高斯分布，更容易受到异常值的干扰，而实际分析滑坡状态分布的过程中，往往对异常值更加重视，为了尽量不"遗漏"异常的滑坡状态，高斯分布在拟合时易使正常滑坡状态矩阵样本点偏离所处的位置，产生较大的方差。

与之相比，尾部较高的 t 分布，不易受到异常值的干扰，更能反映滑坡状态的真实分布情况，因此拟合结果说服力更强。所以可以采取自由度为 1 的 t 分布 $t(1)$，改善传统方法中投影的拥挤问题。低维空间联合概率 q_{ij} 计算式为

$$q_{ij} = \frac{(1+\|y_i-y_j\|^2)^{-1}}{\sum_{k \neq l}(1+\|y_k-y_l\|^2)^{-1}} \tag{4.38}$$

式中：y_i、y_j、y_l 为高维滑坡状态矩阵降维后的低维滑坡状态。

4.3.2.3 损失函数的构建

完成滑坡状态矩阵的高维联合概率 p 与低维联合概率 q 的求解后，使用目标函数对滑坡状态矩阵的降维结果进行衡量。由于降维的目标是使低维空间中的结果能充分反映高维空间中滑坡状态矩阵的信息，因此低维空间中的数据要尽可能地反映高维空间中滑坡状态矩阵的数据特性。从概率论的角度分析，高维空间中的滑坡状态矩阵在完成降维之后，低维空间中的滑坡状态矩阵需要满足概率分布和高维空间中的滑坡状态矩阵的概率分布一致的条件。

考虑到 KL 散度可以衡量两个概率分布的相似性，使用 KL 散度构建滑坡状态矩阵空间投影算法的目标函数 C，定义如下：

$$C = \sum_i \sum_j \left(p_{ij} \log_2 \frac{p_{ij}}{q_{ij}} \right) \tag{4.39}$$

式中：p_{ij} 为高维联合概率；q_{ij} 为低维联合概率。

当目标函数 C 越小时，说明高维空间中的滑坡状态矩阵投影至低维空间中的信息损失越小，即滑坡状态矩阵的高维联合概率 p_{ij} 与低维联合概率 q_{ij} 越接近。完成目标函数 C 计算后，需要计算目标函数 C 关于滑坡状态矩阵的高维联合概率 p_{ij} 与低维联合概率 q_{ij} 的偏导数，以便完成下一步迭代计算，计算式为

$$\frac{\partial C}{\partial y_i} = 4 \times \sum_j (p_{ij}-q_{ij})(y_i-y_j)(1+\|y_i-y_j\|^2)^{-1} \tag{4.40}$$

式中：p_{ij} 为高维联合概率；q_{ij} 为低维联合概率；y_i、y_j 为高维滑坡状态矩阵降维后的低维滑坡状态。

在求出偏导数后，采用梯度下降法构造迭代表达式：

$$Y^t = Y^{t-1} + v \frac{dC}{dY} + \alpha (Y^{t-1} - Y^{t-2}) \tag{4.41}$$

式中：v 为学习速率；α 为动量系数。

4.3.3 滑坡状态聚类算法

使用空间投影完成高维空间中滑坡状态矩阵至低维空间的投影后，为更有针对性地使用机器学习对滑坡运动情况进行分析，使用聚类算法对滑坡运动状态分类。考虑到滑坡状态矩阵降维至低维空间后，属于简单数据，为提高算法计算速度与分类精度，采用聚类算法完成滑坡运动状态分类。

为完成源域滑坡状态矩阵样本集 D_S 与目标域滑坡状态矩阵样本集 D_T 分类，需要定位包含若干个聚类中心 C_i 的集合 C。包含 n 个滑坡状态矩阵 S^i 的聚类中心 C_i 的定义如下：

$$C_i = \{S^1, S^2, \cdots, S^n\} \tag{4.42}$$

聚类算法目标函数为

$$J(X,C) = \min\left(\sum_{a=1}^{k}\sum_{b=1}^{n} d(C_a, X_b)\right) \tag{4.43}$$

$$d(C_a, X_b) = \| C_a - X_b \| \tag{4.44}$$

式中：$d(C_a, X_b)$ 为完成空间投影后，低维空间中聚类中心滑坡状态矩阵 C_a 与其他滑坡状态矩阵 X_b 的欧几里得距离，计算过程参考式(4.31)~式(4.35)。

使用聚类算法完成滑坡状态划分的核心思想是将源域和目标域的滑坡状态矩阵集合划分成使目标函数最小的若干个类。

具体步骤：第一步，使用随机抽样法在源域或目标域中随机选择若干个滑坡状态矩阵作为初始聚类中心；第二步，计算源域或目标域其他滑坡状态矩阵与先前随机选择的若干个滑坡状态矩阵初始聚类中心的欧几里得距离，按照目标函数最小的原则来划分类别；第三步，完成一轮聚类后，计算各类滑坡状态矩阵距离的平均值，用若干个平均值作为新的若干个滑坡状态矩阵聚类中心，再计算源域或目标域剩余滑坡状态矩阵与新滑坡状态矩阵聚类中心的欧几里得距离，并按照目标函数最小的原则来划分类别。重复以上步骤，直到满足截止条件。

在滑坡运动过程分析中，聚类算法的截止条件一般为目标函数降低值低于预先设置的阈值或者迭代次数大于给定的阈值。从数学的角度对滑坡运动过程的分析得知，聚类算法的滑坡运动过程分析中存在以下问题：初始滑坡状态矩阵聚类中心是在样本空间，即源域滑坡状态矩阵集合或目标域滑坡状态矩阵集合中随机选取，考虑到滑坡实际运动过程复杂，初步将滑坡运动过程分为突变状态、蠕变状态、临滑状态，不考虑其他状态，但实际随机选择滑坡状态矩阵样本的过程中，容易选择噪声样本或孤立样本。算法的目标函数容易进入局部最小值，而非全局最小值，无法完成滑坡运动过程的分析。同时，噪声样本使算法的迭代次数增加，算法的时间性能降低。

聚类算法在滑坡运动过程中对滑坡状态矩阵聚类中心的随机选取，容易选择到噪声滑坡状态矩阵，导致聚类算法容易陷入局部极值，无法正确完成滑坡运动状态分类任务。

在使用空间投影算法完成源域样本集 D_S 与目标域样本集 D_T 至低维空间的投影后,噪声低维滑坡状态矩阵的数量应远少于正常低维滑坡状态矩阵的数量。故选取平均值作为聚类中心一定处于噪声低维滑坡状态矩阵与正常低维滑坡状态矩阵之前或正常低维滑坡状态矩阵之间,绝对不可能处于噪声低维滑坡状态矩阵中。利用真实的聚类中心与平均值有关的思想,使用平均值初始化聚类中心,提高算法的鲁棒性。

4.4 基于物理机制与卷积的粒子滤波同化位移预测模型

为分析滑坡不同状态的运动情况,使用空间投影聚类完成滑坡状态分类后,根据滑坡状态矩阵中的相关参数对滑坡每一种状态单独训练模型,完成运动情况预测。在传统机器学习模型中,模型能够根据外界激励条件对滑坡的运动情况进行回归预测,其主要依赖用于训练的数据单元中所包含的信息。该模型的泛化能力较强,对外界激励数据比较敏感,但预测结果容易受到噪声干扰,脱离物理约束,同时也缺乏可解释性。物理预测模型鲁棒性虽好,但是由于过程的简化以及外界影响因素的理想化,模型的泛化能力较弱,对外界激励数据的敏感性较低。鉴于此,为增强模型的可解释性与预测结果的精确性,本节引入粒子滤波方法,使用状态相似分析方法分析物理机制,构建粒子滤波观测方程,使用卷积神经网络构建预测方程。通过物理机制预测结果与机器学习预测结果的相互调整,保证两种模型能根据新的监测数据进行反馈优化,同时对两种模型的预测输出进行反演融合,得到更符合实际情况的滑坡状态变化过程。

4.4.1 模型的基础结构

基于物理机制与卷积的粒子滤波同化位移预测模型由状态相似分析物理机制法构建的观测方程和卷积神经网络构建的预测方程构成。

观测方程在灰色降噪生成式对抗网络生成并迁移至目标域的样本中寻找与目标域滑坡状态矩阵最接近的滑坡状态矩阵,由状态相似分析物理机制法求得观测位移。预测方程同样使用灰色降噪生成式对抗网络生成并迁移至目标域的样本对卷积神经网络进行预训练,根据空间投影聚类对滑坡状态矩阵的分类结果,对不同的滑坡状态训练不同的模型。将模型参数迁移至目标域后,使用目标域少量带标签的样本对卷积神经网络的参数进行微调,得到预测位移。最后通过粒子滤波机制对两种方程的结果进行调整,得到最终的滑坡位移情况。使用基于物理机制与卷积的粒子滤波同化位移预测模型预测滑坡运动状态流程如图 4.7 所示。

相比于传统的滑坡位移预测模型,基于物理机制与卷积的粒子滤波同化位移预测模型不仅通过基于空间投影聚类的滑坡运动状态判识算法完成对滑坡运动状态的分类,对不同运动状态的滑坡建立不同的预测模型,解决滑坡运动情况不仅仅受到外界激励条件的影响,还与滑坡自身所处状态有关的问题,而且通过物理机制与卷积神经网络的互馈调整,在保证模型精度的情况下,增强模型的可解释性。

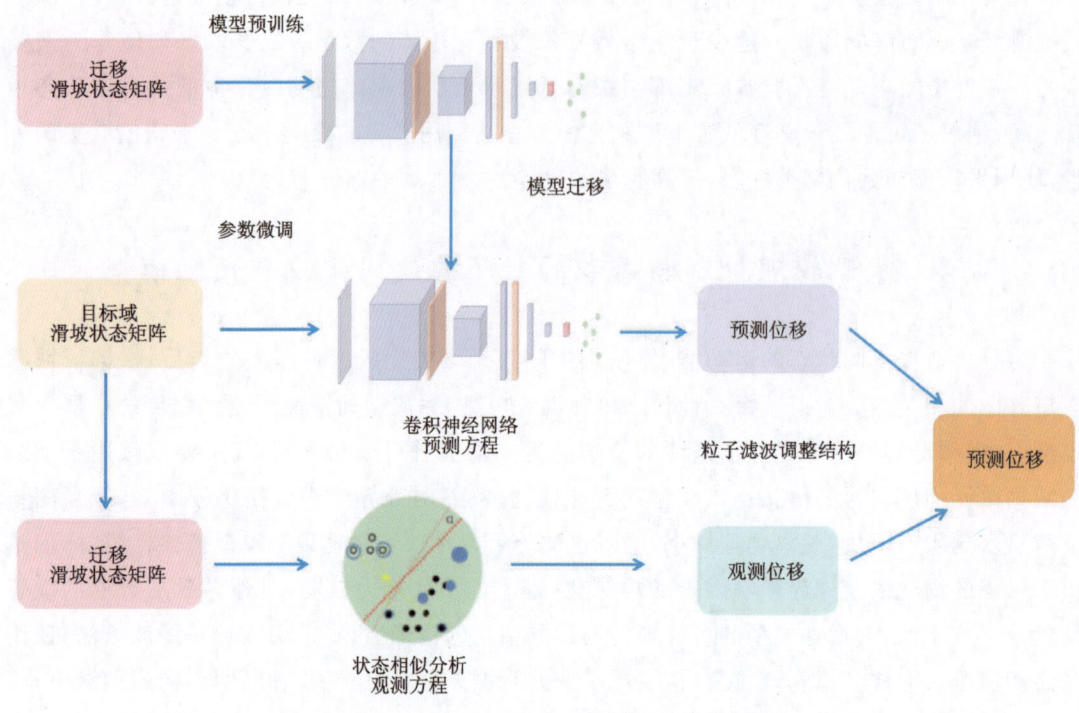

图 4.7 基于物理机制与卷积的粒子滤波同化位移预测模型流程图

4.4.2 状态相似分析物理机制法构建观测方程

通过仿射迁移学习将灰色降噪生成式对抗网络生成的滑坡状态矩阵样本迁移至目标域后,寻找生成样本中与目标域最相似的滑坡状态矩阵,将生成样本滑坡矩阵中的标签作为目标域滑坡位移的观测结果。由于灰色降噪生成式对抗网络输入的训练样本可能来自不同工程地质条件的滑坡,对于使用不同区域生成相同的滑坡状态矩阵与目标域同一滑坡状态矩阵间的距离也应不同,使用灰色关联度 G 平衡差异,定义如下:

$$a = \min_i \min_k |x_0(k) - x_i(k)| \quad (4.45)$$

$$b = \max_i \max_k |x_0(k) - x_i(k)| \quad (4.46)$$

$$y(x_0(k), x_i(k)) = \frac{a + pb}{|x_0(k) - x_i(k)| + pb} \quad (4.47)$$

$$G = \frac{1}{n} \sum_{k=1}^{n} y(x_0(k), x_i(k)) \quad (4.48)$$

式中:$x_0(k)$ 为灰色降噪生成式对抗网络选择目标域的特征参数序列;$x_i(k)$ 为目标域中与 $x_0(k)$ 对应的参数序列;a、b 为中间过程量,用于衡量参数序列间的极小差异与极大差异;p 为分辨率,调节不同参数对距离的影响,默认取 0.5。

使用范数距离来衡量不同滑坡状态矩阵之间的相似度。在样本空间中的不同滑坡状态矩阵之间的范数距离 $S_S S_T$ 定义如下:

$$S_S S_T = \delta(1-\Delta G)\sqrt{R_S + K_S + \Delta W_S + W_S} \tag{4.49}$$

$$\Delta G = \frac{1}{4t-2}\sum_{i=1}^{4t-2} G_i \tag{4.50}$$

$$R_S = \sum_{i=1}^{t} \alpha_i (R_{t1-i} - R_{t2-i})^2 \tag{4.51}$$

$$K_S = \sum_{i=1}^{t} \beta_i (K_{t1-i} - K_{t2-i})^2 \tag{4.52}$$

$$\Delta W_S = \sum_{i=1}^{t-1} \lambda_i (\Delta W_{t1-i} - \Delta W_{t2-i})^2 \tag{4.53}$$

$$W_S = \sum_{i=1}^{t-1} \lambda_i (W_{t1-i} - W_{t2-i})^2 \tag{4.54}$$

式中：δ 为调节距离最大值的权重；G_i 为灰色降噪生成式对抗网络输入区域与目标域各参数的灰色关联度；S_S 为灰色降噪生成式对抗网络生成样本中的滑坡状态矩阵；S_T 为目标域中的滑坡状态矩阵；R_{t1-i} 为生成样本在 t_{1-i} 时刻的降雨量；K_{t1-i} 为生成样本在 $t1-i$ 时刻的库水位变化；ΔW_{t1-i} 为生成样本在 t_{1-i} 时刻的敏感性状态；W_{t1-i} 为生成样本在 t_{1-i} 时刻的位移；R_{t2-i} 为目标域样本在 t_{2-i} 时刻的降雨量；K_{t2-i} 为目标域样本在 t_{2-i} 时刻的库水位变化；ΔW_{t2-i} 为目标域样本在 t_{2-i} 时刻的敏感性状态；W_{t2-i} 为目标域样本在 t_{2-i} 时刻的位移。

源域中的相似滑坡状态矩阵为灰色降噪生成式对抗网络生成样本与目标域中滑坡状态矩阵中范数距离最小的滑坡状态矩阵，定义如下：

$$S_S \approx S_T(\min\ S_S S_T) \tag{4.55}$$

式中：$\min S_S S_T$ 为最小范数距离。

在灰色降噪生成式对抗网络生成的样本中寻找到与目标域最相似的滑坡状态矩阵后，通过状态相似分析方法分析物理机制并对目标域的滑坡地表位移 w 进行预测，为下一步使用粒子滤波调整状态相似分析物理机制法的结果作前期准备。状态相似分析物理机制法定义如下：

$$w = f_w(F'^{-1}(W_G)) + D(w) \tag{4.56}$$

式中：F'^{-1} 为仿射迁移学习的逆迁移过程；f_w 为调整函数；$D(w)$ 为约束条件。

4.4.3 基于卷积神经网络构建预测方程

卷积神经网络的结构主要由卷积、池化、全连接 3 种结构组成。卷积层主要负责提取输入数据特征，考虑到输入数据的特殊性，卷积核大小为 3×3，再使用非线性函数 Relu 作为激活函数对提取的特征进行映射；为充分提取数据特征，卷积核个数为 16。池化层主要负责保持数据特征的同时，对数据进行采样降维。池化层大小为 2×2，采用最大值池化。全连接层一般位于网络末端，用于特征合并。合并的特征送入回归层并加入白噪声，生成 N 个预测粒子。预测方程构建流程如图 4.8 所示。

下面详细介绍使用卷积神经网络构建预测方程的基本过程。

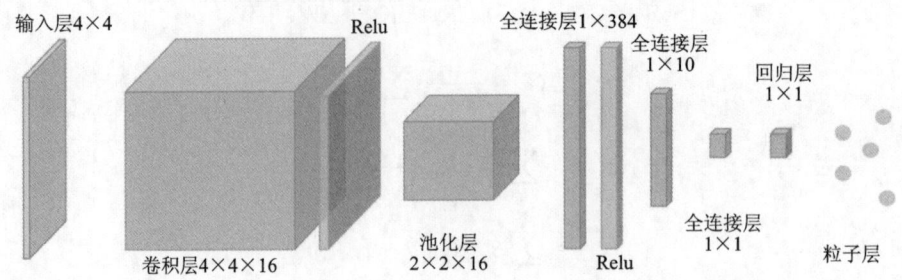

图 4.8　预测方程构建流程图

1) 卷积层

卷积层作为卷积神经网络的核心,在使用卷积神经网络构建粒子滤波算法中的预测方程的过程中,其主要作用是提取滑坡状态矩阵中的特征。卷积神经网络中的卷积层主要采用局部连接、卷积核权值共享的方式减少机器学习在预测滑坡运动情况中的过拟合问题。卷积层的输入为滑坡状态矩阵,输出为滑坡多维特征图,并通过移动卷积核的方式,与卷积核感受野内的滑坡状态矩阵参数对应权值的乘积和作为输出。卷积层的输出通常为 4 维特征图,分别为由输入样本个数决定的输出样本个数,由卷积核决定的通道数,由原始滑坡状态矩阵高度和卷积核高度、移动步长、填充尺寸决定的输出高度,由原始滑坡状态矩阵宽度和卷积核宽度、移动步长、填充尺寸决定的输出宽度。

使用局部连接分析滑坡状态矩阵的特征是受到人类视觉感知启发。人类的视觉感知是先观察局部信息后观察整体信息,而对滑坡状态矩阵的特征分析也是先观察局部特征后观察整体特征。使用卷积神经网络构建粒子滤波预测方式时通过局部连接使当前层中的神经元与上一层神经元建立连接,使当前层的神经元只能感知上一层特征的局部区域。为充分提取滑坡状态矩阵中与滑坡运动状态有关的特征信息,使用多个卷积核提取特征,提高模型整体的预测效果。

2) 激活层

卷积层属于线性映射,滑坡的实际运动情况复杂,使用线性映射难以准确有效地分析滑坡的运动情况。对于滑坡非线性的运动情况,为了使卷积神经网络构建的粒子滤波预测方程有非线性预测能力,必须在网络中添加非线性映射结构。激活函数就是一种简单、高效的非映射层。函数表达式如下:

$$f(x)=\max(0,x) \tag{4.57}$$

本节使用 Relu 激活函数构建预测方程的非线性结构,不但解决了模型的非映射能力问题,同时也解决了使用卷积神经网络构建粒子滤波预测方程过程中多次迭代导致的梯度消失问题。该函数在输入小于 0 时输出全部为 0,然而输入大于 0 时输出不变。函数示意图如图 4.9 所示。

3) 池化层

池化层是利用池化窗口在特征图中计算出能代表特征窗口的值作为下采样值。利用卷积神经网络构建粒子滤波预测方程时,通常在激活层后添加池化层。池化的方式主要由最大池化和平均池化组成。池化层对粒子滤波预测方程的优点如下:在使用卷积层提取滑坡状态

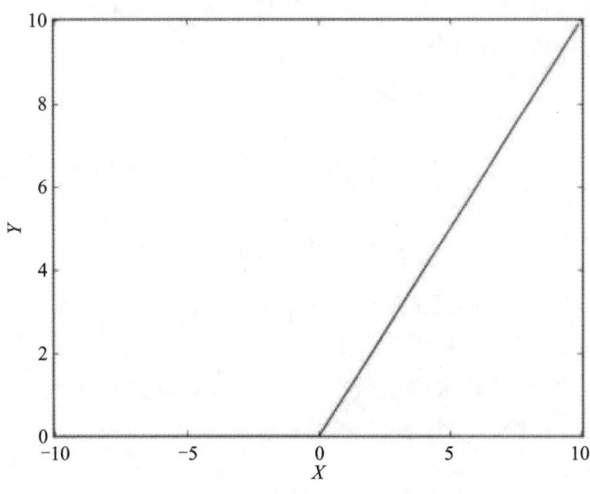

图 4.9 Relu 激活函数图像

矩阵的特征后，输出的特征图通常还具备大量冗余信息，对分析滑坡实际情况有一定的干扰，同时过大的特征图信息会增加模型整体的计算量。通过池化层，可以减少与特征图无关的噪声干扰，排除冗余信息，并减少算法的时间复杂度。

考虑到使用卷积神经网络构建粒子滤波预测方程时，已经通过平移归一化的方式将滑坡状态矩阵中的特征参数预处理为 0~1 之间的正数，可以使用最大值和平均值表示特征信息。最大池化 $f_{\max}(x)$ 与平均池化 $f_{\text{ave}}(x)$ 的计算式为

$$f_{\max}(x) = \max(x_{ij}) \tag{4.58}$$

$$f_{\text{ave}}(x) = \frac{1}{n} \sum_i \sum_j x_{ij} \tag{4.59}$$

式中：x_{ij} 为滑坡状态矩阵输入特征图中被池化核捕捉的值；n 为池化核大小。

4）损失函数

在使用卷积神经网络构建粒子滤波预测方程时，需要训练阶段和测试阶段。在训练阶段时，为了判断滑坡真实运动情况与预测情况之间的差异，使用损失函数来衡量两者间的情况。为了更精确分析滑坡的运动状态，使用交叉熵损失函数衡量滑坡实际位移与滑坡预测位移间的差距。交叉熵损失函数定义如下：

$$H(y_-, y) = -\Sigma y_- \cdot \ln y \tag{4.60}$$

式中：y_- 为真实位移情况；y 为卷积神经网络构建粒子滤波预测方程的预测位移情况。

4.4.4 粒子滤波

在使用相似分析物理机制法构建观测方程，并使用卷积神经网络构建预测方程后，通过粒子滤波机制对两种方法的预测结果进行互馈调整。粒子滤波实施步骤主要包括初始化、重要性采样、重采样与状态估计。

（1）初始化：预测开始前，由先验概率分布 $p(x_0)$ 生成若干粒子，粒子负责控制滑坡的平移运动，总数为 N_1，单个粒子的初始权重为 $1/N_1$。

(2)重要性采样:开始预测时,首先采用高斯概率密度函数计算每个粒子的权重,并对该权重进行归一化处理,计算过程如下:

$$\mathrm{err}_W = Wz_t - Wx_t^i \tag{4.61}$$

$$\omega_{W_t}^i = \omega_{W_{t-1}}^i \left(\frac{1}{\sqrt{2\pi}E_W} \exp\left(-\frac{\mathrm{err}_W^2}{2E_W^2}\right) \right) \tag{4.62}$$

$$\omega_{W_t}^{i*} = \omega_{W_t}^i / \sum_{i=1}^{N} \omega_{W_t}^i \tag{4.63}$$

式中:err_W 为位移的观测误差;$\omega_{W_t}^i$ 为 t 时刻第 i 个粒子的权重;E_W 为观测噪声;Wz_t 为 t 时刻位移的观测值;Wx_t^i 为 t 时刻第 i 个粒子的位移。

(3)重采样与状态估计:计算采样有效粒子数 N_{eff}^W,若有效粒子数小于采样阈值,则进行重新采样;反之,计算实际位移情况,计算过程如下所示:

$$N_{\mathrm{eff}}^W \approx \frac{1}{\sum_{i=1}^{N} (\omega_{W_t}^{i*})^2} \tag{4.64}$$

$$W\hat{x}_t = \sum_{i=1}^{N} \omega_{W_t}^i x_t^i \quad (N_{\mathrm{eff}}^W > N_{\mathrm{th}}^W) \tag{4.65}$$

式中:N_{th}^W 为粒子采样阈值;$W\hat{x}_t$ 为最终滤波后的位移量。

4.5 实例分析

由于三峡库区雨水充足,每年库水位变化对库区周围滑坡运动情况影响较大,有着大量动水驱动型滑坡。考虑到三峡库区的白家包滑坡、白水河滑坡、八字门滑坡、万州塘角 1 号滑坡均是激励因素为降雨量和库水位变化的滑坡,同时滑坡 GPS 监测点设置时间相对于其他滑坡设置时间长,监测数据完整,选取以上滑坡为研究对象。4 个滑坡的地理位置如图 4.10 所示。本节使用灰色降噪生成式对抗网络、仿射迁移学习、基于空间投影聚类的滑坡状态判识、基于物理机制与卷积的粒子滤波同化位移预测模型对以上 4 个滑坡区域进行研究。

4.5.1 研究区域介绍

4.5.1.1 研究区域概况

由图 4.10 可知,白家包滑坡和白水河滑坡均位于湖北省宜昌市秭归县,前者位于湘西河岸,后者位于长江右岸,八字门滑坡位于湘西河与长江汇合处上游约 0.8 km 处,万州塘角 1 号滑坡位于重庆万州塘角村长江右岸斜坡。白家包滑坡、白水河滑坡、八字门滑坡三者距离相对较近,万州塘角 1 号滑坡距离前三者相对较远,但仍是属于长江流域三峡库区的滑坡。因此,白家包滑坡、白水河滑坡、八字门滑坡、万州塘角 1 号滑坡在地理位置上有一定的相似性。

对于滑坡覆盖面积,上述 4 个滑坡的覆盖面积均达到了 $10^5 \mathrm{~m}^2$ 级别。其中,万州塘角 1 号滑坡面积最大,覆盖面积达到了 $1.25 \times 10^6 \mathrm{~m}^2$;八字门滑坡面积最小,覆盖面积为 $1.18 \times 10^5 \mathrm{~m}^2$;

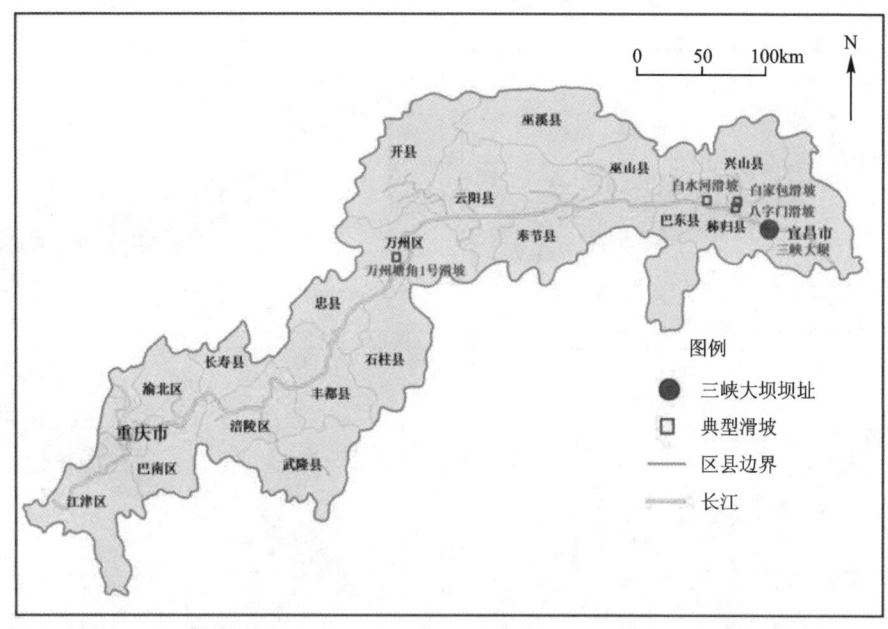

图 4.10 白家包滑坡、白水河滑坡、八字门滑坡、万州塘角 1 号滑坡位置

另外白家包滑坡面积 $2.4\times10^5 \mathrm{m}^2$，白水河滑坡面积 $2.15\times10^5 \mathrm{m}^2$。对于滑坡体积，除八字门滑坡体积仅有 $2.35\times10^6 \mathrm{m}^3$，其余滑坡体积均达到了 $10^7 \mathrm{m}^3$ 级别。其中，万州塘角 1 号滑坡体积最大，达到了 $2.5\times10^7 \mathrm{m}^3$；白水河滑坡体积次之，约为 $1.26\times10^7 \mathrm{m}^3$；白家包滑坡体积与白水河滑坡体积相似，约为 $1.0\times10^7 \mathrm{m}^3$。因此，白家包滑坡、白水河滑坡、八字门滑坡、万州塘角 1 号滑坡在滑坡规模上有一定的相似性。

白家包滑坡、白水河滑坡、八字门滑坡、万州塘角 1 号滑坡的剖面图如图 4.11(a)~(d) 所示。

对于滑坡岩性，通过对白家包滑坡、白水河滑坡、八字门滑坡、万州塘角 1 号滑坡的剖面图分析可得：

(1)白家包滑坡滑体包括粉质黏土、碎石等第四纪沉积物；白水河滑坡滑体包括第四纪滑坡堆积物，由粉质黏土、碎石土组成；八字门滑坡滑体包括第四纪松散崩塌的滑石、填方土、粉质黏土和砾石土；万州塘角 1 号滑坡滑体包括第四纪崩坡积成因的粉质黏土，含碎块石。

(2)白家包滑坡的滑带为崩坡积物与下伏基岩接触带，以粉质黏土为主；白水河滑坡滑带为含碳质粉质黏土夹少量碎石，碎石岩性为砂岩和泥质砂岩；八字门滑坡滑带为角砾土，以砂岩、泥岩为主，填充粉质黏土；万州塘角 1 号滑坡滑带主要成分为粉质黏土，含少量砂岩、泥岩碎屑。

(3)白家包滑坡滑床为下侏罗统香溪组(J_1x)，成分为长石石英砂岩及泥岩，岩层产状 $250°\angle30°$；白水河滑坡滑床为下侏罗统香溪组(J_1x)，成分为灰色中厚层泥质粉砂岩，岩层产状为 $15°\angle36°$；八字门滑坡滑床为侏罗纪早期紫红色砂页岩与棕色砂岩，岩层产状为 $295°\angle26°$；万州塘角 1 号滑坡滑床由中侏罗统沙溪庙组(J_2s)的泥岩、砂岩组成，岩层产状为 $170°\angle5°$。

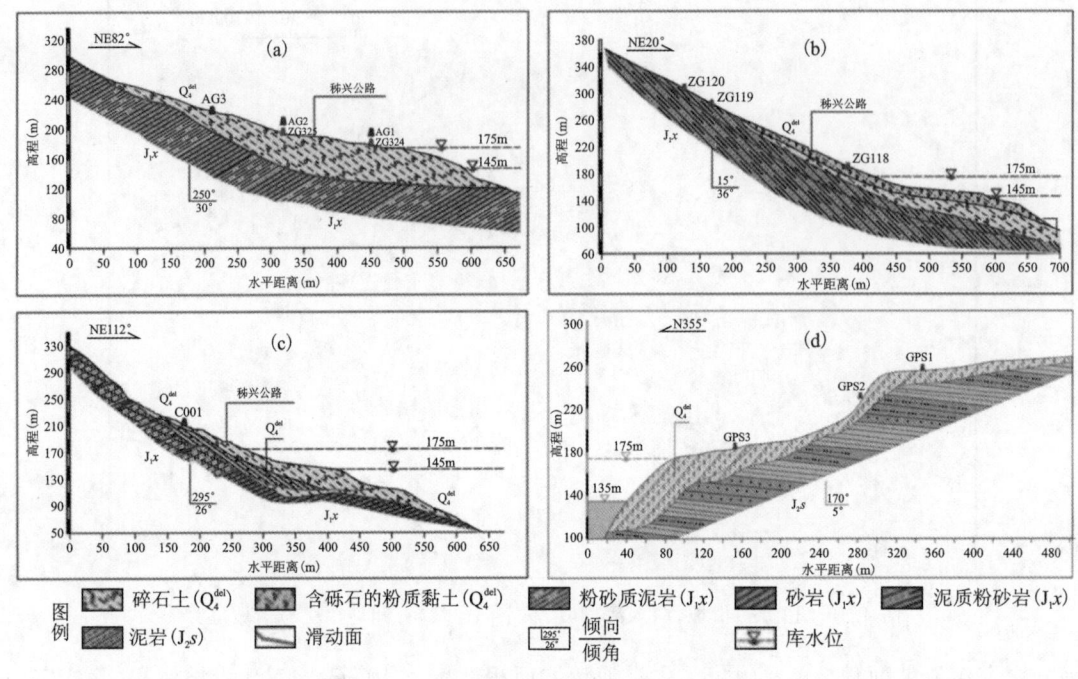

图 4.11 滑坡剖面图(据 Long et al.,2022)
(a)白家包滑坡;(b)白水河滑坡;(c)八字门滑坡;(d)万州塘角 1 号滑坡

综上所述,4 个滑坡属于同种工程地质条件的滑坡,可以用于基于状态对抗的滑坡运动状态识别研究。

4.5.1.2 监测数据介绍

白家包滑坡自 2006 年 11 月初步开始使用 ZG323—326 GPS 监测点监测滑坡位移情况,ZG400—401 监测点于 2016 年 4 月部署成功,AG1—3 监测点于 2017 年 10 月部署成功,白家包滑坡 GPS 监测点分布如图 4.12(a)所示,累积地表位移、库水位、降雨量关系如图 4.13(a)所示。白水河滑坡自 2003 年 7 月初步开始使用 ZG91—94、ZG118—120 GPS 监测点监测滑坡位移情况,XD1—4 GPS 监测点于 2005 年 6 月部署成功,白水河滑坡 GPS 监测点分布如图 4.12(b)所示,累积地表位移、库水位、降雨量关系如图 4.13(b)所示。八字门滑坡自 2003 年 7 月初步开始使用 ZG109—112 GPS 监测点监测滑坡位移情况,C001—006 GPS 监测点于 2013 年 10 月部署成功,八字门滑坡 GPS 监测点分布如图 4.12(c)所示,累积地表位移、库水位、降雨量关系如图 4.13(c)所示。万州塘角 1 号滑坡自 2007 年 3 月初开始使用 GPS1—12 GPS 监测点监测滑坡位移情况,万州塘角 1 号滑坡 GPS 监测点分布如图 4.12(d)所示,累积地表位移、库水位、降雨量关系如图 4.13(d)所示。

由于水库蓄水等原因导致 GPS 监测点受损,万州塘角 1 号滑坡的监测数据部分缺失,使用灰色降噪生成式对抗网络学习源域白家包滑坡、白水河滑坡、八字门滑坡的知识,通过二次过滤机制生成大量符合工程地质条件的滑坡状态矩阵,通过仿射迁移学习迁移至目标域万州

第4章 滑坡运动状态识别模型研究

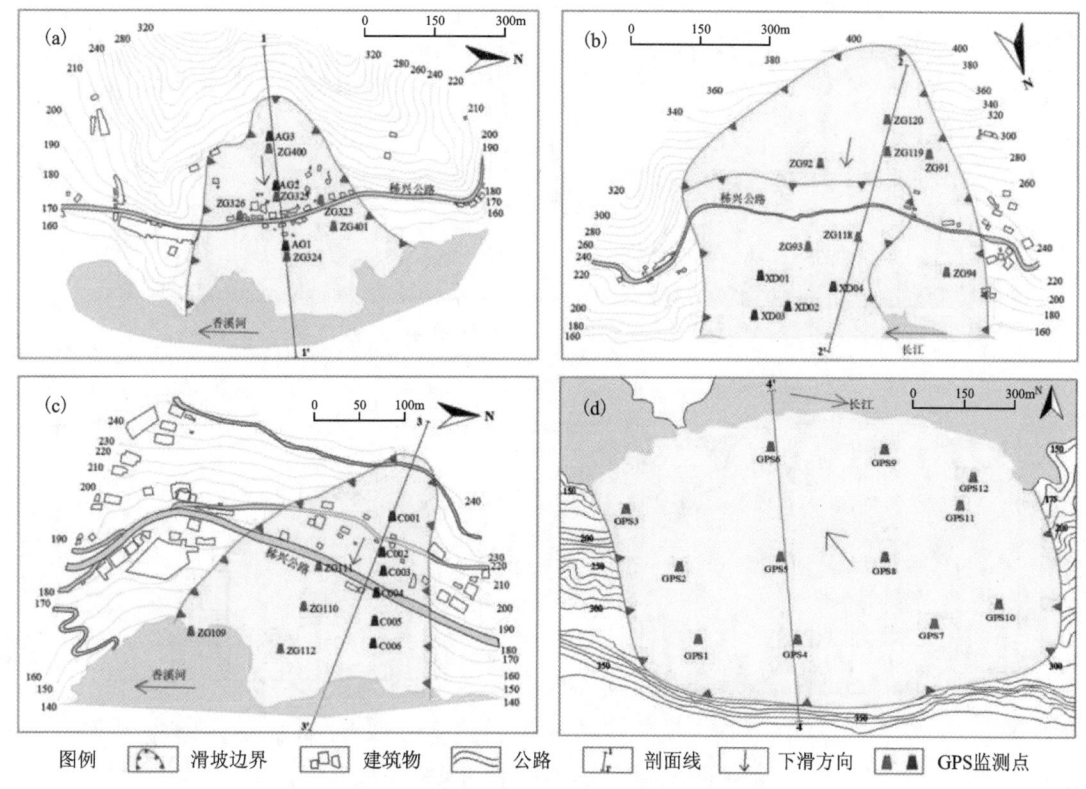

图4.12 滑坡GPS监测点分布图(据林松等,2020)
(a)白家包滑坡;(b)白水河滑坡;(c)八字门滑坡;(d)万州塘角1号滑坡

塘角1号滑坡,通过空间投影聚类对滑坡状态进行辨识,最后通过基于物理机制与卷积的粒子滤波同化位移预测模型对万州塘角1号滑坡的位移进行预测。

4.5.2 灰色降噪生成式对抗网络实验

由于滑坡下一时刻的运动状态不仅仅与外界激励条件有关,还与滑坡内部状态有关,为详细描述滑坡运动情况,使用滑坡状态矩阵分析滑坡内部状态与外界激励条件对滑坡运动情况的影响。

由于万州塘角1号滑坡附近水库蓄水等原因导致GPS监测点受损,单纯使用万州塘角1号滑坡的监测数据无法准确有效地预测其WZ13-09 GPS监测点的滑坡运动情况。通过前文分析得知,白家包滑坡、白水河滑坡、八字门滑坡与万州塘角1号滑坡有着近似的工程地质条件,学习白家包滑坡、白水河滑坡、八字门滑坡的知识,通过二次过滤机制生成大量符合工程地质条件的滑坡状态矩阵,并使用仿射迁移学习将滑坡状态矩阵迁移至目标域万州塘角1号滑坡,可以解决因水库蓄水等原因导致GPS监测点受损,从而引起监测数据不足的问题。为了更好地选择灰色降噪生成式对抗网络的训练数据,从数据完整性、监测时间长度、滑坡位移变形特征等角度来选择训练数据。

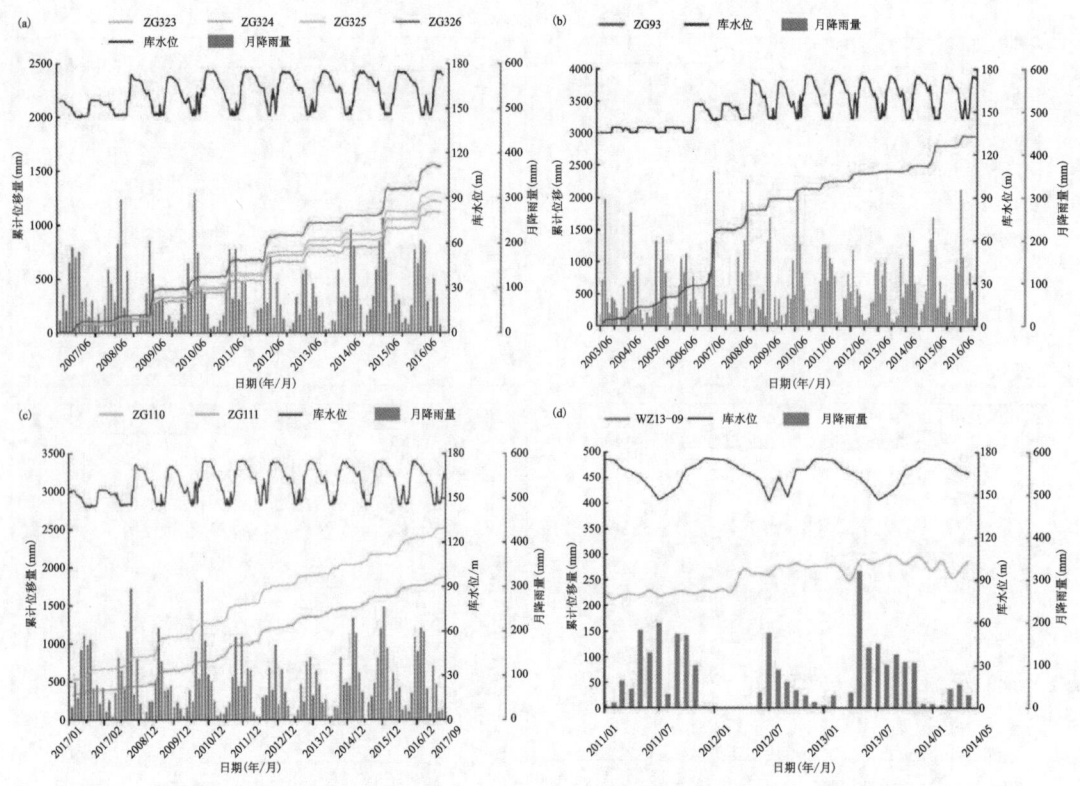

图 4.13　滑坡累积地表位移、库水位、降雨量关系(据 Li et al.,2021)
(a)白家包滑坡;(b)白水河滑坡;(c)八字门滑坡;(d)万州塘角 1 号滑坡

对于白家包滑坡,由于 2008 年 1 月至 2013 年 12 月 ZG323—326 GPS 监测点的监测数据相对于 ZG400、ZG401、AG1、AG2、AG3 监测点的监测数据更全,监测时间更长,位移量更大,选择 ZG323—326 GPS 监测点的监测数据作为灰色降噪生成式对抗网络的训练数据。

对于白水河滑坡,由于 2010 年 1 月至 2013 年 12 月 ZG93 GPS 监测点的监测数据相对于 ZG91、ZG92、ZG94 监测点的位移更大,更具有代表性,而 ZG120、XD-01、XD-02、XD-03、XD-04 监测点监测数据有一定的缺失,选择 ZG93 GPS 监测点的监测数据作为灰色降噪生成式对抗网络的训练数据。

对于八字门滑坡,由于 2008 年 1 月至 2013 年 12 月 ZG110—111 GPS 监测点的监测数据相对于 GSC1、GSC2、GSC3、GSC4、GSC5、GSC6、GSC7、GSC8、GSC9 GPS 监测点的监测数据更全,位移量也更大,选择 ZG110—111 GPS 监测点的监测数据作为灰色降噪生成式对抗网络的训练数据。

将由白家包滑坡 ZG323—326 GPS 监测点、白水河滑坡 ZG93 GPS 监测点、八字门滑坡 ZG110—111 GPS 监测点的数据构建的滑坡状态矩阵作为灰色降噪生成式对抗网络的输入样本,生成大量符合工程地质条件的滑坡状态矩阵样本,通过仿射迁移学习将生成的样本迁移至万州塘角 1 号滑坡的 WZ13-09 GPS 监测点。

在滑坡状态矩阵的构建过程中,通过拟合函数将诱发因素拟合为滑坡地表位移,计算拟合位移与实际位移间的差值。为确定滑坡状态矩阵的具体组成成分,分析当月降雨量(R_t)、前1个月降雨量(R_{t-1})、前2个月降雨量(R_{t-2})、当月库水位变化(K_t)、前1个月库水位变化(K_{t-1})、前2个月库水位变化(K_{t-2})、前1个月敏感性状态(ΔW_{t-1})、前2个月敏感性状态(ΔW_{t-2})这8个影响因素对滑坡地表位移的影响。上述因素与滑坡地表位移间的灰色关联度计算结果如表4.1所示。

表 4.1 滑坡地表位移与影响因子灰色关联度统计

	监测点	R_{t-2}	R_{t-1}	R_t	K_{t-2}	K_{t-1}	K_t	ΔW_{t-2}	ΔW_{t-1}
源域	ZG323	0.74	0.76	0.75	0.74	0.76	0.76	0.84	0.88
	ZG324	0.73	0.76	0.74	0.75	0.76	0.75	0.85	0.88
	ZG325	0.73	0.75	0.74	0.74	0.76	0.75	0.84	0.88
	ZG326	0.73	0.75	0.73	0.74	0.76	0.75	0.84	0.88
	ZG93	0.75	0.75	0.76	0.72	0.74	0.75	0.77	0.80
	ZG110	0.73	0.72	0.71	0.75	0.71	0.69	0.70	0.67
	ZG111	0.67	0.73	0.72	0.72	0.72	0.67	0.65	0.61
目标域	WZ13-09	0.67	0.66	0.73	0.81	0.81	0.81	0.75	0.75

这些影响因子与滑坡地表位移之间的灰色关联度均大于0.61,可认为选择这8个影响因子预测滑坡地表位移是有效的。通过灰色关联度的分析,构建滑坡状态矩阵如下:

$$S_{m,t}=\begin{bmatrix} R_{-2} & R_{-1} & R_0 \\ K_{-2} & K_{-1} & K_0 \\ \Delta W_{-2} & \Delta W_{-1} & 0 \\ W_{-2} & W_{-1} & 0 \end{bmatrix} \quad (4.66)$$

式中:R_{-2}、R_{-1}为前2个月降雨量对当前滑坡地表位移的影响;R_0为当前月降雨量对滑坡地表位移的影响;K_{-2}、K_{-1}为前2个月库水位变化对当前滑坡地表位移的影响;K_0为当前月库水位变化对滑坡地表位移的影响;ΔW_{-2}、ΔW_{-1}为前2个月的敏感性状态。考虑到当前月的敏感性状态与位移未知,采用0将矩阵补齐。

确认滑坡状态矩阵完整构建方式后,使用灰色降噪生成式对抗网络对源域的滑坡状态矩阵进行训练并生成大量符合工程地质条件的样本,使用生成器分数与判别器分数衡量样本生成效果。生成器分数SG与判别器分数SD计算式为

$$SG = \text{mean}(YG) \quad (4.67)$$

$$SD = \frac{\text{mean}(YR) + \text{mean}(1-YG)}{2} \quad (4.68)$$

式中:YG为判别器认为生成的滑坡状态矩阵是真实的概率;YR为判别器对真实滑坡状态矩阵的预测概率值。

使用生成器分数SG与判别器分数SD绘制灰色降噪生成式对抗网络训练过程如图4.14所示。

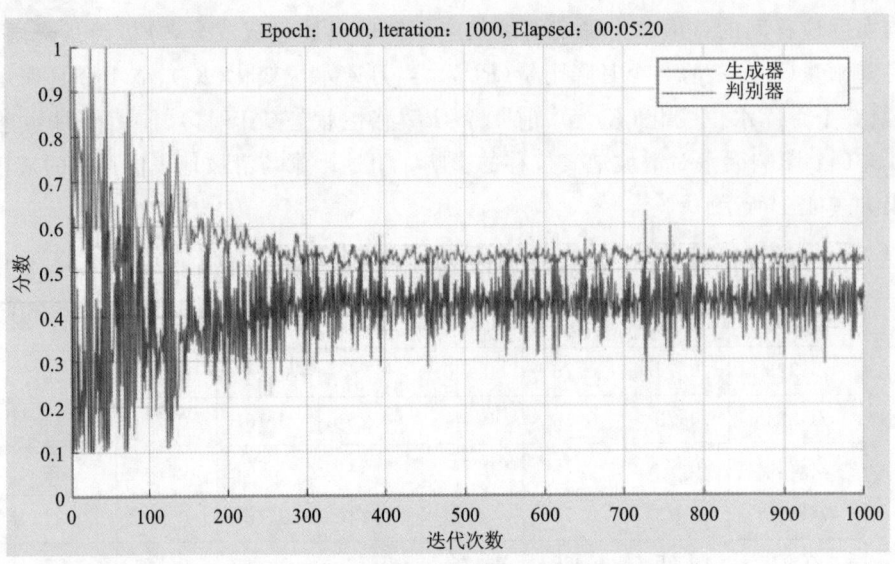

图 4.14 灰色降噪生成式对抗网络训练过程

由图 4.14 分析得知,经过 1000 次的迭代训练后,灰色降噪生成式对抗网络在训练源域滑坡状态矩阵时,生成器分数稳定在 0.5 左右,判别器分数稳定在 0.42 左右,初步处于纳什均衡状态,认为灰色降噪生成式对抗网络预训练完成,总计生成 3000 个滑坡状态矩阵。

式(4.66)是使用灰色降噪生成式对抗网络初步生成的滑坡状态矩阵样本;式(6.67)是二次过滤机制剔除的样本,剔除理由为生成滑坡状态矩阵位移值远超训练样本历史位移最大值。

$$S = \begin{bmatrix} 8.3 & 90 & 321 \\ 0.34 & 6.1 & 14 \\ 1.4 & 7.1 & 65 \\ 2.1 & 14 & 69 \end{bmatrix} \qquad (4.69)$$

$$S' = \begin{bmatrix} 35 & 130 & 310 \\ 1.3 & 7.5 & 17 \\ 6.1 & 26.8 & 166 \\ 3 & 23 & 160 \end{bmatrix} \qquad (4.70)$$

二次过滤机制可以生成符合工程地质条件的滑坡状态样本,在使用生成式对抗网络补充因缺失样本而无法进行的机器学习工程中,具有更重要的参考意义。通过二次过滤机制,总计删除 621 个不符合工程地质条件的滑坡状态矩阵样本。

4.5.3 仿射迁移学习实验

为了更好地扩充万州塘角 1 号滑坡的研究数据,在使用灰色降噪生成式对抗网络学习白家包滑坡、白水河滑坡、八字门滑坡的知识生成大量符合工程地质条件的滑坡状态矩阵后,使用仿射迁移学习将生成滑坡状态矩阵迁移至目标域万州塘角 1 号滑坡。

为了更直观地观察仿射迁移学习的效果,首先观察构成滑坡状态矩阵各参数在仿射迁移学习前后的对比。源域各滑坡月降雨量、月库水位变化、敏感性状态、月地表位移仿射迁移学习前后对比结果如图 4.15～图 4.17 所示。

第 4 章　滑坡运动状态识别模型研究

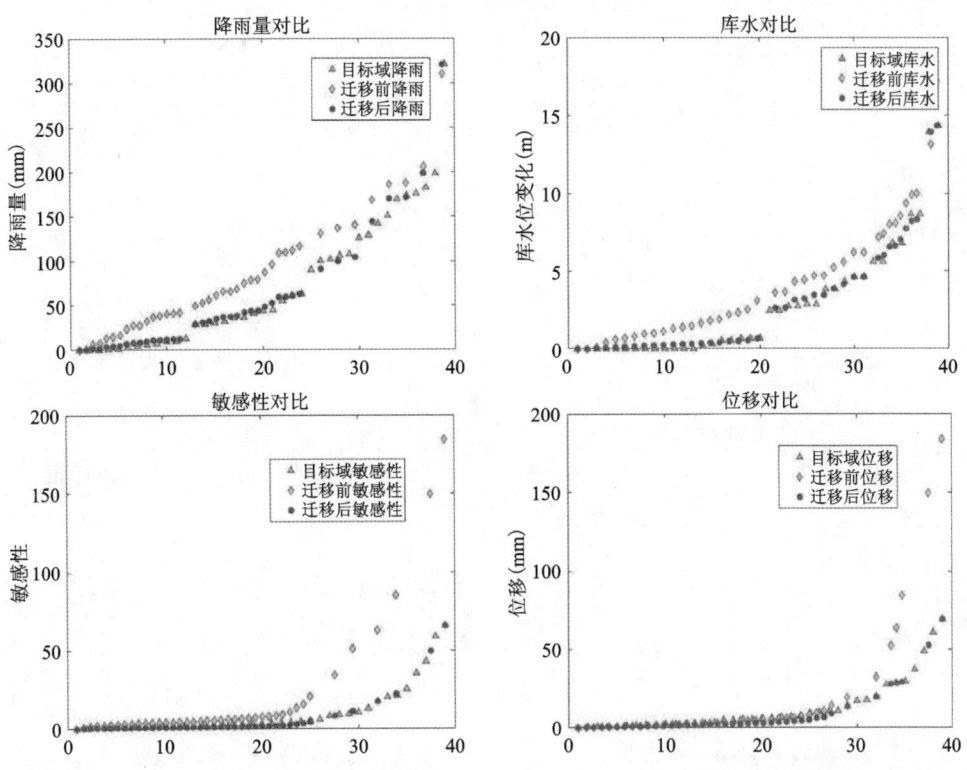

图 4.15　白家包滑坡月降雨量、月库水位变化、敏感性状态、月地表位移仿射迁移学习对比图

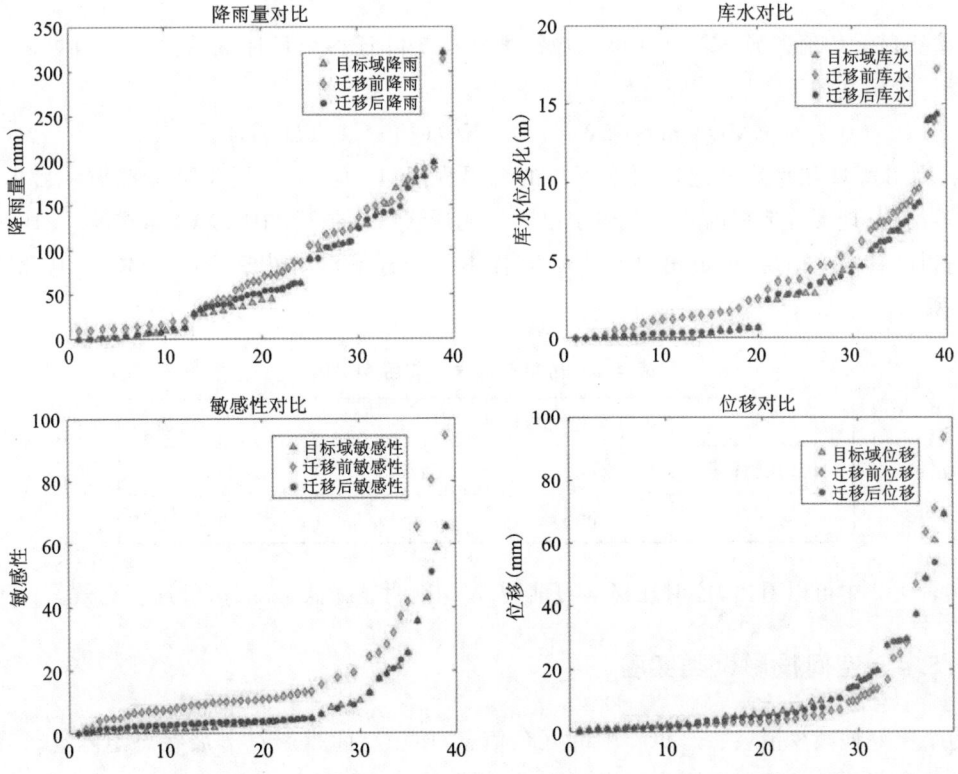

图 4.16　白水河滑坡月降雨量、月库水位变化、敏感性状态、月地表位移仿射迁移学习对比图

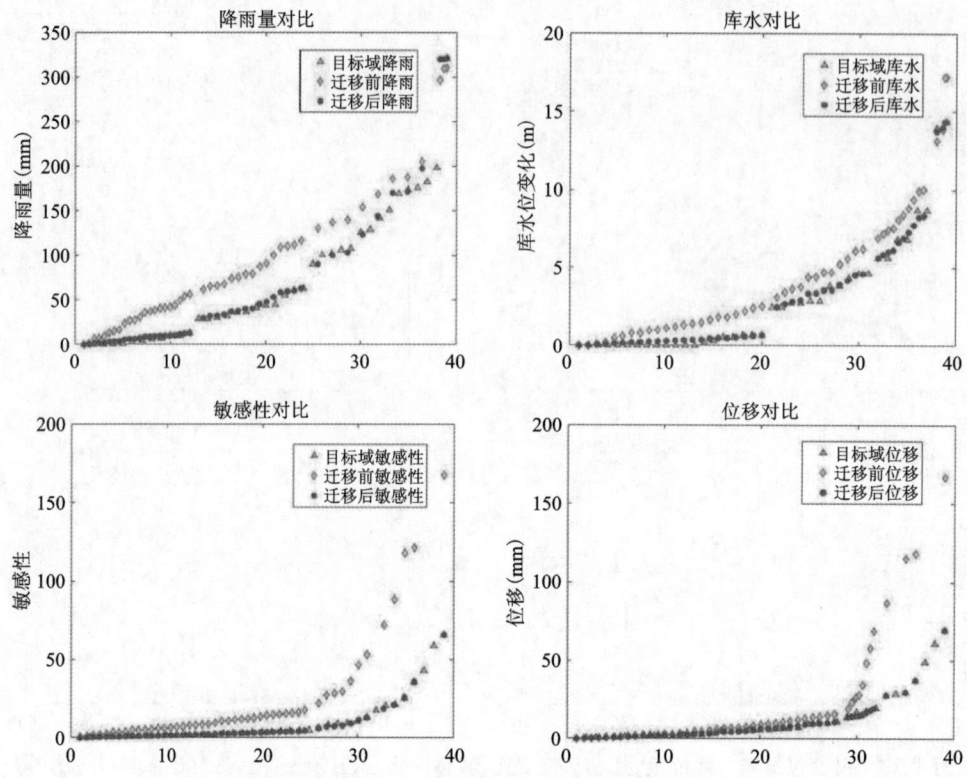

图 4.17 八字门滑坡月降雨量、月库水位变化、敏感性状态、月地表位移仿射迁移学习对比图

同时,使用最大均值差异 MMD 评价源域滑坡状态矩阵迁移至目标域后的分布效果,最大均值差异评价定义如下:

$$\mathrm{MMD} = \max[E(f(x)) - E(f(y)) + \lambda V(D_S, D_T)] \quad (4.71)$$

式中:λ 为对源域和目标域地理因素不同的惩罚程度;$V(D_S, D_T)$ 用于平衡源域和目标域岩性、边坡结构、地形等造成的差异。由于已经完成迁移,式(4.71)中的 $\lambda V(D_S, D_T)$ 取值为 0。

仿射迁移学习前后,生成滑坡状态矩阵样本与目标域滑坡状态矩阵样本 MMD 对比如表 4.2 所示。

表 4.2 仿射迁移学习前后 MMD

	白家包滑坡	白水河滑坡	八字门滑坡
仿射迁移前	52.9	28.5	59.1
仿射迁移后	8.9	5.0	6.7

从表 4.2 中可以看出,仿射迁移学习前后,MMD 明显降低,说明仿射迁移有效。

4.5.4 空间投影聚类实验

为了更好地减少滑坡状态矩阵中的冗余信息,使用空间投影对滑坡状态矩阵进行降维,将滑坡状态矩阵的外部激励因素投影至 x 轴,将滑坡状态矩阵的内部状态投影至 y 轴。万州塘角 1 号滑坡 2011 年 3 月至 2015 年 5 月的滑坡状态矩阵空间投影结果如图 4.18 所示,其中 2014 年 6 月至 2015 年 5 月为数值模拟结果。

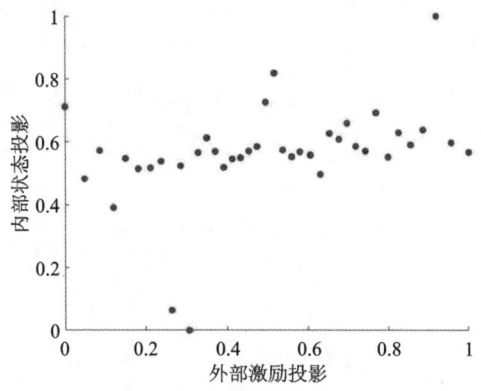

图 4.18　万州塘角 1 号滑坡的滑坡状态矩阵空间投影结果

为了更好地分析不同状态滑坡的运动情况,通过空间投影聚类对目标域的滑坡状态进行划分。万州塘角 1 号滑坡的滑坡状态划分结果混淆矩阵如图 4.19 所示。

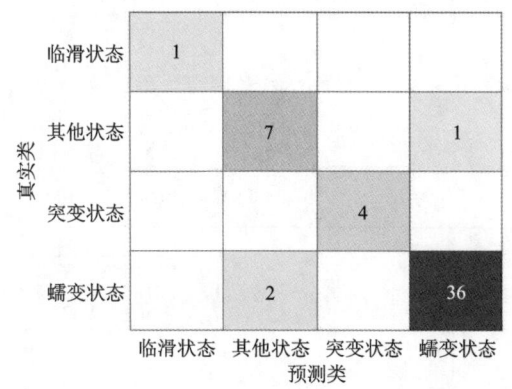

图 4.19　万州塘角 1 号滑坡的划分结果混淆矩阵图

通过混淆矩阵分析得出,对于万州塘角 1 号滑坡空间投影聚类算法对突变状态分类的准确率为 100%,对蠕变状态分类的准确率为 94.7%,对临滑状态分类的准确率为 100%,对其他状态分类的准确率为 87.5%。以上分析表明,空间投影聚类算法在滑坡状态划分中取得了良好的效果。

4.5.5　基于物理机制与卷积的粒子滤波同化位移预测模型实验

基于空间投影状态划分的结果,使用灰色降噪生成式对抗网络生成的样本经过仿射迁移学习迁移至万州塘角 1 号滑坡,通过训练 CNN 构建的预测方程,并使用万州塘角 1 号滑坡 2011 年 3 月至 2012 年 2 月(监测数据的前 23%)的数据对预测方程进行微调。在仿射迁移学习迁移至万州塘角 1 号滑坡的滑坡状态矩阵中寻找与预测滑坡状态矩阵最接近的滑坡状态矩阵,使用状态相似分析物理机制法构建观测方程。最后通过粒子滤波对两种方程的预测结果进行调整,预测万州塘角1号滑坡2012年3月至2015年5月的位移情况。

为分析基于物理机制与卷积的粒子滤波同化位移预测模型的预测效果,将本方法与传统机器学习CNN算法、使用对抗迁移学习(Adversarial Transfer Learning,ATL)扩充数据集的CNN算法在同样使用万州塘角1号滑坡2011年3月至2012年2月(监测数据的前23%)的数据作为训练的情况下,预测万州塘角1号滑坡2012年3月至2015年5月的位移情况进行对比,结果如图4.20所示。

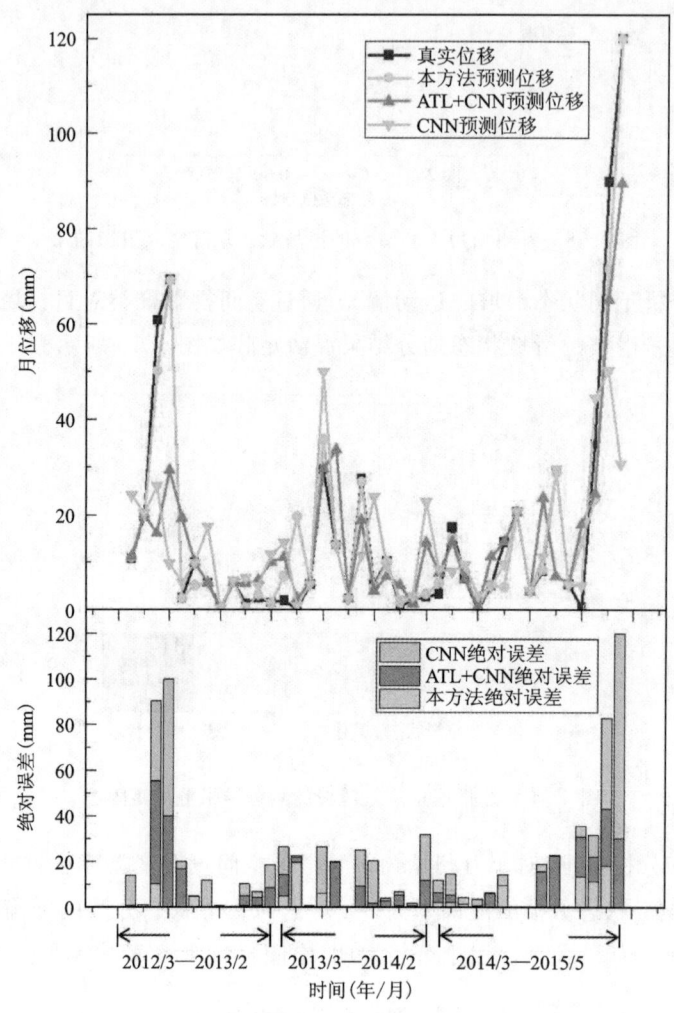

图4.20　万州塘角1号滑坡地表位移预测对比

由图4.20可知,基于物理机制与卷积的粒子滤波同化位移预测模型整体预测精度比其他两种方法更准确,仅有3个月的位移预测情况不如其余两种方法,预测误差在可接受的范围内。本方法比传统方法预测效果好的原因如下:

由于万州塘角1号滑坡监测数据不足,难以满足常规机器学习模型大量训练样本的需求。常规机器学习模型在训练样本数量不能满足的前提下,难以充分提取研究区域信息。同时由于训练样本整体数量少,噪声数据相对整体样本量占比高,预测结果受到负样本影响,难以精确地预测滑坡位移情况。ATL+CNN方法,虽然完成了监测数据集的初步扩充,但是没有考虑滑坡的物理机制,在突变状态与临滑状态的预测上不能准确反映滑坡的位移情况。

本方法首先通过灰色降噪生成式对抗网络生成大量符合工程地质条件的样本,通过迁移学习补充训练样本,并使用空间投影聚类模型分析不同滑坡状态,对每种滑坡状态进行针对性学习,最后基于物理机制与卷积神经网络使用粒子滤波同化算法预测结果,可以在缺少训练样本的前提下达到很好的预测效果。

采用RMSE、MAE从数学角度量化分析基于物理机制与卷积的粒子滤波同化位移预测模型与其他方法之间的差异。计算式为

$$\text{RMSE} = \sqrt{\frac{1}{n}\sum_{t=0}^{n}(Y_t'-Y_t)^2} \tag{4.72}$$

$$\text{MAE} = \frac{1}{n}\sum_{i=1}^{n}|Y_t'-Y_t| \tag{4.73}$$

式中:Y_t'为预测值;Y_t为真实值。

RMSE用于衡量实际位移情况和预测位移情况之间的差异,MAE用于衡量平均总体预测差异。计算结果如表4.3所示。基于物理机制与卷积的粒子滤波同化位移预测模型的RMSE、MAE均小于其他方法,表明该方法在监测数据不足情况下仍能精准地预测滑坡运动情况。

表4.3 3种方法预测结果的RMSE值和MAE值

方法类型	RMSE	MAE
本方法	5.8	2.8
ATL+CNN	13.8	8.1
CNN	20.6	10.3

4.6 总结与展望

4.6.1 总结

本章在大量钻研了前人关于缺失监测数据而无法开展机器学习的基础上,提出了灰色降噪生成式对抗网络与仿射迁移学习,同时分析源域滑坡运动情况,提取滑坡状态矩阵,并生成大量符合工程地质条件的滑坡状态矩阵,在符合目标域滑坡状态矩阵分布规律的情况下,迁移至目标域,补充目标域监测数据,解决监测数据不足而无法使用机器学习的问题。同时,考虑到不同状态的滑坡在受到相同外界激励影响的响应不同,通过空间投影聚类对滑坡运动状态进行分类。对不同状态的滑坡使用不同的机器学习模型进行预测。最后,通过粒子滤波算法调节相似分析物理机制法与卷积神经网络的预测结果,大大提高了滑坡位移的预测精度。通过实例分析,得出以下结论。

(1)在监测数据缺失的情况下,为扩充监测数据满足机器学习的需要,首先对滑坡状态矩阵添加保护层,降低传统生成式对抗网络生成滑坡状态矩阵中的噪声干扰。同时基于距离注意力机制构建还原层,最大效果地还原原始滑坡状态矩阵的数据特征,并基于灰色关联度构建二次过滤机制,使生成的滑坡状态矩阵符合工程地质条件,在增强模型的可解释性的同时扩充了监测数据。使用灰色降噪生成式对抗网络初步生成3000个滑坡状态矩阵,并使用二次过滤机制删除了621个滑坡状态矩阵,留下2379个符合工程地质条件的滑坡状态矩阵。

(2)白家包滑坡、白水河滑坡、八字门滑坡、万州塘角1号滑坡属于具有阶梯状变形特征的动水驱动型滑坡,工程地质条件相似,具备仿射迁移学习的基础条件。通过仿射迁移学习可以将4个滑坡中的监测数据进行互相的迁移,满足机器学习的需要。在使用仿射迁移学习前,白家包滑坡与万州塘角1号滑坡的最大均值差异为52.9,白水河滑坡与万州塘角1号滑坡的最大均值差异为28.5,八字门滑坡与万州塘角1号滑坡的最大均值差异为59.1。使用仿射迁移学习后,白家包滑坡与万州塘角1号滑坡的最大均值差异为8.9,白水河滑坡与万州塘角1号滑坡的最大均值差异为5.0,八字门滑坡与万州塘角1号滑坡的最大均值差异为6.7。通过仿射迁移学习,评价指标明显降低,证明了仿射迁移学习对相同工程地质条件滑坡的有效性。

(3)使用空间投影聚类算法将目标域滑坡状态分为突变状态、临滑状态、蠕变状态、其他状态。通过空间投影聚类算法排除了滑坡状态矩阵中冗余信息对滑坡状态分类的干扰,最终空间投影聚类算法对突变状态分类的准确率为100%,对蠕变状态分类的准确率为94.7%,对临滑状态分类的准确率为100%,对其他状态分类的准确率为87.5%,整体准确度为94.1%,证明空间聚类算法的有效性。

(4)通过相似状态分析物理机制法在灰色降噪生成式对抗网络使用3个研究区域生成的滑坡状态矩阵中寻找与目标域相似的滑坡状态矩阵,将相似滑坡状态矩阵对应的月位移作为粒子滤波观测方程的观测值,同时利用卷积神经网络构建粒子滤波预测方程。通过两种方程的互馈调整,在保证模型鲁棒性的同时,增加模型泛化能力。本方法相比于CNN方法,RMSE降低了14.8,MAE降低了7.5;相比于ATL+CNN方法,RMSE降低了8.0,MAE降低了5.3,证明本方法的有效性。

4.6.2 展望

本章通过灰色降噪生成式对抗网络、仿射迁移学习、基于空间投影聚类的滑坡状态辨识、基于物理机制与卷积的粒子滤波同化位移预测模型,对白家包滑坡、白水河滑坡、八字门滑坡、万州塘角1号滑坡进行了深入研究,通过实验分析,对未来的研究作出以下展望。

(1)随着监测技术的发展,每个滑坡有大量的GPS监测点监测滑坡运动状态,而每个滑坡监测点监测的数据分布情况存在着一定的噪声干扰。考虑到滑坡实际运动过程中存在一定程度的形变,导致滑坡各区域运动情况也不完全一致,为了重点研究实际情况更危险的突变状态和临滑状态,在监测点的选择上,本章倾向选择有较大位移程度的监测点,以便于聚焦分析动水驱动型滑坡的实际运动状态。对于滑坡的实际运动过程,仍然存在一定的监测蠕变位移的监测点,在有着地质条件相似区域且监测数据完整的情况下,运用基于状态对抗迁移的滑坡运动状态识别方法也能进行滑坡状态矩阵生成并进行精确的位移预测。在源域监测数据充足完整,且与目标域工程地质条件高度相似的前提下,基于状态对抗迁移的滑坡运动状态识别方法只采用一个区域的滑坡作为源域也能达到良好的样本生成与迁移效果。在实际情况中,不能绝对保证存在有监测数据充足完整且与目标域滑坡工程地质条件一致的滑坡,仍然需要使用多个相似的滑坡增强样本生成与迁移效果。如何进一步降低源域多滑坡造成的负样本影响,以提高样本生成与迁移效果,是下一步需要解决的问题。

(2)为了实现目标域监测数据良好的扩充效果,需要使用与目标域工程地质条件相似、滑坡位移运动情况相似的滑坡作为仿射迁移学习的源域。在实际的滑坡预测中,不能保证与目标域工程地质条件相似、滑坡位移运动情况相似的滑坡存在完整充足的监测数据,此时就需要使用不同工程地质条件或者不同激励类型的滑坡作为源域扩充目标域的监测数据。由于基于状态对抗迁移的滑坡运动状态识别方法是通过灰色关联度平衡不同区域的滑坡影响,并未调整不同工程地质条件或者不同激励类型的滑坡对目标域的影响,故不能直接套用本方法扩充目标域滑坡监测数据集。为了平衡不同工程地质条件或者不同激励类型的滑坡对目标域的影响,自适应调整滑坡状态矩阵生成样本与迁移样本的过程,使用矩阵权重自适应对齐分配机制,将不同工程地质条件或者不同激励类型的滑坡作为源域,以期望完成监测数据不足的目标域监测数据集扩充。

第5章 基于多无人机网络的用户关联和路径规划研究

对于现实中的灾情响应、紧急救援等危急情况，将信息上传到边缘云端进行处理会导致很大的延时，利用无人机辅助边缘计算（mobile edge computing，MEC）可以大大节约信息处理时间。本章拟构建一个由多个无人机、地面用户和卫星组成的用户数据信息采集系统，当紧急情况发生时，卫星可根据观察到的灾情现场（待采集信号点、障碍物）对无人机编队进行轨迹规划，可以节约救援时间，避免损失。为了让无人机能更方便地采集地面的用户数据信息，增加无人机编队覆盖范围，多个无人机从不同的起点出发，在较短的时间范围内形成无人机编队，然后无人机编队保持一定的拓扑结构继续飞行，并采集地面用户的数据信息，将用户数据信息存放在无人机的 Buffer 缓冲区中。在无人机编队与地面用户通信过程中，考虑到无人机编队的移动性会影响无人机与地面用户的通信质量，无人机编队将在若干个长度相等的时隙内采集地面用户信息，与地面的用户进行通信，地面上的用户设备根据自己的任务量以及与每个无人机的相对位置，选择与无人机编队中的一个无人机相关联，将任务信息上传到与之相关联的无人机上进行分析处理，无人机先将地面用户上传的任务信息缓存到无人机的 Buffer 缓冲区上，然后无人机会在飞行的过程中，对用户信息进行分析处理。由于无人机飞行成本的数值与无人机的计算能耗值相差较大，所以系统能耗主要考虑了无人机计算能耗及其飞行成本的加权求和，同时还考虑了需要尽可能地采集地面用户上传的任务信息。最后，将无人机采集地面用户数据的问题构建为一个混合整数优化问题，该问题考虑了卫星对地球的覆盖时间、无人机的能耗等约束，并且该问题中还包括了无人机编队形成子问题、无人机与地面用户的关联子问题以及无人机的轨迹优化子问题。无人机编队飞行轨迹子问题被构建为多时隙的离散优化问题，同时该子问题考虑了无人机 Buffer 缓冲区的最大存储容量、无人机飞行成本等约束。然后采用深度强化学习来得到无人机编队的飞行轨迹。本研究面对的挑战如下：

（1）如何设计一个满足地面用户的任务需求及无人机能耗的目标函数。由于地面用户数量多，而且用户之间产生的任务量并不相同，无人机需要尽可能地接收地面用户上传的数据，还要考虑到无人机计算和飞行所消耗的能量。因此构建合适的目标函数是首先需要考虑的问题，目标函数的偏向对系统能否很好地满足地面用户的任务需求及无人机的能耗具有重要影响。

（2）如何求解联合无人机编队轨迹和用户关联的非凸混合整数优化问题。对于构建的非凸混合整数优化问题目前很少有方法能直接得到其最优解，而且传统的求解方法当问题维数增加时，时间复杂度会急剧增加，导致产生维数灾难。因此将复杂问题简化以及如何在可接受的复杂度内求解优化问题是需要解决的问题。

(3)如何确保多个无人机在一定的时间范围内形成稳定的拓扑结构,并能够在李亚普洛夫理论的基础上证明该系统的稳定性和收敛性。由于各个无人机的起始点不同,对于各个无人机的飞行控制量也就不同,需要根据各个无人机的状态来规划各个无人机的控制量大小,使无人机能在有限时间范围内形成无人机编队。

将上述研究应用到实际问题中,本研究的主要创新点如下。

(1)为了在多个无人机对用户进行信息采集前形成编队,鉴于各无人机起始点的差异性,其飞行控制量亦各不相同,引入了一个缩放函数来控制无人机编队的输入量,依据各无人机的实时状态,规划其控制量的大小,旨在确保无人机能够在特定的时间范围内形成稳定的拓扑结构,有效解决无人机跟踪控制问题。同时基于李亚普诺夫理论,证明了无人机编队在有限时间范围内形成固定拓扑结构的稳定性和收敛性。

(2)在无人机辅助的 MEC 网络中,构建了一个混合整数非线性规划问题,该问题综合考虑了无人机编队的形成和地面用户数据采集,包括无人机编队形成稳定拓扑结构的最小飞行成本、无人机编队采集用户信息过程中负载均衡性和最小能耗以及最大数据采集量等问题。优化问题旨在最大化地面用户数据采集量的同时最小化无人机的能耗。在构建这一问题的过程中,充分考虑了 LEO 卫星的覆盖时间约束、无人机缓冲区拥挤程度、无人机飞行成本以及无人机编队间的负载均衡等多个关键因素。通过这一优化模型,期望能够在保证数据采集效率的同时,降低无人机的能耗,提高整个系统的能效。

(3)构建了一个由控制层和决策层组成的异构双层优化框架。具体来说,为利用控制层通过 LEO 卫星获取无人机编队的最优拓扑,该最优拓扑控制实现了时间段内无人机编队形成稳定拓扑结构的最小飞行成本;再利用决策层获取数据采集的最优决策变量,该最优的决策变量包括无人机编队的最优飞行轨迹和最优的用户关联策略。构建的双层优化框架基于 BCD 理论,先固定控制层、求解决策层,然后再固定决策层、求解控制层。通过二者不断地相互迭代,直到找到最优解。

5.1 相关技术介绍

本节将针对研究内容中涉及的关键技术进行分析。首先是对移动边缘计算的概述;其次分析预定时间范围内形成稳定拓扑结构的理论证明,为后续研究提供依据;最后分析深度强化学习算法,主要是 DQN 算法等相关研究,为后续研究提供必要的理论支撑。

5.1.1 移动边缘计算概述

随着互联网的高速发展,大量的移动设备诞生,这些移动设备需要对用户任务进行分析处理,以往都是随着物联网时代的兴起,大量的数据由物联网设备产生,需要以高效的方式进行处理和分析。然而,传统的分析处理方式是将物联网设备产生的数据上传到云计算端进行统一处理,云计算端根据上传时间的先后,对物联网设备上传的数据进行排序处理,这样会导致物联网设备的等待时间过长,造成网络拥塞和延迟过大等问题。因此,云计算端需要更高的计算和存储能力来处理物联网设备产生的数据,或者将物联网设备产生的数据分配到其他计算端进行分析处理。移动边缘计算模型可以解决该问题,对于距离云计算端较远的物联网设备,可以将它们的数据上传到边缘端进行处理,极大地缓解了云计算处理中心的压力,降低网络延迟,提高数据处理能力。

移动边缘计算(MEC)是一种新兴的计算架构,旨在将计算和存储功能从传统的云数据中心移动到网络边缘的设备和节点上。其核心思想是将计算资源和服务靠近网络边缘的用户和终端设备,以便更快速地响应用户请求并提供实时的服务。相比传统的云计算模式,MEC 在网络边缘部署了一系列的边缘节点,这些节点可以是基站、路由器、智能设备等,并具备一定的计算和存储能力。这样的部署方式使得数据处理更加迅速,减少了数据的传输延迟和网络拥塞。

MEC 架构包含横向与纵向两个维度。横向层面涉及边缘计算节点层、连接计算层、业务层和智能服务层,旨在确保整个架构的开放性。而纵向层面则包含管理服务、数据安全生命周期服务以及安全服务。此外,为了促进 MEC 系统与未来 5G 通信架构的融合,边缘计算架构采用了分布式部署方式。在这种架构下,移动应用可以在边缘基站或网络边缘节点的虚拟化基础设施上作为独立的软件实体运行。这意味着原本由传统中心节点处理的业务可以被细化为更易于管理和处理的计算小单元,并迁移至靠近用户的 MEC 服务器上执行,从而提高了处理效率和用户体验。

MEC 架构通过为移动网络提供增强的计算能力和低延迟服务,支持了众多新兴应用场景,诸如智能城市、物联网和车联网等。该架构通过三层模型——用户层、边缘计算层和云计算层,实现了计算与存储功能的网络边缘化,从而提供了低延迟、高带宽的计算服务,并满足了实时性要求较高的应用需求。这一架构不仅优化了网络性能,还推动了移动计算领域的创新与发展。移动边缘计算的三层架构如图 5.1 所示。

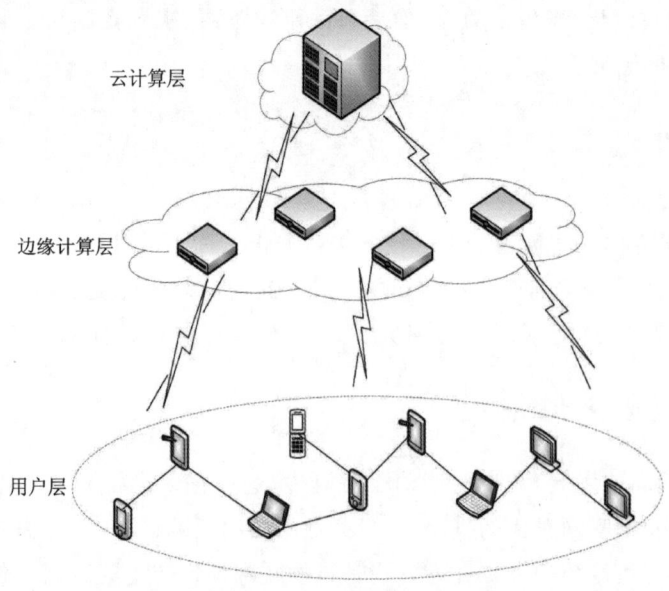

图 5.1 MEC 三层架构图

用户层可认为是与现实生活紧密相结合的部分,例如各种物联网设备、传感器以及控制系统等。物联网设备通过一定的边缘设备或者网络总线等,来实现数据之间的传输以及控制的联通。当云计算层业务繁忙时,或者边缘计算层的设备离物联网设备较近时,用户层会将各种物联网设备采集的数据发向边缘计算层,边缘计算层将对收集的信息进行分析处理或者转发。边缘计算层包括边缘网关、边缘云、路由器、交换机等设备,可以提供智能感知或计算以及控制等服务。尽管MEC的主要目标是将计算任务推向网络边缘,但在某些情况下,仍需要借助云计算层的强大计算能力来处理更为复杂或需要大量资源的任务。云计算层为边缘层提供了备份、管理和优化等服务,确保整个系统的稳定运行。

MEC的框架给移动边缘计算带来了巨大的优势,这些优势可以概述为以下5个方面。

(1)低延迟:通过将计算任务和数据存储在靠近用户的网络边缘,MEC显著减少了数据传输的延迟,从而提升了用户体验。

(2)高带宽与低拥塞:边缘计算能够提供更高的带宽,使得用户可以更流畅地进行大数据量的应用,如视频流和在线游戏。同时,由于数据处理在本地进行,更大可能地避免了网络拥塞,降低了网络负载。

(3)增强的安全性:在边缘进行计算和数据存储,可以更好地保护用户隐私和数据安全。因为用户将数据上传到云计算端的过程中,由于传输距离相对较远,数据泄露的可能性会更大。

(4)业务灵活性与可扩展性:MEC平台的设计允许它根据业务需求进行灵活扩展,无论是增强计算能力、存储资源还是新的应用服务,都可以快速而容易地实现。

(5)智能化与自动化:结合人工智能和大数据技术,MEC可以实现更智能的决策和优化,提高网络性能和用户满意度。这包括自动调整资源配置、优化网络流量以及提供个性化的服务。

这些优势使得MEC在支持实时应用、增强现实、物联网、自动驾驶等领域具有巨大的潜力,为移动网络的发展和应用创新提供了新的方向。在MEC网络架构中,物联网设备会与最近的边缘节点或边缘服务器进行连接,并向其上传数据信息。边缘节点或边缘服务器可以处理这些信息,或将信息转发给其他节点或云计算中心进行处理。处理结果可以返回到用户设备,或者存储在本地缓存或云端,以便后续访问。

MEC网络架构主要就是利用了边缘端处理器的计算和存储资源,来提供用户分析处理数据的能力,同时提高用户满意度和系统的服务质量,以满足移动应用程序对低延迟、高带宽、高安全性和高可靠性的需求。这种架构具有分布式、层次化、灵活、可扩展和可定制等特点,能够为移动应用程序提供更好的性能、效率、安全性和可靠性。

无人机辅助移动边缘计算(UAV-assisted mobile edge computing,UAV-MEC)结合了无人机的灵活性和移动边缘计算的处理能力,凭借无人机的可移动性带来了许多独特的优势。图5.2所示为无人机辅助移动边缘计算的具体架构。无人机从一定的起始点出发,沿着规划的路径飞行,并在飞行的过程中采集地面用户的数据信息,直到服务完所有的用户,才到达终点。

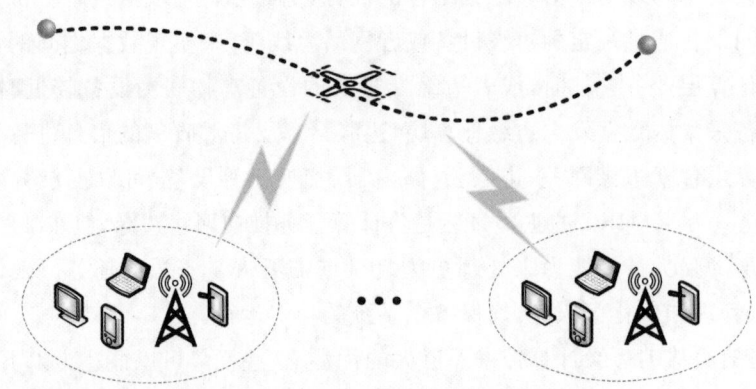

图 5.2 无人机辅助移动边缘计算架构图

下面介绍无人机辅助移动边缘计算的具体优势。

(1)灵活性和可扩展性:无人机可以根据需求快速部署到任何地点,为边缘计算提供额外的计算和存储资源。这种灵活性使得无人机辅助移动边缘计算能够迅速应对各种场景,如自然灾害、临时事件或高流量区域。

(2)增强覆盖和连接:在偏远地区或难以覆盖的地方,无人机可以作为临时基站或中继节点,提供网络覆盖和数据连接。这对于改善通信质量、增强网络覆盖和提供连续服务非常有帮助。

(3)降低延迟和提高性能:通过将计算任务卸载到无人机上,可以减少数据传输到远程数据中心的时间,从而降低延迟。此外,无人机可以更接近用户,提供更快的响应时间和更好的性能。

(4)支持移动和动态环境:无人机可以跟随用户或移动目标,提供持续的计算和通信支持。这在移动应用、车辆网络、无人机编队等场景中特别有用,可以实现动态的计算和通信资源的分配。

(5)增强安全性和保护隐私:通过无人机辅助移动边缘计算,敏感数据可以在本地进行处理和分析,减少数据传输到远程数据中心的需求。这有助于保护用户隐私和数据安全。

(6)支持新型应用和服务:无人机辅助移动边缘计算为新型应用和服务提供了可能性,如实时视频监控、智能交通管理、无人机快递等。这些应用需要快速、可靠的计算和通信支持,而无人机辅助移动边缘计算正好满足这些需求。

综上所述,无人机辅助移动边缘计算通过其灵活性、可扩展性、低延迟、高性能、移动支持和增强安全性等方面的优势,为各种应用场景提供了强大的支持。

5.1.2 编队拓扑控制稳定性概述

多无人机形成一定的拓扑结构进行飞行,可以防止无人机之间的碰撞,也可以增加地面覆盖面积。为了确保飞行安全、提高任务执行效率、适应复杂环境以及实现智能决策和自主控制等需求,无人机编队的控制协议需要保证稳定性的原因主要概括如下。

(1)确保飞行安全:无人机编队在执行任务时,必须保证每个无人机都能够稳定地飞行,避免出现失控、碰撞或坠毁等安全事故。控制协议的稳定性是确保无人机编队飞行安全的重要前提。

(2)提高任务执行效率:无人机编队通常需要执行复杂的任务,如搜索、侦察、打击等。如果控制协议不稳定,可能导致无人机之间的通信中断、数据丢失或延迟等问题,从而降低任务执行效率。保证控制协议的稳定性,可以确保无人机编队能够高效地完成任务。

(3)适应复杂环境:无人机编队在执行任务时,可能会遇到各种复杂的环境条件,如天气变化、地形起伏、电磁干扰等。控制协议的稳定性可以帮助无人机编队更好地适应这些环境变化,保持队形和协同作战能力。

(4)实现智能决策和自主控制:随着无人机技术的不断发展,无人机编队需要具备更高级的智能决策和自主控制能力。保证控制协议的稳定性是实现这些高级功能的基础,可以确保无人机编队在复杂环境中自主决策和协同作战的准确性和可靠性。

无人机编队协同控制需要对每个无人机进行控制,而每个无人机只能接收部分信息,因此需要分布式控制理论来实现协同控制。系统的能量并不总是稳定的,为了证明系统的稳定性,李亚普诺夫理论提出了一个标量函数$V(x)$,通过判断标量函数的正定性以及其导数的负定性来判断系统是否是稳定的。李亚普诺夫理论的核心在于,若一个动态系统存在一个标量函数$V(x)$,其满足正定性和稳定性,那么,这个系统就被认为是渐进稳定的。正定性表明了在系统的演化过程中,随着时间的变化,系统状态不会偏离平衡点。标量函数导数的负定性表明了在系统的演化过程中,随着时间的变化,系统状态会逐渐地靠近平衡点,最终在平衡点处收敛。

正定性:$V(x)$在平衡点$x=0$处取值为零,即$V(0)=0$,并且在平衡点附近的所有状态x上,$V(x)$都大于零,即$V(x)>0(x\neq0)$。

导数负定性:$V(x)$的导数(或称为李亚普诺夫导数)在系统状态x上的值小于零,即$\dot{V}(x)<0(x\neq0)$。

图论为无人机编队的拓扑结构和通信协议提供了有效的建模工具。在无人机编队控制中,无人机编队之间的通信和协作可以通过图论中的图结构进行描述。例如,无人机编队之间的通信链路可以用图的边表示,而无人机本身可以用图的顶点表示。通过分析图的性质,如连通性、路径规划等,可以实现无人机编队的高效协同控制。可将无人机编队局部邻域误差表示为

$$e_i = \sum_{j \in N_i} a_{ij}(x_i - x_j), i = 1, \cdots, N \tag{5.1}$$

式中:e_i为无人机编队位置之间的误差矢量;a_{ij}为无人机编队间的连接,使用无向拓扑图的边来描述;x_i为智能体i的实际位置;x_j为智能体j的实际位置。

基于无人机编队在控制协议中通常使用图论来实现无人机编队间的协同控制,下面介绍一个引理,该引理证明了系统全局一致的有限时间稳定性,为后续无人机编队形成稳定的拓扑结构提供理论依据。

引理1:根据Wang等(2018)的定义,如果系统$x(t)$的原点是全局一致的有限时间稳定

的,且存在一个局部有界函数 T,则称该原点为全局一致有限时间稳定的,存在一个局部有界函数 T,所有的时间 $t \geqslant T(x_0)$,这个函数 T 被称为沉降时间函数。且沉降时间 T 是一个用户可分配的有限常数,则称为全局规定时间稳定的。假定系统存在一个连续可微函数 $V(x(t),t)$,且实常数 $b>0$,μ 是缩放函数,$\dot{\mu}$ 是缩放函数的导数,这样在 $[t_0,\infty)$ 上可得

$$V(0,t)=0 \text{ 和 } V(x(t),t)>0$$
$$\dot{V}=-bV-2\frac{\dot{\mu}}{\mu}V \tag{5.2}$$

系统的原点能在规定的时间稳定,可得系统的原点为全局规定时间稳定。此外,根据式(5.2)可得,在 $t \in [t_0,t_1]$ 时间段内,

$$V(t) \leqslant \mu(t)^{-2} \exp^{-2b(t-t_0)} V(t_0) \tag{5.3}$$

根据式(5.3),则认为在 $t \in [t_1,\infty)$ 时间段内,就可得到如下等式:

$$V(t) \equiv 0 \tag{5.4}$$

5.1.3 深度强化学习算法

传统的优化算法往往需要花费大量的时间或者具有一定的计算复杂度。例如演化算法和凸优化算法,在求解优化问题的过程中需要花费大量时间并需要进行复杂的计算。与之相比,强化学习算法能够解决很多复杂问题,并将复杂问题简单化,不用像传统优化算法那样需要复杂的公式推理或者大量计算,只需要通过神经网络不断地学习就可以求解复杂问题。强化学习算法的实现关键点在于智能体与环境不断交互的过程,该过程中,智能体通过与环境的交互学习经验得到奖励,通过学习到的经验来优化网络模型的参数,使网络模型可以更加贴近现实环境,从而智能体可以在学习过程中找到一个最优的策略。

5.1.3.1 强化学习基本原理

在经典的强化学习框架中,Q 学习(Q-Learning)算法等传统的算法普遍采用具有固定维度的表格数据结构,用以记录并更新状态-动作对的行为值。这些行为值在迭代过程中不断被优化,以指导智能体作出更加明智的决策。但是基于表格的强化学习在遇到状态或动作空间较大时,表格维度会过大,寻找对应的元素会产生较大的时间复杂度,并且在遇到状态连续或动作连续时,难以穷尽所有的状态-动作组合。Q-Learning 算法是一种强化学习技术,其显著特点在于它无须依赖环境模型,而是可以直接从原始输入映射至输出来进行学习。此外,该算法还展现了对处理随机过渡和奖励问题的强大能力,而无需额外的调整。特别值得一提的是,Q-Learning 算法已经得到了广泛的验证,对于任何有限的马尔可夫决策过程,它都能够最终收敛到一个最优策略。这意味着,从当前状态出发,通过执行该策略,智能体所能够获得的连续步骤中总回报的期望值将达到最大可能值。

强化学习的实现可认为是智能体与环境之间不断交互学习的过程,可以将这样一个过程称为马尔可夫决策过程。马尔可夫决策过程可认为是由五元组 $\langle s,a,\tau,r,s_-\rangle$ 组成的,其中包括状态的集合 s、动作的集合 a、状态转移概率 τ 和奖励函数 r。在智能体决策过程中,有 3 个

核心要素：状态集合 s，涵盖了智能体所有可能的状态；动作集合 a，涵盖了智能体可以采取的所有动作，这些动作定义了智能体在环境中的互动方式；状态转移概率 τ 表示了智能体在当前状态下，通过执行特定动作转移到其他状态的概率分布情况。此外，还定义了回报 r，它反映了智能体在特定状态下执行特定动作后所获得的即时奖励。状态 s 经过动作 a 的转移，得到新的状态，这构成了智能体决策过程的核心逻辑。强化学习的基本架构如图 5.3 所示。

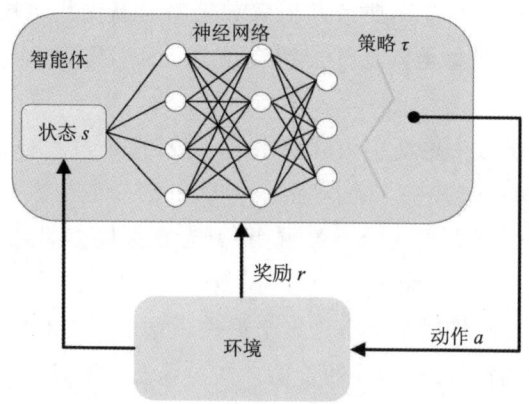

图 5.3 强化学习原理图

学习开始之前，Q 值被初始化为一个可能的任意固定值。然后在每一步，智能体在选择动作后获得奖励，并进入新的状态，随后进行 Q 值的更新。整个流程从初始化值函数矩阵开始，智能体根据自身的贪婪策略选择状态，并据此决定动作。执行动作后，智能体获得奖励并计算值函数，然后迭代进入下一流程。在此过程中，行动策略和评估策略是独立的。行动策略采用贪婪策略，并通过持续学习形成状态-动作矩阵。当所有值函数均达到最优时，算法收敛至一个稳定策略。Q-Learning 算法在处理小规模问题时表现出快速且精准的特点。然而，当面对连续过程或多状态优化问题，如无人机轨迹优化或围棋等具有庞大状态空间的任务时，该算法可能遭遇维度灾难，导致存储和检索变得困难。

5.1.3.2 DQN 算法

传统的 Q-Learning 算法在处理大规模状态空间时面临着维度灾难的问题。DQN 算法通过使用深度神经网络来逼近 Q 函数，将高维度的状态空间映射到低维度的特征空间，从而有效地解决了维度灾难问题。同时深度神经网络能够学习复杂的特征表示，从而提高了对环境的感知和理解能力。强化学习是从马尔可夫决策序列数据中进行学习的，强化学习的目标是找到每个状态处的最优策略，即在每个状态处执行该策略可以使得整个序贯决策是最优的。当智能体学习到一个策略后，就需要评价策略的好坏。相较于传统的 Q-Learning 算法，DQN 算法中使用了两个神经网络来进行智能体的学习，其中一个神经网络称为目标网络，还有一个网络称为当前网络，目标网络生成的 Q 值称为目标 Q 值，当前网络生成的 Q 值称为当前 Q 值。目标 Q 值可表达为

$$Q_\tau = r + \gamma \max_{a'} Q_\tau(s', a', \theta) \tag{5.5}$$

式中：θ 为预更新参数；γ 为折扣因子。

在迭代过程中,每经过 N 轮训练,DQN 算法会将主函数网络的参数复制到目标网络中。这种复制操作确保了目标网络能够逐渐适应主网络的变化,同时保持一定的稳定性。通过将主网络的参数定期传递给目标网络,DQN 算法能够在探索和利用之间找到平衡,从而更有效地学习最优策略。通过这种方式,DQN 算法不仅提高了学习的稳定性,还通过不断地调整和优化参数,逐步逼近真实的状态-动作值函数。这种迭代更新的过程使得 DQN 算法在处理复杂任务时表现出色,尤其是在那些需要长期依赖和策略更新的场景中。在特定时间段内,目标 Q 值维持稳定,这种设计巧妙地降低了当前 Q 值与目标 Q 值之间的关联性,进而增强了算法的稳定性。

DQN 算法通过损失函数来更新主函数网络的参数,这个过程旨在最小化当前 Q 值与实际 Q 值之间的差异。这种差异反映了算法在估计状态-动作值函数时的准确性。在 DQN 算法中,损失函数的设计对于算法的性能至关重要,因为它直接影响到智能体学习策略的效率和稳定性。在训练过程中,DQN 算法采用均方误差作为损失函数,用以量化预测 Q 值与实际 Q 值之间的差异,并通过反向传播来最小化这个损失。这个过程有助于调整价值函数网络的参数,使其能够更准确地估计状态-动作的价值。损失函数的定义为

$$L^i(\theta^i) = E_\tau \left[r + \gamma \max_{a'} Q(s', a', \theta_i^-) - Q(s, a, \theta^i) \right]^2 \tag{5.6}$$

在迭代过程中,Q 网络参数起着关键作用。为了优化网络权重,需要对损失函数进行梯度计算,可通过梯度下降方法最小化损失函数,从而实现对网络权重的调整和优化。

在 DQN 算法中,经验回放池扮演着至关重要的角色。在学习过程中,DQN 算法将训练产生的四元组数据存储在经验回放池中,并在后续的训练过程中读取这些经验来优化网络结构。这一过程涉及将智能体在与环境交互过程中收集的数据进行储存,并通过随机采样的方式更新深度神经网络的参数。经验回放池之所以能够有效,主要基于以下两点原因。

首先,深度神经网络作为有监督学习模型,其性能在很大程度上依赖于输入数据的特性。为了充分发挥其潜力,数据需要满足独立同分布的要求。经验回放池通过存储和随机采样数据的方式,确保了输入到深度神经网络中的数据满足这一要求,从而提高了算法的稳定性和性能。其次,Q-Learning 算法生成的样本之间存在关联性,这种关联性可能会影响算法的学习效果。为了打破这种关联性,经验回放池采用了存储-采样的策略。通过从经验回放池中随机抽取样本进行训练,算法能够有效地降低数据之间的关联性,提高学习效率。

相较于简单的深度强化学习算法,DQN 算法在处理样本时展现出了更强的关联性。这主要是由于 DQN 算法从游戏连续帧中获取样本,导致在连续时间段内,算法主要是在相同的方向下执行梯度下降操作。若在这种情况下直接以相同的步长计算梯度,目标函数值不一定收敛,同时可能导致训练网络不收敛。为了解决这一问题,DQN 算法引入了经验回放池。经验回放池通过从池中随机选择经验来计算梯度,有效避免了直接计算梯度可能导致的不收敛问题。此外,由于经验回放池中的样本能够被反复提取,通过对数据的多次提取,可以使智能体的学习经验在一定程度上提高。值得注意的是,连续样本之间的相关性可能导致参数更新的方差较大。然而,由于经验回放池的主要核心思想就是均匀随机采样策略,该策略可显著降低数据之间的相关性,进而显著提升算法的稳定性与效率。

5.2 无人机编队拓扑控制和信息采集

移动边缘计算往往是将用户的计算任务上传到云计算层进行分析处理,云计算层一般与用户层之间距离较远,计算任务无法上传到云计算层,或云计算层需要处理大量的计算任务以及缺少网络覆盖、网络拥挤或者信号严重衰落等缘故导致用户等待时间较长,任务回传时延过久。无人机具有低成本、实时计算能力强以及协作灵活等优点,可以收集、组合和处理各种来源的数据。在无人机上部署通信和计算资源,不仅能够方便设备卸载任务到无人机上处理,还能够实现资源的无缝覆盖、灵活配置和高效利用。因此在天空地一体化网络环境中无人机编队网络的研究和应用是研究的热点之一。

针对无人机辅助移动边缘计算问题,只需要合理地制定飞行轨迹以及资源分配策略,就可在低成本下完成高覆盖的任务需求。一般通过构建联合优化问题来实现对无人机问题的建模。多层网络构建的目标函数往往是一个非凸的混合优化问题,导致求解困难,降低模型构建复杂度对无人机应用具有重要意义。现阶段大量研究都只考虑了单个无人机工作时的模型构建,对于多个无人机同时工作时的模型构建,一般使用多智能体强化学习来求解多无人机的优化问题,这样可将复杂问题简单化,但是此时多个无人机之间仍处于离散状态,若不考虑无人机编队间的通信,可能会导致多个无人机之间对地面覆盖面积的重叠或缺失。为了让无人机更好地服务于用户端,增加用户端的覆盖面积,将多个无人机形成稳定的拓扑结构,构成无人机编队。无人机编队保持合适的拓扑结构可实现灵活的数据收集、分析和决策,缓解计算密集型任务和能量有限设备之间的冲突,同时极大地增加了对地面用户的覆盖面积。

综上所述,本节拟构建一个多无人机辅助的 MEC 网络模型,多个无人机从离散状态形成稳定的无人机编队。考虑到无人机编队的数据采集能力、LEO 卫星的覆盖时间、无人机 Buffer 缓冲区拥挤水平、无人机编队间的负载均衡、无人机计算能耗和无人机飞行成本等约束,联合无人机编队的拓扑结构形成和数据收集效率等构建了一个混合整数非线性规划问题,旨在最大化数据采集量,同时最小化能耗。

5.2.1 系统模型

对于现实中的灾情响应、紧急救援等危急情况,将信息上传到边缘云端进行处理会导致很大的延时,利用无人机辅助边缘计算可以大大节约信息处理时间。本节拟构建一个由多个无人机、地面用户和卫星组成的数据采集系统,当紧急情况发生时,卫星可根据观察到的灾情现场(地面用户,障碍物),对无人机编队进行轨迹规划,可以节约救援时间,减少损失。由卫星、无人机和地面用户组成的通信模型,包括 I 个不同的地面用户和 J 个无人机。地面用户集合记为 $I=\{1,\cdots,i,\cdots,I\}$,无人机的集合记为 $J=\{1,\cdots,j,\cdots,J\}$。具体系统模型架构如图 5.4 所示。

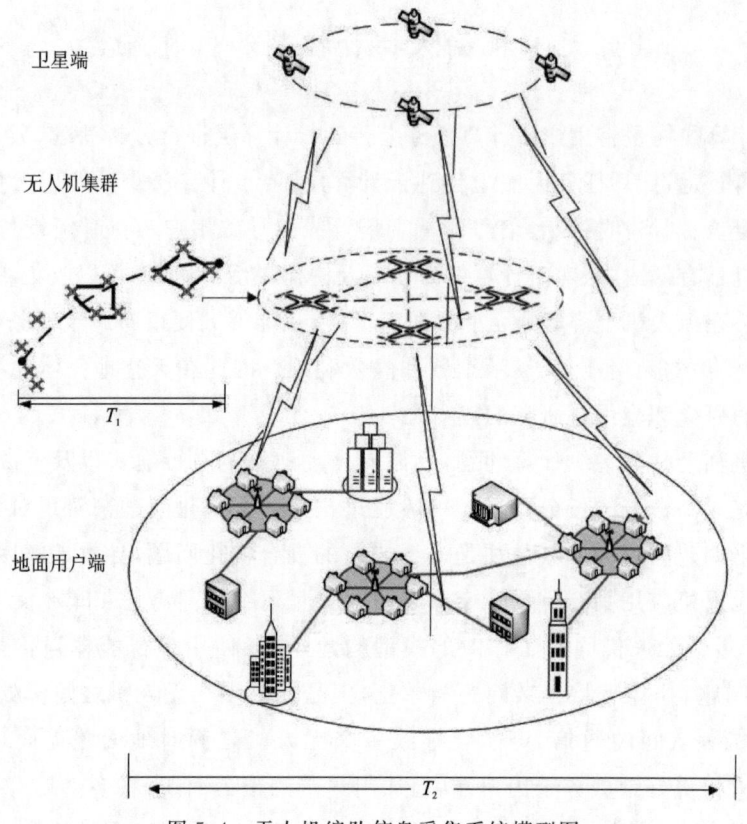

图 5.4 无人机编队信息采集系统模型图

在系统模型中,无人机编队包括两个时间段的任务:在 T_1 时间段,无人机编队在卫星控制下一定时间内形成稳定的拓扑结构;在 T_2 时间段,卫星与无人机通信来控制无人机的运行轨迹,无人机编队保持稳定拓扑结构,沿着优化轨迹去采集地面用户数据,旨在使无人机与地面用户间的通信速率最大、能耗最小。特别地,T_2 时间段随着无人机编队轨迹的变化而变化,由于卫星对地面的覆盖时间是有限的,那么 T_1 时间段也会随着 T_2 时间段的变化而变化,则无人机编队的拓扑结构形成时间也需改变。由于各个无人机的起始点不同,对于各个无人机的飞行控制量也就不同,本模型需要根据各个无人机的状态来规划各个无人机的控制量大小,确保无人机能在一定的时间范围内形成稳定的拓扑结构。

在多个无人机采集地面用户数据前,无人机编队已在 T_1 时间段形成稳定的拓扑结构 G,并围绕中心点保持拓扑结构继续飞行。即在 T_2 时间段内,无人机编队将保持稳定的拓扑结构出发,沿着一定的轨迹飞行到达终点。T_2 时间段内包括多个时隙,时隙集合为 $N=\{1,\cdots,n,\cdots,N\}$,无人机编队在时隙下采集用户的数据。在 T_2 时间段内,所有无人机保持离地面固定高度 H_U 飞行。假定无人机编队在时隙 n 时稳定拓扑结构的中心点坐标为 $q_n=(X_n,Y_n,H_U)$,同时将 UAV j 离中心点的距离表示为 $(d_x^j,d_y^j,0)$,由于无人机编队在稳定拓扑结构下飞行,那么 UAV j 的坐标点可以表示为 $q_n^j=(X_n^j,Y_n^j,H_U)$,其中,$Y_n^j=Y_n+d_y^j$。地面用户的坐标表示为 z_i。将上述模型构建为以最大化数据采集量同时最小化系统能耗的混合整数优化问题,该优化问题综合考虑了无人机编队飞行轨迹和用户关联等多种因素对系统性能的影响。为了便于理解,表 5.1 中介绍了模型涉及的参数符号及其含义。

表 5.1　模型涉及的参数符号及其含义

参数	含义
T_m	卫星与无人机通信的最长时间
T_1	无人机编队形成稳定拓扑时间
T_2	无人机编队进行数据采集时间
$d_n^{i,j}$	在时隙 n 中的 UAV j 与地面用户 i 的距离
$g_n^{i,j}$	在时隙 n 中无人机与地面用户之间的信道增益
$R_n^{i,j}$	在时隙 n 中无人机与地面用户之间的通信速率
C_n^j	UAV j 在一个时隙范围内处理数据的能力
$L_{\max}^j$	无人机 Buffer 缓冲区最大长度
L_n^j	在时隙 n 时 UAV j 中 Buffer 缓冲区中储存的数据量
e_c^j	UAV j 在一个时隙内处理数据 C_n^j 消耗的能量
v_s	LEO 卫星绕近地轨道运行的速度

5.2.2　无人机编队拓扑控制时间

卫星运行快,距离地球远,覆盖地面的时间是有限的,因此卫星与无人机之间的通信时间是有限的。但在无人机与卫星的通信时间内无人机需要完成两个阶段的任务,即在卫星覆盖地面的时间范围内需要完成无人机形成稳定的通信拓扑结构以及无人机采集地面用户数据两个任务。因此,首先需要确定无人机与卫星的通信时间。低轨卫星与地球的坐标位置如图 5.5 所示。

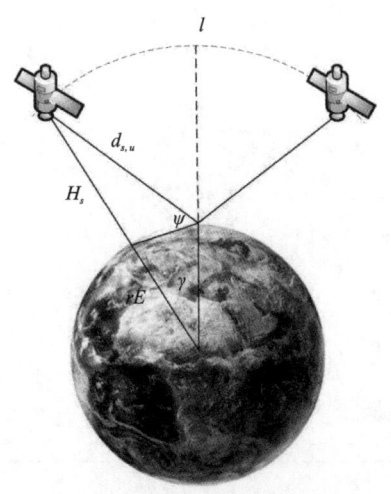

图 5.5　LEO 卫星与地面距离示意图

假定无人机能够与卫星通信的最大偏向角为 ψ,可通过地心半径和卫星高度计算出卫星覆盖无人机的运行弧长和地心角。假定低轨卫星的运行速度为 v_s,可计算卫星与无人机通信的最长时间 T_m。由于无人机与 LEO 卫星的偏向角 ψ 已知,可根据图 5.5 中的三角形计算出 LEO 卫星覆盖面积对应的地心角为

$$\gamma = \arccos\left(\frac{r_e}{r_e + H_s}\cos\psi\right) - \psi \tag{5.7}$$

无人机与 LEO 卫星通信的弧长 $l = 2(r_e + H_s)\gamma$。那么 T_m 计算式为

$$T_m = \frac{l}{v_s} = \frac{2(r_e + H_s)\gamma}{v_s} = \frac{2(r_e + H_s)\left[\arccos\left(\frac{r_e}{r_e + H_s}\cos\psi\right) - \psi\right]}{v_s} \tag{5.8}$$

卫星向无人机传递信息时会有光延迟出现,光延迟主要由卫星与无人机之间的距离决定。由于无人机编队间距离相比卫星与无人机之间的距离较近,那么光延迟计算式为

$$\frac{d_{s,u}}{c} = \frac{\sqrt{r_e^2 + (r_e + H_s)^2 - 2r_e(r_e + H_s)\cos\gamma}}{c} \tag{5.9}$$

式中:$d_{s,u}$ 为卫星与无人机之间的距离,可根据图 5.5 由三角函数公式求得;c 为光速;r_e 为地球的半径,即地球表面到地心的距离;H_s 为 LEO 卫星到地球表面的垂直距离。

卫星和无人机之间的传输速率定义为 $R_{s,g}$,计算式为

$$R_{s,g} = B_s \log_2\left(1 + \frac{p_s g_{s,g}}{\sigma_{s,g}^2}\right) \tag{5.10}$$

式中:p_s 为卫星向无人机传递飞行信息的发射功率;B_s 为卫星与无人机之间的通信带宽;$\sigma_{s,g}$ 为卫星与无人机之间的传输干扰;$g_{s,g}$ 为卫星与无人机之间的信道增益。

由于无人机需要在卫星覆盖时间范围内形成稳定的拓扑结构,如图 5.6 所示,则卫星和无人机、无人机和用户之间的传输时延以及控制时间应满足如下关系:

$$\frac{d_{s,u}}{c} + \frac{D_{\max}^u}{R_{s,g}} + T_1 + T_2 < T_m \tag{5.11}$$

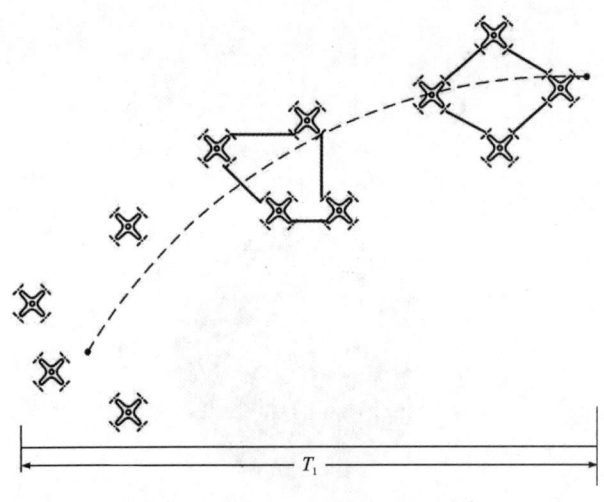

图 5.6 多无人机拓扑形成示意图

为了保证所有的无人机都能正常接收卫星传递的数据,卫星覆盖时间应满足最大传输数据量需求,即 $D_{\max}^u = \max(D_{s,j})$,其中 $D_{s,j}$ 为卫星与无人机之间传输的数据量。

$T_1 + T_2$ 是无人机形成稳定拓扑结构控制时间与无人机收集数据时间之和,在无人机与卫星的最大通信时间范围内,由于卫星向无人机编队传输的信息量相对传输距离较小,因此可忽略不计,而且卫星与无人机编队之间的通信延时相对其他时间较小,也可忽略不计。为了满足无人机数据采集时间 T_2,则 T_1 应满足:

$$T_1 < T_m - \frac{d_{s,u}}{c} - \frac{D_{\max}^u}{R_{s,g}} - T_2 \tag{5.12}$$

5.2.3 通信模型

在无人机编队辅助的移动边缘计算中,无人机因其灵活性和可移动性,通常能与地面用户保持在视距范围内。视距链路通过直线传播,有效减少了信号衰减和干扰,进而显著提升了数据传输效率,从而保证了无人机与地面用户之间的高速、稳定的数据传输。通过将计算任务卸载至无人机上,并充分利用其移动性和灵活性,能够实现计算资源的动态分配和优化利用。而视距链路则确保了无人机与地面用户之间的实时通信,使得计算任务可以迅速上传和下载,提高了计算性能。无人机可以飞越复杂地形和障碍物,从而扩大了移动边缘计算的覆盖范围。结合视距链路,无人机可以与更远处的地面用户建立稳定的通信连接,为更多用户提供计算服务。视距链路减少了信号传播的时间延迟,使得无人机可以更快地接收到地面用户的请求并作出响应,可实时反馈和快速响应应用场景(如自动驾驶、远程医疗等)。这对于移动边缘计算中需要快速处理和分析大量数据的场景至关重要。

对于空对地通道,假设从无人机到地面的视距路径中没有任何东西。另外,由于地面用户之间的距离较长,因此可以忽略地面用户之间的干扰。因此,可以合理地假设从无人机到地面数据接收点的信道是视距信道,在本模型中使用一个基本的信道模型来估计无人机编队与地面用户之间的通信。则第 i 个地面用户离第 j 个无人机的距离 $d_n^{i,j}$ 可表示为

$$d_n^{i,j} = \| q_n^j - z_i \| \tag{5.13}$$

式中:q_n^j 为 UAV j 在时隙 n 时的位置坐标值;z_i 为地面用户 i 的位置坐标值。

一般可认为信道增益与距离具有一定的关系,通过上述公式,则第 i 个地面用户与第 j 个无人机之间的信道功率增益可以写为

$$g_n^{i,j} = \frac{|g_0|^2}{(d_n^{i,j})^\alpha} \tag{5.14}$$

式中:$d_n^{i,j}$ 为与地面用户 i 在一定时隙 n 下的传输距离;g_0 为参考信道增益,参考的距离为 1m,假设通信发生在符合高斯分布原理的信道中,则满足 $g_0 \sim \zeta(0,1)$ 条件。

根据香农定理,假设信号受平均功率的约束,具有无限的振幅,系统达到无限的精度,信道没有内存,唯一的干扰是加性高斯白噪声。理论上,在无误差传输的条件下,将信道容量定义为 $C = B\log_2(1 + S/N)$。若无人机编队覆盖地面用户,地面用户 i 和 UAV j 可实现的上行传输速率可以表示为

$$R_n^{i,j} = B_u \log_2\left(1+\frac{p_i g_n^{i,j}}{\sigma^2}\right) \qquad (5.15)$$

式中：B_u 为 UAV j 的通信带宽；p_i 为地面用户 i 的上行传输功率；σ^2 为加性高斯白噪声的功率谱密度。

5.2.4 无人机 Buffer 缓冲区模型

无人机的数据缓冲区可提高数据处理效率，无人机在执行任务时会产生大量的数据，包括图像、视频、传感器数据等，通过构建数据缓冲区，可以暂存这些数据，避免数据丢失，并在合适的时机进行处理，从而提高数据处理效率。同时也可实现数据的实时处理，数据缓冲区可以确保无人机在飞行过程中实时处理数据，满足实时性要求较高的应用场景，如目标跟踪、环境感知等。最重要的是保障了数据安全性，构建数据缓冲区还可以保障数据的安全性。在数据传输过程中，由于网络不稳定或其他原因，可能会导致数据丢失或损坏。通过数据缓冲区，可以在数据传输前对数据进行备份和校验，确保数据的完整性和安全性。对于无人机编队而言，Buffer 缓冲区可支持多任务处理，无人机在执行任务时可能需要同时处理多个任务，如目标识别、路径规划、控制等。数据缓冲区可以为这些任务提供统一的数据支持，实现多任务之间的协同处理。

无人机编队在收集地面用户数据的同时将收集到的数据存储在无人机的 Buffer 缓冲区，则可认为无人机缓冲区储存的数据量为

$$L_n^j = \max\left(L_{n-1}^j + \sum_m \beta_n^{i,j} R_n^{i,j}\Delta - C_n^j, 0\right) \qquad (5.16)$$

式中：L_{n-1}^j 为上一时刻无人机 Buffer 缓冲区中剩余的数据量；$\beta_n^{i,j}$ 为无人机编队与地面用户间的关联；$R_n^{i,j}$ 为地面用户待上传的任务数据量；C_n^j 为 UAV j 在一个时隙范围内处理数据的能力。

为了均衡无人机编队间的负载，无人机缓冲区的拥挤因子定义为 η_n^j，具体表达式如下：

$$\eta_n^j = \frac{L_n^j}{L_{\max}^j} \qquad (5.17)$$

式中：η_n^j 为无人机与地面用户间的关联，若 $\eta_n^j = 1$，则该无人机不接收数据，直到 $\eta_n^j < 1$；$L_{\max}^j$ 为无人机 Buffer 缓冲区最大长度，则 $L_n^j < L_{\max}^j$，当无人机 Buffer 缓冲区长度超过最大值时会导致数据丢失。

计算能耗是衡量无人机能源效率的重要指标，了解无人机编队的计算能耗可以帮助优化其性能。通过降低能耗，无人机编队可以更长时间地执行任务，或者在同样的时间内完成更多的任务，可以提高无人机编队的能源效率，均衡无人机编队的负载。由上述等式可知无人机处理数据需要的计算能耗为

$$E_n^j = \begin{cases} 0, & L_n^j = 0 \\ e_c^j \dfrac{L_n^j}{C_n^j}, & L_n^j < C_n^j \\ e_c^j, & L_n^j \geq C_n^j \end{cases} \qquad (5.18)$$

式中：e_c^j 为 UAV j 在一个时隙内处理数据 C_n^j 消耗的能量，当 UAV j 在一个时隙内处理数据量小于 C_n^j 时，那么 UAV j 在一个时隙内处理的用户能耗为 e_c^j 中的一部分。

5.2.5 无人机飞行成本能耗模型

无人机的飞行成本计算具有重要意义，通过计算飞行成本，可以了解不同任务之间的成本差异，从而优化资源配置。这有助于合理安排飞行任务，提高无人机的使用效率，降低成本。那么 UAV j 在整个飞行过程中所消耗的成本可表示为

$$\text{Cost}_{T_2}^j = \int_0^{T_2} v_{\text{uav}}^j \, \mathrm{d}t \tag{5.19}$$

式中：$\text{Cost}_{T_2}^j$ 为 UAV j 在 T_2 时间段内的飞行成本；v_{uav}^j 为 UAV j 的飞行速度。

5.2.6 问题构建

5.2.6.1 无人机拓扑结构模型构建

当紧急事件发生时，无人机编队需要采集更多的地面用户信息用来分析实际情况。将多个无人机形成一定的拓扑结构，可增加无人机编队的覆盖面积，覆盖更多的地面用户。在本节构建的系统模型中，无人机需要在卫星覆盖地面的时间范围内完成数据采集和形成稳定拓扑结构两个任务，并将无人机两个阶段的任务时间划分为 T_1 和 T_2 两个时间段，无人机采集数据的任务时间为 T_2 时间段，无人机与当前卫星的剩余覆盖时间范围来确定无人机形成稳定拓扑结构的 T_1 时间段。特别地，由于无人机采集地面用户数据的时间是变化的，那么 T_1 时间段也是随着 T_2 时间段的改变而改变。无人机在有限时间控制的背景下，使用如下所示单积分器模型(Ren et al., 2010)：

$$\dot{x}_j = u_j, j=1,\cdots,J \tag{5.20}$$

式中：$x_j \in R^m$，为系统状态；$u_j \in R^m$，为系统的输入控制量。

UAV j 在 T_1 时间段内的飞行成本可定义为 $\text{Cost}_{T_1}^j$，那么 UAV j 在整个飞行过程中所消耗的成本可表示为

$$\text{Cost}_{T_1}^j = \int_0^{T_1} u_j \, \mathrm{d}t \tag{5.21}$$

起初，无人机处于任意给定的初始状态，若要在有限时间 T_1 内形成稳定的拓扑结构，则无人机需要在有限时间 T_1 内到达目标位置 x_j^d。若任意 $j \in J$，根据式(5.21)，当 $t \to T_1$ 时 $x_j \to x_j^d$，那么无人机编队有限时间共识问题得到解决，无人机编队可形成稳定的拓扑结构。

无人机编队实现有限时间共识问题，需要注意如下两点：

(1)有限时间 T_1 不仅依赖于控制参数以及拓扑结构，还依赖于初始条件。

(2)可以放大控制参数来获得较小的 T_1。

5.2.6.2 整体目标函数构建

在这部分构建联合用户关联以及无人机编队飞行轨迹优化问题来最大化无人机服务

并且最小化能量消耗。记所有无人机与地面用户在 T_2 时间段之间的关联为 $\beta = \{\beta_n^{i,j}, \forall i \in I, \forall j \in J, \forall n \in N\}$，无人机编队在 T_2 时间段的飞行轨迹为 $q = \{q_n^{i,j}, \forall i \in I, \forall j \in J, \forall n \in N\}$，所有无人机的控制输入量 $u = \{u_j, \forall j \in J\}$，则优化问题如下所示。

$$\begin{aligned}
\mathrm{P}: &\max_{\beta, q, u} \sum_n \sum_j \left(w_1 \sum_i \beta_n^{i,j} R_n^{i,j} - w_2 \|1 - \eta_n^j\|^2 - w_3 E_n^j \right) \\
&\qquad - w_4 \sum_j \mathrm{Cost}_{T_1}^j - w_5 \sum_j \mathrm{Cost}_{T_2}^j \\
\mathrm{s.t.}\ &C_1 : 0 < X_n < X_{\max}, 0 < Y_n < Y_{\max} \\
&C_2 : X_n^j - X_n - d_x^j = 0, Y_n^j - Y_n - d_y^j = 0 \\
&C_3 : q_{n+1} - q_n = q_{\max} \\
&C_4 : Q_0 = q_0, Q_N = q_H \\
&C_5 : \sum_j \beta_n^{m,j} = 1 \\
&C_6 : \mathrm{Cost}_{T_1}^j + \mathrm{Cost}_{T_2}^j + \mathrm{Cost}_{\max}^j \\
&C_7 : T_1 + T_2 \leqslant T_m
\end{aligned} \quad (5.22)$$

式中：q_0 为无人机编队的拓扑结构中心节点的飞行起点；q_H 为无人机编队的拓扑结构中心节点的飞行终点；$w_1、w_2、w_3、w_4、w_5$ 为权重系数；C_1 为无人机必须在一定范围内飞行；C_2 为无人机编队保持稳定的拓扑结构运动；C_3 为在相邻的两个时隙范围内，无人机编队的飞行距离必须限制在其最大飞行距离之内；C_4 为无人机编队中心拓扑结构的飞行起点和终点的水平位置；C_5 为地面用户只可与一个无人机关联；C_6 为无人机编队的花费成本不得超过成本最大值；C_7 为无人机收集数据的时间由时隙 n 的个数决定，而时隙 n 的个数由无人机飞行轨迹决定。该优化问题中需要对整数进行优化，因此使用一般的优化算法不便于求解，可以使用神经网络来进行求解。

5.3 基于BCD的无人机编队稳定拓扑与信息采集算法

在多无人机辅助移动边缘计算中，无人机能耗问题的求解十分重要，对整个移动边缘计算系统的稳定运行起到了尤为重要的作用。无人机的能耗与无人机的飞行时间长短有关。无人机的能耗可分为无人机的计算任务产生的能耗和飞行能耗，在满足无人机编队采集目标的前提下，尽可能地缩短无人机编队的飞行轨迹，则可以极大地缩短无人机的能耗。由于无人机编队与地面用户间的通信能耗较小可忽略不计，因此本节忽略了无人机与地面用户之间的通信能耗。优化无人机的飞行轨迹不仅可以减少无人机的能耗，同时也可以提高用户数据采集量。

使用传统的优化方法来优化飞行轨迹最小化无人机的能耗，虽然可直接对问题进行求解，方便系统性能分析以及轨迹优化，但是在实际应用时，繁重的公式推导和较大的计算量给传统方法在优化飞行轨迹时带来了困难。此外，传统方法在进行轨迹优化时需要大量迭代导致时间复杂度高,并且探索能力不足,不适用于缺少环境信息的实时交互场景中。深度强化学习通过把问题建模为马尔可夫决策过程,让智能体可以在缺少环境模型的先验信息的情况下,通过与外部环境进行交互,收集实时的信息并进行学习,最终获得最优决策。因此将具有良好探索性能的深度强化学习方法应用于缺少环境信息的场景中是很有前景的。

综上所述,本节提出了一个由控制层和决策层组成的异构双层优化框架。先利用控制层通过 LEO 卫星获取无人机编队的最优拓扑,再利用决策层获取数据采集的最优决策变量。其中对于无人机从离散状态形成稳定拓扑结构子问题,采用缩放函数影响无人机编队的控制量,来控制无人机编队形成拓扑结构的时间,同时改变无人机编队的飞行时间也就改变了无人机的速度,因此需要在确保多无人机能够在有限时间范围内形成一定的拓扑结构的同时寻找最小的无人机飞行成本。对于无人机与地面用户间的关联子问题,采用最优匹配方法进行求解,在考虑到最大地面用户信息采集量的同时,尽可能地均衡各个无人机的计算能耗,以保证无人机拓扑结构维持时间更长。对于无人机轨迹优化子问题,采用深度强化学习方法进行求解。将无人机轨迹优化子问题建模为一个马尔可夫决策过程,然后根据系统模型构造深度强化学习的状态集合、行为集合以及奖赏机制,以优化学习过程。最后让智能体与环境进行交互得到数据来训练深度神经网络,训练得到的神经网络输出即为无人机编队的优化轨迹。

5.3.1 无人机稳定拓扑结构解决

无人机形成稳定拓扑结构的时间随着 T_1 的改变而改变,无人机飞行速度的快慢与输入无人机的控制量有关,输入控制量越大,无人机飞行速度也就越快,则无人机能够在相对较短的时间范围内形成稳定的拓扑结构。因此,可采用控制量 u_j 来解决无人机编队有限时间共识问题。为了使无人机编队在有限时间内达到稳定的拓扑结构,引入一个时变缩放函数(Ren et al., 2010),使无人机编队在时间 T_1 内形成稳定的拓扑结构。缩放函数为

$$\mu(t,T_1,h) = \begin{cases} \dfrac{T_1^h}{(T_1+t_0-t)^h}, & 0 \leqslant t < T_1 \\ 1, & t \geqslant T_1 \end{cases} \tag{5.23}$$

式中:$\mu(t,T_1,h)$ 为关于时间 T_1 的缩放函数;t 为变量;h、t_0 为常量。

为了更好地判断无人机是否到达了指定的目标位置,形成了稳定的拓扑结构,采用误差函数来判断无人机的实际位置与目标位置间的差值。同时将无人机编队之间的通信和协作通过图论中的图结构进行描述。无人机编队之间的通信链路用图的边表示,无人机本身用图的顶点表示。通过分析图的性质,如连通性、路径规划等,可以实现无人机编队的高效协同控制。将无人机三维位置的误差函数定义为

$$\begin{cases} e_j^x = (D+K)(x_j - x_j^d) \\ e_j^y = (D+K)(y_j - y_j^d) \\ e_j^z = (D+K)(z_j - z_j^d) \end{cases} \tag{5.24}$$

式中:e_j^x 为 UAV j 在 x 坐标轴上当前位置与目标位置之间的距离差值;e_j^y 为 UAV j 在 y 坐标轴上当前位置与目标位置之间的距离差值;e_j^z 为 UAV j 在 z 坐标轴上当前位置与目标位

置之间的距离差值;D 为无人机拓扑结构的度矩阵;K 为 $kj\,[1,\cdots,1]^T$。

定理 1:在无向图的假设下,使用控制律解决了规定时间共识问题,并在预先指定的有限时间内达成共识,其中使用了 $c \geqslant 2\lambda_{\max}(M)/\lambda_1(Q)$。对无人机提出有限时间的共识控制方案如下:

$$\begin{cases} u_j^x = -\left(b+c\dfrac{\mu}{\dot{\mu}}\right)e_j^x \\ u_j^y = -\left(b+c\dfrac{\mu}{\dot{\mu}}\right)e_j^y \\ u_j^z = -\left(b+c\dfrac{\mu}{\dot{\mu}}\right)e_j^z \end{cases} \tag{5.25}$$

式中:b、c 为常量;u_j^x 为 UAV j 在 x 轴方向上输入控制量;u_j^y 为 UAV j 在 y 轴方向上的输入控制量;u_j^z 为 UAV j 在 z 轴方向上输入控制量。通过以上等式在 T_1 时间段内使无人机编队达到稳定的拓扑结构。

无人机从离散状态形成稳定拓扑结构子问题,采用缩放函数影响无人机编队的控制量,来控制无人机编队形成拓扑结构的时间,同时改变无人机编队的飞行时间也就改变了无人机的速度,因此需要在确保多无人机能够在有限时间范围内形成一定的拓扑结构同时寻找最小的无人机飞行成本。因此,可以得到关于无人机编队与地面用户之间的关联优化子问题 P1。P1 的表达式如下:

$$\begin{aligned} &\text{P1}: \min \sum_j \text{Cost}_{T_1}^j \\ &\text{s. t. } C_6: \text{Cost}_{T_1}^j + \text{Cost}_{T_2}^j \leqslant \text{Cost}_{\max}^j \\ &\quad\quad C_7: T_1 + T_2 \leqslant T_m \end{aligned} \tag{5.26}$$

式中:C_6 约束表示无人机的总飞行成本不能超过飞行成本的最大值;C_7 约束表示无人机的总飞行时间不能超过卫星总的覆盖时间。

无人机编队的 x 坐标轴位置矩阵表示为 $\boldsymbol{X}=[x_1^T,\cdots,x_J^T]^T \in R^{mJ}$,由于无人机的拓扑结构为无向拓扑连接图,可以推断 $(\boldsymbol{D}+\boldsymbol{K})$ 是一个正定矩阵,使 $\boldsymbol{P}=\boldsymbol{D}+\boldsymbol{K}$,那么很容易得到 $\boldsymbol{P}$ 也是一个正定矩阵。对于无向连接拓扑图,在 t 时刻,UAV j 当前 x 坐标轴位置与目标 x 坐标轴位置的差距定义为 $e_j(t)=x_j(t)-x_j^d$,$(1,\cdots,J)$,$\boldsymbol{I}_m$ 是全为 1 的 m 维单位矩阵,误差矩阵表示为 $\boldsymbol{E}=[e_1^T,\cdots,e_J^T]^T \in R^{mJ}$,可以得到如下表达式:

$$\begin{aligned} \boldsymbol{E} &= [(\boldsymbol{D}+\boldsymbol{K})\otimes \boldsymbol{I}_m](\boldsymbol{X}-(\boldsymbol{X}^d\otimes \boldsymbol{I}_m)) \\ &= (\boldsymbol{P}\otimes \boldsymbol{I}_m)[\boldsymbol{X}-(\boldsymbol{X}^d\otimes \boldsymbol{I}_m)] \end{aligned} \tag{5.27}$$

根据 Ren 等(2010)中的引理 2,存在一个矩阵 $\boldsymbol{M}$,使得系统的李亚普诺夫函数为

$$V = \boldsymbol{E}^T(\boldsymbol{M}\otimes \boldsymbol{I}_m)\boldsymbol{E} \tag{5.28}$$

由于 $\boldsymbol{X}^d$ 是常数矩阵,可以得到如下表达式:

$$\begin{aligned} \dot{\boldsymbol{E}} &= (\boldsymbol{P}\otimes \boldsymbol{I}_m)[\dot{\boldsymbol{X}}-(\dot{\boldsymbol{X}}^d\otimes \boldsymbol{I}_m)] \\ &= (\boldsymbol{P}\otimes \boldsymbol{I}_m)\dot{\boldsymbol{X}} \\ &= (\boldsymbol{P}\otimes \boldsymbol{I}_m)\left(-b+c\dfrac{\mu}{\dot{\mu}}\right)\boldsymbol{E} \end{aligned} \tag{5.29}$$

从式(5.27)得到李亚普诺夫函数 $V(x)$ 的导数为

$$\begin{aligned}
\dot{V} &= 2\boldsymbol{E}^{\mathrm{T}}(\boldsymbol{M}\otimes\boldsymbol{I}_m)\dot{\boldsymbol{E}} \\
&= 2E^{\mathrm{T}}(\boldsymbol{M}\otimes\boldsymbol{I}_m)\left[-\left(b+c\frac{\mu}{\dot{\mu}}\right)(\boldsymbol{P}\otimes\boldsymbol{I}_m)E\right] \\
&= -\left(b+c\frac{\mu}{\dot{\mu}}\right)\boldsymbol{E}^{\mathrm{T}}[(\boldsymbol{MP}+\boldsymbol{P}^{\mathrm{T}}\boldsymbol{M})\otimes\boldsymbol{I}_m]\boldsymbol{E} \\
&= -\left(b+c\frac{\mu}{\dot{\mu}}\right)E^{\mathrm{T}}(\boldsymbol{Q}\otimes\boldsymbol{I}_m)E \\
&\leqslant -b\lambda_1(\boldsymbol{Q})\boldsymbol{E}^{\mathrm{T}}\boldsymbol{E}-c\frac{\mu}{\dot{\mu}}\lambda_1(\boldsymbol{Q})\boldsymbol{E}^{\mathrm{T}}\boldsymbol{E} \\
&\leqslant -b\frac{\lambda_1(\boldsymbol{Q})}{\lambda_{\max}(\boldsymbol{M})}V-c\frac{\mu}{\dot{\mu}}\frac{\lambda_1(\boldsymbol{Q})}{\lambda_{\max}(\boldsymbol{M})}V \\
&\leqslant -b\frac{\lambda_1(\boldsymbol{Q})}{\lambda_{\max}(\boldsymbol{M})}V-2\frac{\mu}{\dot{\mu}}V
\end{aligned} \quad (5.30)$$

式中：$\lambda_1(\boldsymbol{Q})$ 为矩阵 $\boldsymbol{Q}$ 的第一特征值，$\lambda_{\max}(\boldsymbol{M})$ 为矩阵 $\boldsymbol{M}$ 的最大特征值，代入 $c \geqslant 2\lambda_{\max}(\boldsymbol{M})/\lambda_1(\boldsymbol{Q})$，$\lambda_1(\boldsymbol{P})$ 是矩阵 $\boldsymbol{P}$ 的第一特征值。因此，根据 Wang 等(2018)中的引理 1 以及本章 5.2 节中的概述，可以得出以下结论：

$$V(t) \leqslant \mu(t)^{-2}\exp^{-2b\lambda_1(P)(t-t_0)}V(t_0) \quad (5.31)$$

在 $[t_0, t_1)$，可得：

$$\begin{aligned}
\|e(t)\| &= \|(\boldsymbol{P}\otimes\boldsymbol{I}_m)^{-1}E(t)\| \\
&\leqslant \|(\boldsymbol{P}\otimes\boldsymbol{I}_m)^{-1}\|\cdot\|E(t)\| \\
&\leqslant \mu^{-2}\exp^{\frac{-b\lambda_1(\boldsymbol{Q})}{2\lambda_{\max}(\boldsymbol{M})}(t-t_0)}\sqrt{\frac{\lambda_{\max}(\boldsymbol{M})}{\lambda_{\min}(\boldsymbol{M})}}\|(\boldsymbol{P}\otimes\boldsymbol{I}_m)^{-1}\|\|E(t_0)\|
\end{aligned} \quad (5.32)$$

注意当 $t \to t_1^-$ 时，$\mu^{-2} \to 0$，因此

$$\|e(t)\| \to 0, \text{当} t \to t_1^- \quad (5.33)$$

对于 u_y^j、u_z^j，同理如上所示。无人机编队在 x 坐标轴、y 坐标轴和 z 坐标轴上均可实现式(5.33)中的误差趋于零，则无人机可在预定义的有限时间内实现稳定拓扑结构。

5.3.2 基于 BCD 的无人机编队信息采集算法

5.3.2.1 无人机编队与地面用户之间的关联优化算法

在优化轨迹下无人机编队与地面用户之间关联，由此可以得到关于无人机编队与地面用户之间的关联优化子问题 P2。P2 的表达式如下：

$$\begin{aligned}
\text{P2:} & \max_{\beta}\sum_n\sum_j\left(w_1\sum_i\beta_n^{i,j}R_n^{i,j}-w_2\|1-\eta_n^j\|^2-w_3E_n^j\right) \\
& \text{s.t.} \ C_5:\sum_j\beta_n^{m,j}=1
\end{aligned} \quad (5.34)$$

求解问题 P2 时，使用了匹配算法。无人机编队与地面用户之间的关联优化算法细节总结为算法 5.1。

算法 5.1　无人机编队与地面用户之间的关联优化算法

1：初始化无人机编队在时隙 $n=0$ 时与地面用户之间的关联为 β_0
2：while
3：　　while
4：　　　　while
5：　　　　　　根据式(5.32)更新 UAV j 的 Buffer 缓冲区储存的数据量 L_n^j；
6：　　　　　　根据式(5.33)UAV j 的 Buffer 缓冲区的拥挤程度 η_n^j；
7：　　　　　　根据式(5.34)UAV j 的计算能耗 E_n^j；
8：　　　　　　选择最小能耗的 UAV j 与用户 i 之间的 $\beta_n^{i,j}$；
9：　　　　end while
10：　　　　UAV j 与用户 i 之间的关联不再改变
11：　　end while
12：　　所有的无人机与地面用户之间的关联不再改变
13：end while

通过匹配算法来求解无人机与地面用户间的关联问题。首先,随机初始化无人机编队与地面用户之间的关联,然后更新 UAV j 的 Buffer 缓冲区储存的数据量 L_n^j,并计算 UAV j 的 Buffer 缓冲区的拥挤程度 η_n^j 和计算能耗 E_n^j,得到对应的用户关联 $\beta_n^{i,j}$。不断循环,直到无人机与地面用户间的关联不再改变,可认为该问题找到了一个优解。

5.3.2.2　基于强化学习的无人机轨迹规划算法

为了优化无人机编队的飞行轨迹,获得最大的通信速率的同时最小化计算能耗,在每个时隙下,考虑到无人机编队在尽可能采集用户数据信息的同时还需考虑到无人机的飞行成本,可以得到关于无人机编队与地面用户之间的关联优化子问题 P3。P3 的表达式如下：

$$P3: \max_q \sum_n \sum_j \left(w_1 \sum_i \beta_n^{i,j} R_n^{i,j} - w_2 \parallel 1-\eta_n^j \parallel^2 - w_3 E_n^j \right) - w_5 \sum_j \text{Cost}^{\gamma_2}$$

$$C_1: 0<X_n<X_{\max}, 0<Y_n<Y_{\max}$$
$$C_2: X_n^j - X_n - d_x^j = 0, Y_n^j - Y_n - d_y^j = 0$$
$$C_3: q_{n+1} - q_n = q_{\max} \tag{5.35}$$
$$C_4: Q_0 = q_0, Q_N = q_H$$
$$C_6: \text{Cost}_{T_1}^j + \text{Cost}_{T_2}^j \leqslant \text{Cost}_{\max}^j$$
$$C_7: T_1 + T_2 \leqslant T_m$$

求解问题 P3 时,为了减少无人机能耗,获得最大的通信速率,需要根据无人机在每个时刻的状态来优化无人机的运行轨迹。首先给出无人机编队模型的马尔可夫决策定义,在每个时间隙 n,对每个无人机的运动方向进行优化。马尔可夫过程由一个五元组 $\{s,a,\tau,r,s_-\}$ 组成。其中,s 是系统状态,也是无人机在运动时所有状态的集合；a 是无人机运动动作空间,是无人机所有动作的集合；τ 是状态转移概率,是无人机从一个状态转变为另一个状态的概率；

r 是一个奖励函数,是无人机在状态 s 下采取动作 a 之后得到的奖励;s_- 是无人机在状态 s 下采取动作 a 之后得到的状态。因此,可将 MDP 问题定义如下。

(1) s:在时隙 n,系统状态被定义为当前时刻无人机编队的坐标集合,可得 $s = q_n^j$,$s_- = q_{n+1}^j$。

(2) a:在时隙 n,每个无人机可以向一个方向移动,包括上移、下移、左移、右移、不移动,主要表现为 $\{u, d, h, e, o\}$。

(3) r:为了求解问题 P3,在无人机接收地面用户数据时,使用所有无人机的能耗和数据采集量作为奖励函数 r,其定义为

$$r = \sum_j (w_1 \sum_m \beta_n^{i,j} R_n^{i,j} - w_2 \| 1 - \eta_\eta^j \|^2 - w_3 e_n^j - w_5 \text{Cost}_{T_2}^j) \tag{5.36}$$

由于智能体的随机性,状态转移概率 τ 难以建模。MDP 问题中的动作空间和状态空间是离散的,采用 DQN 方法来决策,将 Q 值分为状态值和动作值,避免了对 Q 值的高估,从而进一步提高了学习性能。无人机编队的轨迹优化算法细节总结为算法 5.2。

算法 5.2　基于 DQN 的无人机轨迹优化算法

1: 初始化无人机编队在时隙 $n=0$ 时的位置为 (X_0, Y_0, H)
2: while
3: 　　while
4: 　　　　根据等式 (5.36) 计算无人机编队的奖励来选择下个动作
5: 　　　　获得无人机编队的下一个时隙位置 (X_{n+1}, Y_{n+1}, H) 以及当前奖励 r_n
6: 　　　　判断无人机编队是否到达终点
7: 　　end while
8: 　　无人机编队的飞行轨迹不再改变
9: end while

通过 DQN 来求解无人机飞行轨迹。首先,随机初始化无人机的位置 (X_0, Y_0, H),然后通过求得下一步无人机的位置 (X_{n+1}, Y_{n+1}, H),遍历所有的用户,得到对应的用户关联 $\beta_n^{i,j}$。不断循环,直到无人机达到终点,通过计算得到无人机信息采集阶段花费的时间、计算能耗和飞行成本。无人机编队再次从起点出发,重新计算无人机飞行轨迹以及无人机与地面用户间的关联,多次迭代,直到无人机飞行轨迹与地面用户间的关联以及无人机信息采集阶段花费的时间不再改变,并且无人机数据采集量和能耗的加权和收敛到预定的精度时,可认为该问题找到了一个优解。

5.3.3　总体算法设计

基于前面的描述,本节提出了一个总迭代算法来获取无人机飞行轨迹 q 和用户关联 β,旨在提高系统传输速率,在减少系统能耗的基础上有效地解决该优化问题。算法的核心思想是通过优化无人机的飞行路径和用户关联策略,实现能耗的最小化。首先,算法会根据任务需

求和地形条件,规划出最优的飞行路径。通过综合考虑能耗、用户任务需求等因素,算法能够确保无人机在完成任务的同时,尽可能地减少能源消耗。其次,该算法根据无人机的实时位置和状态,动态调整飞行任务。通过合理的任务分配和优先级排序,算法能够确保无人机在有限的能源下,完成更多的任务,提高整体的服务质量。此外,该算法实时监测无人机的能耗情况,并根据需要调整网络参数。算法能够在保证任务完成质量的同时,进一步降低能耗。该算法的细节总结为算法 5.3。

算法 5.3　基于 DQN 优化用户关联与无人机轨迹的 UAUT 优化算法

1：初始化无人机编队的位置
2：while
3：　　无人机编队在一定时间内形成稳定的拓扑结构
4：　　while
5：　　　　while
6：　　　　　　初始化无人机编队在时隙 $n=0$ 时的位置为 (X_0, Y_0, H)
7：　　　　　　优化无人机与用户之间的用户关联 $\beta_n^{i,j}$
8：　　　　　　更新时隙,使 $n=n+1$
9：　　　　　　获得无人机编队的下一个时隙位置 (X_n, Y_n, H) 以及当前奖励 r_n
10：　　　　　直到无人机编队到达指定终点
11：　　　end while
12：　　　无人机编队的飞行轨迹以及与用户之间的关联不再改变
13：　　end while
14：　　总的目标函数值收敛到一定精度
15：end while

首先,随机初始化各个无人机的位置,以及初始化无人机形成稳定拓扑结构的时间,计算无人机编队在 T_1 时间段内的飞行成本。然后,无人机编队保持稳定的拓扑结构从坐标 (X_0, Y_0, H) 处开始飞行,去采集地面用户的数据信息,通过智能体的学习探索得到下一步无人机的位置 (X_{n+1}, Y_{n+1}, H),无人机在当前位置,通过遍历所有的用户,得到无人机编队与用户间的关联 $\beta_n^{i,j}$,智能体继续探索学习,无人机继续飞行,直到无人机编队到达终点。此时得到的无人机飞行轨迹以及与地面用户间的关联并不是最优解,需要重新计算无人机编队的飞行轨迹 q 以及所有无人机与用户间的关联 β,多次迭代,直到无人机编队的飞行轨迹 q 以及所有无人机与用户间的关联 β 不再改变。计算无人机信息采集阶段的时间和能耗,在卫星的时间约束和无人机的成本约束下,重新计算无人机形成稳定拓扑结构消耗的时间,以及无人机在 T_1 时间段内的飞行成本。直到无人机形成稳定拓扑结构的时间和成本不再改变,并且总的目标值收敛到预定的精度时,可认为该问题找到了一个优解。多次迭代是因为无人机在初始化过程中是随机初始化的,经过多次迭代后可以获得高质量的拓扑控制策略。总体算法流程如图 5.7 所示。

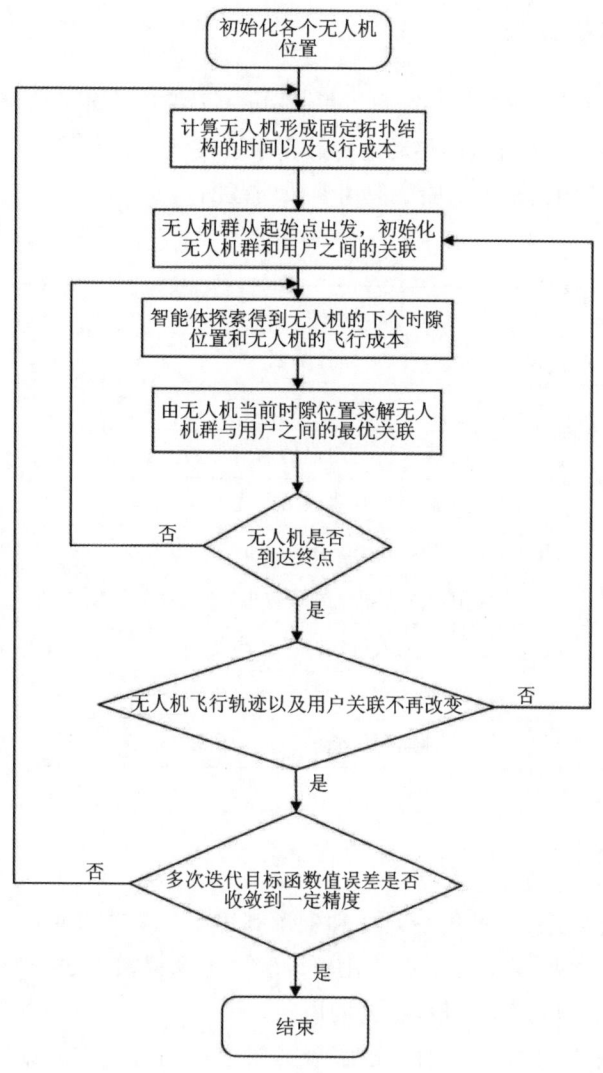

图 5.7 总体算法流程图

综上所述,算法为提升无人机服务质量并降低能耗提供了有效的解决方案。首先,通过降低能耗,无人机可以延长续航时间,减少频繁充电或更换电池的需求,从而提高工作效率。其次,优化飞行路径和调度策略可以减少无人机的磨损和维护成本,延长其使用寿命。最后,通过提升服务质量,无人机能够更好地满足用户需求,促进无人机技术的普及和应用。

5.4 仿真结果分析

仿真实验的结果可以重复和验证,这对于科学研究的可靠性和准确性至关重要。此外,仿真实验还可以用于模拟和预测实际实验的结果,为实验设计提供指导。本节将验证本章所提出算法的有效性并对结果进行分析。首先介绍仿真参数的设置,然后对提出的算法在不同因素影响下的性能进行验证,并与一般的优化算法进行比较。

5.4.1 仿真参数设置

仿真通过 Pycharm 软件实现,并配置了 Python 3.7 版本的环境。考虑 1 个卫星、I 个用户和 J 个无人机组成的无人机辅助移动边缘计算系统模型。它们部署在一个方形区域内,该区域表示为 S。表 5.4 中给出了实验中使用参数的范围。

表 5.4 仿真参数表

变量	参数	值
S	部署区域	480m×480m
J	无人机数量	4
B	无人机与用户的通信带宽	0.2MHz
C_n^j	无人机 j 在一个时隙范围内处理数据的能力	3Mbit
L_{max}^j	无人机 j Buffer 缓冲区的最大长度	500Mbit
e_c^j	一个时隙内无人机 j 处理数据 C_n^j 消耗的能量	1kJ
H	无人机编队飞行高度	100m
p_i	地面用户 i 数据传输功率	20MW
ψ	地面与卫星的最大偏向角	20°

5.4.2 结果分析

仿真的重点是无人机编队的能量效率和资源利用率。本节将对以下 4 种算法进行实验仿真并展示仿真结果,并从多个维度进行比较以验证本章提出算法的有效性。此外,还将对结果进行深入的理论分析来解释性能提升的原因。

(1)UAUT:UAUT 为本章提出的优化算法,旨在提高无人机的数据采集量和能量利用效率,同时满足卫星覆盖时间约束和无人机飞行成本约束。该算法首先采用最优匹配方法以获得稳定的无人机编队与地面用户关联并实现负载均衡,同时考虑无人机 Buffer 缓冲处理能力约束,然后基于 DQN 优化无人机编队的轨迹。

(2)DQN-Greedy:DQN-Greedy 使用 Greedy 算法根据最小距离公式来优化无人机编队与地面用户关联,然后采用 DQN 算法来得到无人机轨迹。在可容忍的性能差距范围内极大限度地降低了 UAUT 的时间复杂度。

(3)DQN-Random:DQN-Random 在 UAUT 的基础上旨在降低 UAUT 算法的复杂度,采用 Random 算法来得到无人机编队与地面用户间的关联。

(4)Fd:Fd 在 UAUT 的基础上得到无人机的轨迹,同时采用 GA 算法来得到无人机编队与地面用户间的关联。

在下面的仿真中,将比较这些算法在无人机编队采集数据量、能耗方面的表现。

图 5.8 展示了 4 个无人机的运动轨迹,每个无人机都从不同的起始点出发,随着输入控

制量的变化而改变,直到形成稳定的拓扑结构。x 轴、y 轴和 z 轴分别代表无人机编队的三维坐标位置。无人机编队刚开始散落在不同的地点,高度都为 0,x 轴和 y 轴坐标位置各不同,没有形成一定的拓扑结构。为了让无人机编队形成稳定的拓扑结构去完成后续的任务,无人机编队在控制输入下从不同的起始点起飞,并不断向拓扑结构稳定的终点靠近,直到无人机编队的高度不再改变,x 轴和 y 轴形成稳定结构,最后可认为无人机编队形成一定的编队结构。这说明,无人机起源于不同的起点,在 x 轴、y 轴和 z 轴上的 4 个无人机的初始状态是随机设置。选择的设计参数分别为 $k=1$、$c=3$、$h=3$ 和 $T=30\text{s}$。结果表明,所提出的规定时间控制方法的收敛时间与初始条件无关,可以均匀地预先指定一个描述无人机飞行轨迹的三维图。因此,无人机编队能在指定的时间到达预定的位置,形成稳定的拓扑结构。

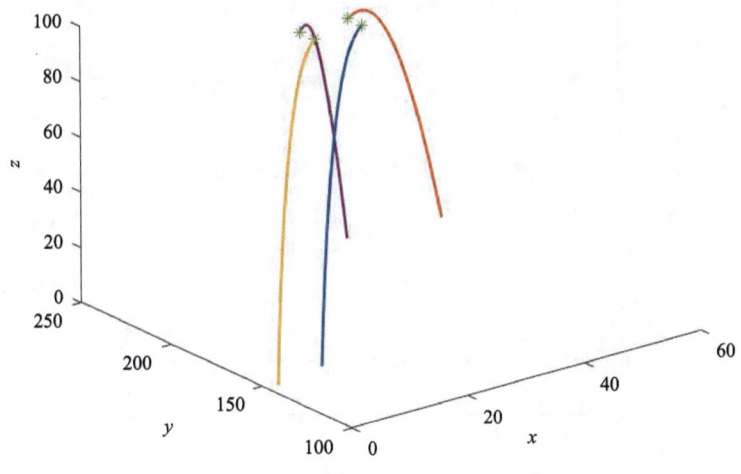

图 5.8 无人机编队三维轨迹图

图 5.9 显示了无人机的 x 坐标值、y 坐标值、z 坐标值随时间变化的曲线图。其中每个子图中的不同颜色曲线代表了不同的无人机坐标曲线变化值。由于该仿真实验是为了证明无人机形成稳定拓扑结构的收敛性和稳定性,且曲线比较密集,因此并没有在图中表明每个无人机对应的变化曲线。从图中可以看出,随着时间的变化,无人机的 x 坐标值、y 坐标值、z 坐标值不断变化,但当无人机编队到达目标位置后,无人机的位置将不会随着时间的变化而变化。仿真实验引入了缩放函数,缩放函数在 T_1 时间内调控无人机编队的控制输入,刚开始无人机编队与形成稳定拓扑结构需要到达的目标位置相距较远,控制输入相应也会更大一点,无人机编队的坐标位置变化相对明显。当无人机编队的实际坐标逐渐与形成稳定拓扑结构需要到达的目标位置相距较近时,相应的控制输入变小,无人机编队位置变动也较小。该结果验证了所提出的规定时间控制方法的收敛时间与初始条件无关,因此可以均匀地预先指定。

图 5.10 展示了无人机编队起始点与目标值之间的差距,其中曲线表示误差收敛变化趋势。由于该仿真实验是为了证明无人机形成稳定拓扑结构的收敛性和稳定性,且曲线比较密集,因此并没有在图中表明每个无人机三维坐标值对应的误差收敛曲线。x 轴为无人机完成任务的飞行时间,y 轴为无人机当前位置与目标位置的差值,随着算法的运行,每个无人机的

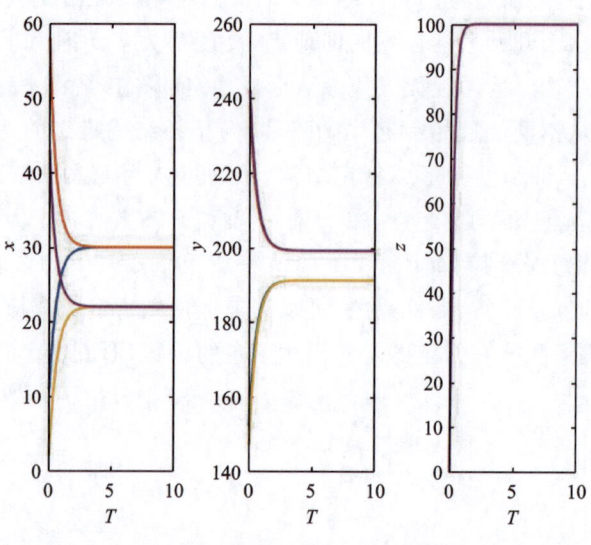

图 5.9 无人机编队坐标位置图

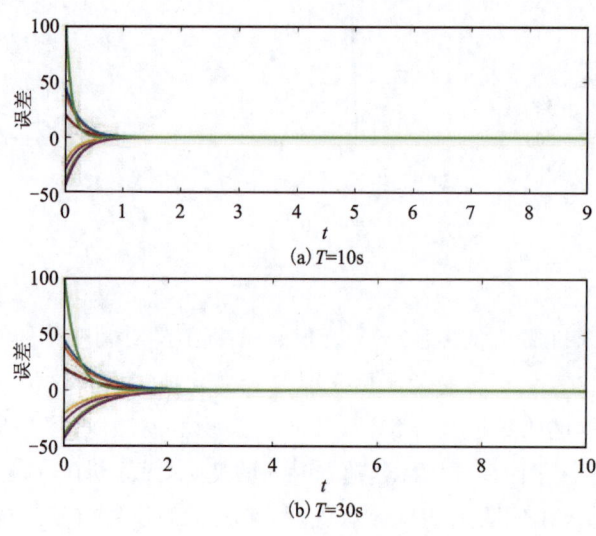

图 5.10 误差收敛图

位置与目标位置之间的差距不断缩小。从图 5.10 中可以看到所有代理的平均误差在预定的有限时间 T 内收敛于零,控制输入信号平滑且均匀有界。可以得到在式(5.10)下达成共识的有限时间既不依赖于初始状态 $x(t_0)$,也不依赖于其他设计参数,并且可以均匀地预先指定,而在传统的有限时间控制下的有限收敛时间随初始参数的不同而变化。由本章 5.3 节的推导可以看出,当 $e(t) \to 0$ 建立时,可以证明在指定的时间达到一个稳定的拓扑,即无人机形成一个稳定的拓扑结构。在随后的飞行时间中,$e(t) \to 0$ 一直建立,即无人机将根据设计的稳定拓扑结构在一定的时间范围内完成任务。无人机的误差变化速度与无人机的控制输入量有关,由于引入了缩放函数,无人机的控制输入量的大小与时间 T_1 有关。

图 5.11 显示了本章提出的 UAUT 算法的收敛性。从图中可以看出,从一开始,UAUT 的收敛曲线就随着迭代次数的增加而上升。刚开始奖励值上升趋势明显,后续奖励值开始趋于稳定,偶尔有较小的波动,这说明了该网络得到了很好地训练,在网络训练的前期还是一个探索阶段,网络一开始就进行试错学习,所以一开始回报值波动较大,但是由于不断与外界环境互动学习,通过环境给予的奖励反馈,网络的奖励值呈现上升趋势。到后来,由于网络已经在前期学习到了大量的经验,后期开始以利用为主,输出的动作是以最大 Q 值来进行选择,所以,神经网络的 Q 值开始收敛,最后趋于稳定。经过一段时间的迭代,无人机的轨迹和用户关联不会改变,然后算法会逐渐收敛。从算法的收敛曲线可以看出,UAUT 算法收敛相对较快,且更稳定。对于 DQN-Random 算法,使用 Random 算法来优化无人机与用户间的关联,由于 Random 算法具有随机性,因此 DQN-Random 算法的目标函数收敛性不强。

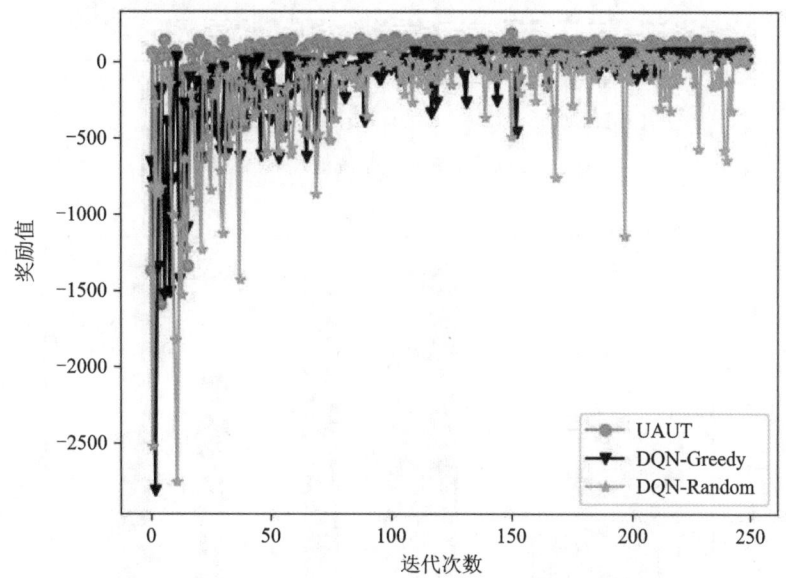

图 5.11　UAUT 算法目标训练收敛曲线图

图 5.12 显示了不同算法下系统能耗的收敛图。DQN-Greedy 算法是利用 DQN 算法优化无人机编队轨迹,利用 Greedy 算法优化无人机编队与地面用户之间的关联。DQN-Random 算法是利用 DQN 算法优化无人机编队轨迹,利用 Random 算法优化无人机编队与地面用户之间的关联。从图中可以看出,UAUT 算法的无人机能耗最小,且收敛更快,DQN-Greedy 算法次之,DQN-Random 算法最差。无人机编队每走一步都需找到无人机编队与地面用户之间的最优关联,然后经过智能体的遍历,直到无人机编队与用户间的关联不再改变。

图 5.13 显示了不同算法下每个无人机的计算总能耗。UAUT 算法使得每个无人机的计算总能耗更为均衡,不仅考虑无人机的计算能耗,在构建总目标函数时,通过最小化无人机编队的缓冲区拥挤因子方差来达到均衡无人机编队负载的目的。由于 UAUT 算法在优化无人机编队与地面用户之间的关联时考虑到了无人机编队之间的负载均衡性,因此 UAUT 算

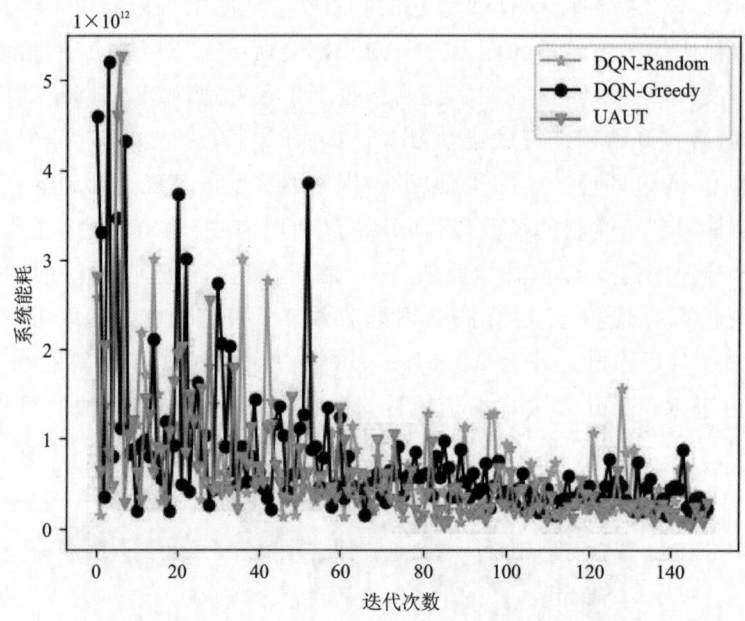

图 5.12 不同算法下系统能耗收敛图

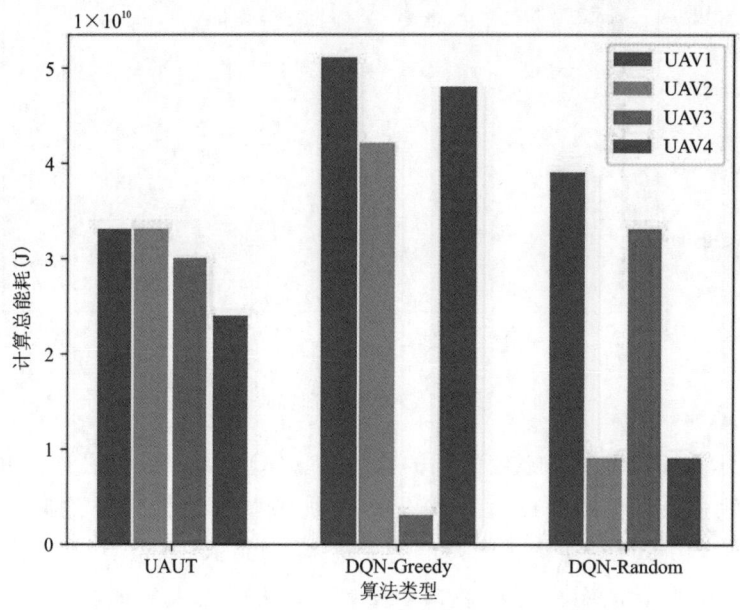

图 5.13 不同算法下每个无人机的计算总能耗

法使得每个无人机的能耗更为均衡。DQN-Greedy 算法采用 DQN 算法规划的路径,利用 Greedy 算法解决无人机编队与地面用户之间的关联问题。由于 Greedy 算法尽可能地靠近地面用户以获得更大的传输速率,算法无法平衡无人机能耗和用户数据采集,忽略了无人机编队 Buffer 缓冲区的均衡性,导致无人机编队计算能耗进一步增加。因此,DQN-Greedy 算法无人机编队负载均衡最差。DQN-Random 算法具有随机性,也无法均衡无人机编队之间的负载。综上所述,UAUT 算法有效地降低了无人机能耗。

图 5.14 显示了 4 个无人机在飞行过程中与地面用户间的关联状态。无人机编队的飞行过程被划分为 n 个时隙。在时隙下,由于无人机以编队的形式保持一定的拓扑结构飞行,每个无人机的位置坐标并不一定完全相同,而且地面用户与无人机的传输速率也不同,所以无人机从地面用户处采集的数据量也不一样。无人机在每个时隙会根据自己和地面用户的相对位置来合理地关联地面用户,使得每个用户可以和无人机之间建立良好的通信状态;然后,用户将数据上传到无人机上进行计算。

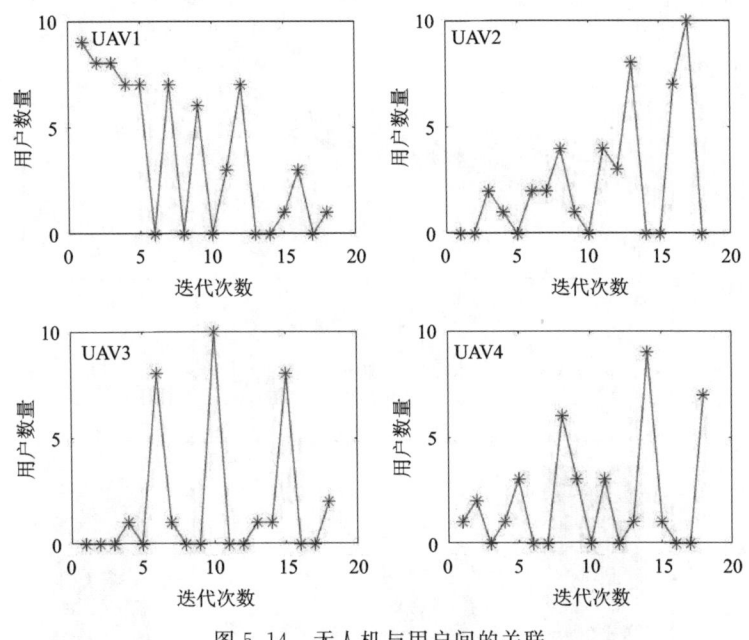

图 5.14 无人机与用户间的关联

图 5.15 显示了不同算法下无人机编队数据采集量的大小。通过比较曲线图可以观察到每一步中不同算法对应的值的变化。在无人机编队收集的数据中,刚开始无人机编队从相同的起始点出发,各个算法之间的性能差距不大,随着无人机编队的飞行轨迹变化以及用户关联决策的不同,UAUT 算法在 7.5 步后表现出明显更好的性能。UAUT 算法下无人机编队采集的数据量最大,其他算法没有太大区别。用户数据采集量的大小与无人机和数据采集点之间的传输速率有关,传输速率越大,采集的用户数据量也越多,因此 UAUT 算法系统采集的地面用户数据量最多。其中,Fd 算法使用了基于 UAUT 算法的无人机轨迹,Fd 算法系统采集地面用户数据量次之。Greedy 算法和 Fd 算法在用户数据采集量方面相差不大,是因为 Greedy 算法会尽可能地靠近某一用户来获得更大的数据采集量。UAUT 算法对无人机编队的轨迹和用户关联进行了整体优化,以最大化用户数据采集量,减少无人机能耗。可以看出,UAUT 算法提高了系统的性能,这对于问题的求解非常重要。

图 5.16 显示了不同算法对系统目标值的影响。对于无人机编队而言,在无人机轨迹的约束下,总是尽可能增加用户数据采集量,减少无人机编队的能耗,因此地面用户将尽可能选择接近最大通信速率的无人机。从图中可以看出,在相同的约束条件下,UAUT 算法的目标值最大,其次是 Fd 算法,Greedy 算法再次之,Random 算法的性能最差。对于 Fd 算法,

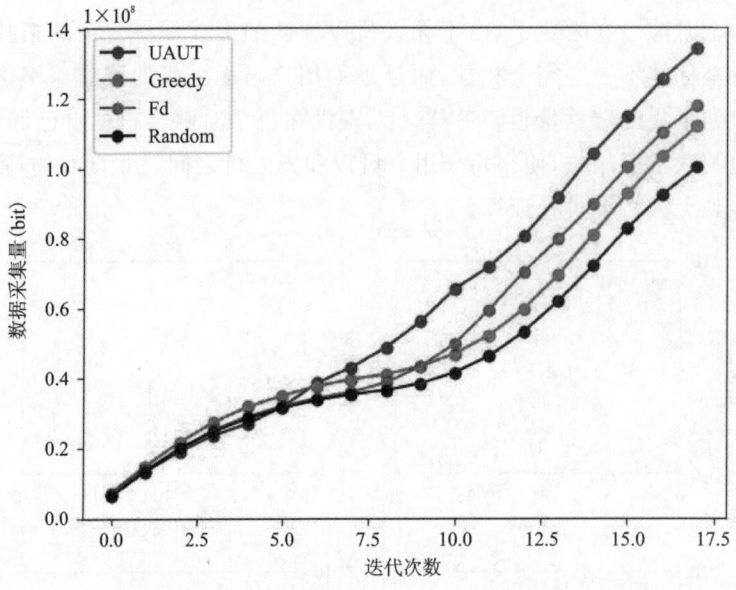

图 5.15 不同算法数据采集量曲线图

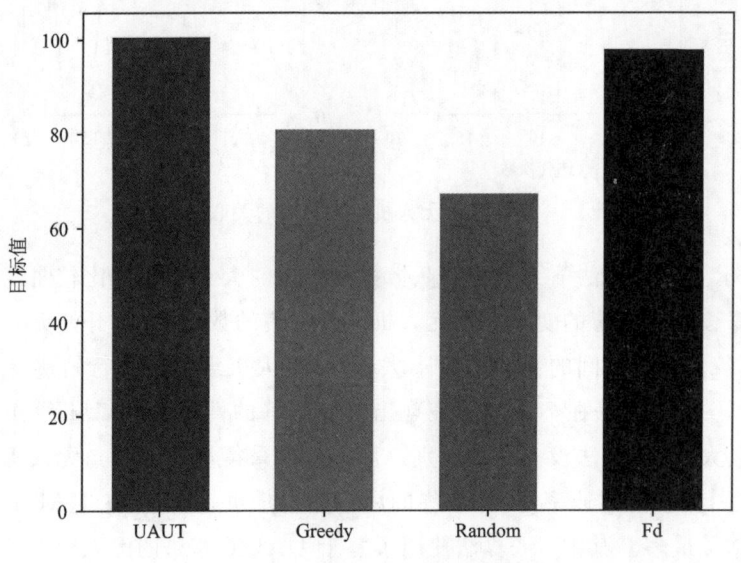

图 5.16 不同算法目标值柱状图

采用 UAUT 算法规划的路径,利用 GA 算法解决地面用户的用户关联决策问题。Greedy 算法尽可能缩短从地面用户上传信息到无人机的时间,能够采集较多的数据,同时也会产生更多的计算能耗。UAUT 算法多次迭代求解用户关联策略和无人机轨迹,直到得到的结果保持不变。随机算法优化了问题,但没有过多考虑用户关联策略,因此上传到无人机的数据是不确定的。UAUT 算法可以尽可能地减少无人机编队的能耗,从而提高地面用户的数据采集量。

5.5 总结与展望

5.5.1 总结

本章的核心目标在于提高多无人机辅助移动边缘计算系统的用户服务和能源利用效率。在此基础上,研究了多无人机辅助边缘计算网络的轨迹优化和能耗问题,并且构建了一个系统模型,将 LEO 卫星覆盖地面的时间分为两个时间段,无人机在两个时间段内执行不同的任务,第一时间段多个无人机从离散状态形成稳定拓扑结构,第二时间段无人机编队保持稳定拓扑结构去采集地面用户数据。为了完成上述任务,构建了一个混合整数优化问题来提高无人机数据采集速率和能量利用效率,同时构建了一个双层优化框架来解决该优化问题。首先利用控制协议解决无人机编队形成子问题,然后利用匹配算法解决无人机与地面用户的关联子问题,利用基于 DQN 的深度强化学习算法解决无人机的轨迹优化子问题。其中无人机的轨迹优化和用户数据采集是在同一时间段进行的,因此也对无人机轨迹和用户关联进行了联合优化。通过仿真实验,对比了不同算法下用户数据采集量和系统能耗等性能指标,验证了本章所提算法的有效性。该算法可以最大限度地提高系统的上行吞吐量,完成灾后的信息采集任务。

5.5.2 展望

本章针对多无人机辅助移动边缘计算系统中的用户服务质量和能耗问题展开了研究,并构建了一个双层迭代框架去解决上述问题。尽管构建的仿真研究场景已经尽可能地接近实际场景,引入了时延和能耗等实际约束,但仍存在改进的空间和需要进一步研究的问题。未来的工作将重点从以下几个方面展开。

(1)构建的网络模型没有考虑无人机工作的真实环境,地面用户的初始位置固定之后将不会再发生改变,但往往在实际生活中物联网设备是不断移动的,例如物流网络中的快递运输以及车载网络中的车辆流动等问题,就需要考虑到用户的位置移动,以及在灾区救援环境中或者深山环境中,地面用户的部署不仅仅需要考虑用户的水平位置,还需要考虑到用户的高度。鉴于上述情况对无人机编队拓扑控制策略设计和路径规划带来了新的挑战,后续工作将致力于优化无人机系统建模,并会考虑更加贴合无人机实际工作的环境设计。

(2)在优化无人机轨迹时考虑了无人机的飞行成本以及无人机的计算能耗,同时也考虑到了各个无人机间的负载均衡性,以后的研究中还可以考虑使用更多的无人机来辅助移动边缘计算系统,例如使用无人机集群来辅助移动边缘计算系统等。在此基础上,可以极大地增加无人机群的覆盖面积,使无人机群能够为更多的用户提供服务。

(3)无人机辅助移动边缘计算系统中,其能量有限的特性限制了复杂算法的实施。因此,针对无人机轨迹优化问题,可以与控制方向相结合,证明无人机轨迹飞行的稳定性,提供更加细致的路径规划,以确保无人机在辅助移动边缘计算时能够更高效、更可靠地工作。这样的研究和设计对于提升无人机在移动边缘计算中的应用具有重要意义。因此,考虑无人机辅助移动边缘计算的路径规划是未来工作中的重点。

第 6 章　基于无人机系统的任务卸载和载波分配研究

考虑到无人机的移动性会影响无人机与地面用户的通信质量,为了更好地让无人机与地面用户进行通信,本研究利用旋翼无人机可以随时悬停在某一个位置来与地面用户进行通信的特点,规定了无人机的起始点和终点位置,让无人机在一定时间内飞过用户的上空。为了简化模型,将连续的时间离散化为若干个长度相等的时隙,在每一个时隙内,无人机将在规定的悬停时间约束下,与地面用户进行通信,地面用户根据自己的任务量以及与无人机的位置关系,决定是否需要卸载计算任务到无人机上进行计算;无人机根据自身的计算资源合理分配给卸载任务的用户进行数据的处理,在最大的时延约束条件下,无人机处理完时隙内的所有计算任务,并将结果回传给地面用户之后,无人机才会飞行到下一个时隙最佳的悬停通信位置。本章主要考虑了用户和无人机能耗的加权求和。系统的能耗主要由 4 部分组成:用户的 CPU 计算能耗和传输能耗、无人机的 CPU 计算能耗和飞行能耗,无人机的悬停能耗相比于无人机的飞行能耗较小,可以不考虑。由于无人机的能耗相较于用户来说较大,所以,本章建立的模型是用户能耗和无人机能耗的加权求和。对于时延部分的计算,主要考虑了用户和无人机的计算时延和用户传输信息的时延,无人机处理完用户的计算任务后,处理结果较小而且无人机将结果回传给用户很快,所以可以不考虑无人机的回传时延。本研究的主要创新点如下。

(1)在无人机飞行的所有时隙进行子载波的分配。地面用户与无人机之间通信方式为正交频分多址接入,将无人机与地面用户之间总的通信带宽均分为若干个子载波;然后,根据当前系统的环境,如无人机与地面用户之间的位置、地面用户的任务量等,子载波合理地分配给地面用户,从而使得地面用户建立和无人机之间的通信链路,地面用户卸载部分或者所有计算任务到无人机上进行计算。

(2)考虑了无人机的悬停通信协议。大多数的研究是无人机在短时间内与地面用户进行通信,没有考虑由于无人机的移动性导致与地面用户的通信质量将变差,影响通信质量。本章考虑无人机的移动性的影响,无人机在一个时隙内,一部分时间悬停在一个位置,然后地面用户与无人机进行通信,无人机完成所有用户上传的任务之后,在剩余的时间内飞到下一个悬停点与地面用户进行通信。

(3)利用 DRL 的方法处理混合整型的优化问题。在系统模型中,主要优化用户和无人机的计算资源、卸载率、无人机的轨迹规划以及子载波的分配,这个系统模型是一个混合整型的非凸优化问题,由于各种变量耦合在一起,可以利用凸逼近技术和块坐标下降法进行迭代求解。而子载波的分配是一个离散的问题,传统的凸优化技术很难求解,为了有效地求解子载波的分配问题,本章把 BCD 和 DQN 相结合,训练一个 DQN 网络来输出子载波的分配,代入 BCD 中与其他连续变量进行交替的迭代优化。

无人机辅助下的移动边缘计算系统可以提高移动边缘计算网络的灵活性,有效地解决了移动边缘计算系统中设备计算资源不足的问题。但是将其应用到实际问题中,会面临一些技术性的难题。

(1)无人机的轨迹规划。无人机的轨迹规划是无人机辅助下的移动边缘计算系统中重点研究的对象,在通信系统中,用户和无人机的计算资源、通信带宽等都影响着系统的能耗和时延,合理地规划无人机的飞行轨迹可以很好地对这些资源进行分配,以便于让系统满足一些相应的指标要求,例如在规定的时延内完成任务的传输和处理等。

(2)通信信道状态的变化。由于无人机是高速移动的,无人机与地面的物联网设备进行连接通信的时候,信道状态是在不断变化的,而且由于通信状态的复杂性,各个设备之间还会产生干扰,这都会影响无人机和物联网设备之间的通信质量。合理地分配子载波资源是一个很重要的研究方向。

6.1 移动边缘计算和深度强化学习

本节主要介绍移动边缘计算的定义和它在各种物联网系统中的应用,在移动边缘计算的系统中,往往会涉及资源分配、任务卸载等优化问题,解决这些优化问题需要利用凸优化方面的数学理论知识。同样,深度强化学习技术也可以应用到移动边缘计算中,辅助系统实现计算资源的合理分配。

6.1.1 移动边缘计算

边缘计算受到了学术界和工业界越来越多的关注。边缘计算是指在数据源头的附近,搭建一个用户可接入的平台,直接提供给用户最近端的服务。而云计算,则是指通过网络,把大量需要处理的数据按一定的程序进行分解,通过服务器系统,把这些分解的小程序进行处理后,再将处理后的数据结果回传给用户。由于用户设备受到计算资源的限制,用户需要将任务上传到云服务器进行计算,云服务器通常离用户较远,这样就会给用户带来较大的时延,降低了用户的服务质量。移动边缘计算可以很好地解决这些问题。通常来说,一些大型的任务需要上传到中心节点进行处理,这样会产生一定的延时,无法做到及时处理这些信息,边缘计算可以将这些大任务分解为若干个更小和更容易管理的小任务,然后,把这些分割后的任务上传到各个边缘节点进行处理。边缘计算可以将原本位于云端的数据资源和功能转移到数据的源头或者智能终端的位置,以便于智能设备可以很快获取需要的数据和服务。移动边缘计算可以为用户提供数据资源、存储资源、通信资源等,用户请求的传输时延将会大大降低,保证了用户的服务质量。

随着智能终端的不断发展,各种应用软件不断升级更新,对于时延和计算资源的要求不断增大,为了满足用户对于时延和计算资源的要求,研究人员开始研究移动边缘计算相关技术。边缘计算由各种边缘设备(智能手机、可穿戴设备等)、边缘服务器和云服务器等组成,用户可以将其产生的数据上传到附近的边缘计算服务器上进行处理,各个边缘服务器节点之间相互连通,即使用户移动到别的区域,也可以接收到处理后的结果,有效地降低了用户设备处理任务的时延,提高了用户的体验。图 6.1 为移动边缘计算的示意图(舒畅,2021)。

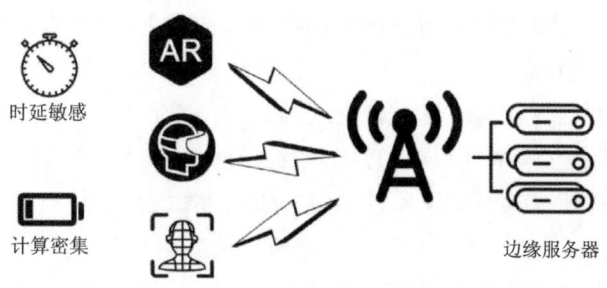

图 6.1 边缘计算示意图

移动边缘计算使得用户的任务能够在本地部署和计算,其主要的技术特征表现为邻近性、低时延、高带宽和位置认知。

(1)邻近性:边缘计算的服务器部署在靠近信息源的位置,用户可以就近发送请求,较快获取计算资源和通信资源。

(2)低时延:由于用户靠近边缘计算的服务器,这样用户可以较快上传任务,网络可以很快将资源和处理的结果反馈到智能终端,改善了用户的体验,有效地降低了网络的拥堵。

(3)高带宽:由于边缘计算服务器部署在用户终端的边缘,可以为本地用户处理部分需求,不需要将请求上传到云端进行处理,这使得主干网的负载下降,降低网络的拥塞。

(4)位置认知:如果网络边缘为当前无线网的一部分,本地用户可以根据相关的信息确定连接在这个局域网或者蜂窝网中的终端的具体位置。

6.1.2 连续凸逼近技术

在建立无人机辅助下的边缘计算系统模型的过程中,通常会遇到许多的非凸优化问题,而这些非凸优化问题是很难求解的。所以,可以利用连续凸逼近技术(successive convex approximation,SCA)来处理相关的非凸优化问题。利用 SCA 技术可以将相关的非凸优化问题进行转换,使其变成一系列的凸优化问题,这样可以有效地得到原问题的近似解。凸优化问题是一种数学优化算法,首先,需要了解凸优化的相关理论的知识,这部分内容已在本书第 2 章中进了系统介绍,此处不再赘述。

如果可以将问题建模为凸优化问题,则可以利用传统的凸优化技术进行求解,例如拉格朗日乘子法、牛顿迭代法、梯度下降法等。但是,在实际的情境中,很难遇到标准的凸优化问题。在大多数情况下,建模的数学问题都是一些非凸优化的问题,那么,对于这类问题需要利用 SCA 技术将非凸函数近似转换为凸优化函数的形式。最后,就变成了求解凸优化问题。

6.1.3 深度强化学习

机器学习(machine learning,ML)是一门多领域交叉的学科,在众多领域都有着广泛的应用。机器学习可以分为3种学习方式:监督学习、无监督学习和强化学习。在监督学习和非监督学习中,训练所需要的数据是准备好的,不需要与环境进行交互。然而,在强化学习中,智能体需要不断与环境进行互动来产生训练所需的数据,这些数据也是在不断更新变化的。强化学习有如下的特点。

(1)试错学习。智能体在与环境进行交互的过程中,通过大量的试错来学习每一步应该如何做出最佳的决策。在这个过程中,智能体没有任何的指导,只有环境给予智能体一个反馈(可正可负),智能体通过这个反馈不断地进行训练和探索,总结出在不同的状态下作出最佳动作的策略。

(2)延迟反馈。智能体可以根据探索得到的经验和反馈(奖励或者惩罚)来改进策略。在强化学习的过程中,由于指导智能体作决策的信息较少,往往需要在走一步或者多步之后才能获得一定的奖励,智能体获得的奖励是有延迟的。智能体会根据环境给予的奖励不断调整策略,目的是学习到一个最佳策略,最大化长期累积回报。图 6.2 为强化学习的模型图。

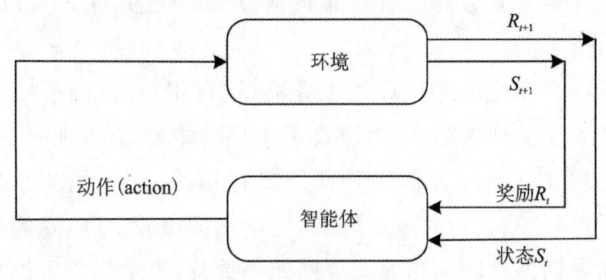

图 6.2 强化学习模型图

强化学习的系统模型通常可以分为两类:

基于模型(model-base)的强化学习。在一些强化学习问题中,智能体可以知道环境的具体信息。通过利用这些信息,可以构建一个可尔可夫决策(MDP)模型来对环境进行描述。建立好这个模型之后,智能体与环境进行互动,然后利用动态规划(Dynamic Programming,DP)的方法来求解出最优的策略。一旦知道了这个最优的策略,智能体就能够根据当前状态选择出最大的状态价值的动作。

免模型(model-free)的强化学习。在实际的情况中,模型大多数都是未知(模型状态转移概率矩阵 P),智能体无法得知在当前状态下的所有后续状态。对于这个问题,可以利用状态动作值函数 $Q(s,a)$ 来代替状态值函数 $V(s)$。智能体只需要在当前状态下,根据已有的动作来进行决策,利用策略 π 来估算 Q 值。然后,再通过 Q 值来更新策略 π。策略 π 和 Q 值之间不断地交替迭代更新,最后会收敛到最优策略。

对于免模型的强化学习通常采用基于蒙特卡罗(Monte Carlo,MC)和时间差分(Temporal-Difference,TD)方法。图 6.3 是强化学习技术常用算法的分类。

第 6 章 基于无人机系统的任务卸载和载波分配研究

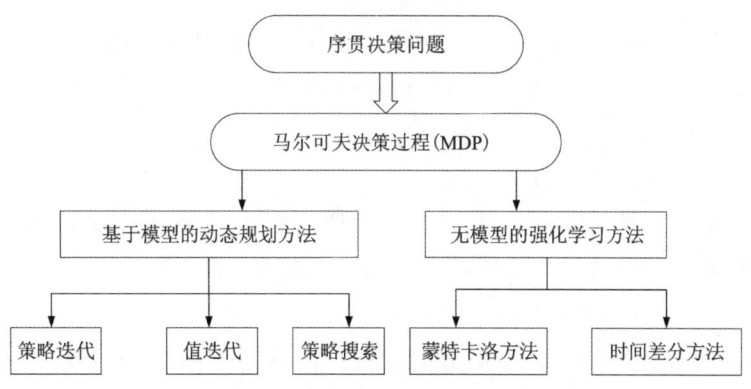

图 6.3 强化学习技术的分类

传统的强化学习有 Q-learning、SARSA 算法,通常是建立一个 Q 表来进行状态和动作空间的更新,通过不断地学习,直到这个 Q 表收敛为止;然后,通过查询 Q 表得到当前状态下的一个最佳动作。智能体通过不断地查表作出决策,能够获得最大的长期回报。然而,传统的强化学习方法有一个非常致命的缺点,那就是随着问题的状态数和动作空间的增长,Q 表将呈几何级别的增长。在状态空间和动作空间较大情况下,数据的存储和查询 Q 值都是比较困难的。

为了克服传统强化学习存储和查表的难题,深度强化学习技术应运而生,深度 Q 网络(Deep Q network,DQN)可以用来求解离散变量的优化问题。深度学习具有较强的感知能力,可以利用神经网络对高维的数据特征进行提取和分析,但是深度强化学习不能用来解决需要作决策的问题。虽然,强化学习具有较强的决策能力,但是其作用局限于低维度的问题,对于处理高维度的问题,存储和计算的复杂性都很高。DRL 技术是将深度学习的感知能力和强化学习的决策能力整合在一起,将状态输入到神经网络中,利用深度学习来作非线性的拟合,然后由强化学习作出决策。典型的深度强化学习算法包括 3 类:对于离散动作空间的输出可以采用 DQN 算法、优势动作评论算法(advantage actor critic,A2C)和异步优势动作评价算法(asynchronous advantage actor-critic,A3C);对于输出的动作空间为连续值的 DRL 模型,可以采用深度确定性策略梯度算法(deep deterministic policy gradient,DDPG)。

6.1.3.1 马尔可夫性

在强化学习中,马尔可夫决策过程是一种特殊的离散随机过程,具有马尔可夫性。马尔可夫性描述的是一个系统未来的状态 S_{t+1},它只依赖当前的状态 S_t,而非过去的所有状态 S_0,S_1,…,S_{t-1}。简而言之,根据系统的当前状态以及当前的动作就可以推算出下一个时刻的状态。用数学语言描述为

$$P[S_{t+1}|S_t]=P[S_{t+1}|S_1,S_2,\cdots,S_t] \tag{6.1}$$

强化学习的状态具有马尔可夫性,那么,可以把强化学习中的一个连续的片段信息序列表示为

$$S_0, A_0, R_1, S_1, A_1, S_2, \cdots, S_t, A_t, R_{t+1}, S_{t+1} \tag{6.2}$$

式中：S_t, A_t 分别为在 t 时刻的状态、动作；R_{t+1} 为在 t 时刻的状态下做出相应的动作之后获得的奖励或者惩罚；S_{t+1} 为环境的信息更新之后，转移到下一时刻的状态。

6.1.3.2 概率转移矩阵

对于具有马尔可夫性的模型系统，存在一个概率矩阵，它能够表示该系统下一时刻的状态与当前时刻的状态两者之间的关系，称为概率转移矩阵，表示为

$$P(s', r \mid s, a) = Pr\{S_{t+1} = s', R_{t+1} = r \mid S_t = s, A_t = a\} \tag{6.3}$$

式中：s, s' 分别为当前时刻和下一个时刻的状态值，它们是一个确定的常量。

6.1.3.3 累积回报

策略就是智能体在面对不同的状态（state）时作出相应的决策的过程，一般用 π 表示，所以，让智能体学习到最优策略是强化学习的最终目的。智能体的目标是最大化长期累积回报（cumulative reward）。如果在 t 时刻之后，智能体通过不断学习得到的回报序列表示为 R_{t+1}, $R_{t+2}, \cdots, R_T$。这里用 G_t 表示特定的回报序列函数。智能体每次与环境互动的过程中，环境都会给它一个即时奖励，系统的长期累积回报等于所有即时奖励的累加和，可以表示为

$$G_t = R_{t+1} + R_{t+2} + \cdots + R_T \tag{6.4}$$

考虑到实际的应用场景，在计算累积回报时会引入一个折扣因子 γ，其中 $\gamma \in [0, 1]$，表示当前的奖励随着时间的增长，它的重要性逐渐减弱。如果 γ 趋近于 0，则表示该系统更注重当前的奖励；如果 γ 趋近于 1，表明该系统关注的是长远的利益。系统的最大化期望折扣回报（expected discounted return）可以表示为

$$G_t = R_{t+1} + \gamma R_{t+2} + \gamma^2 R_{t+3} + \cdots + \gamma^{t+k} R_{t+k+1} = \sum_{k=0}^{t+k} \gamma^k R_{t+k+1} \tag{6.5}$$

由于策略 π 具有随机性，所以智能体得到的累积回报也具有随机性。在实际问题中需要一个确切的数值来评估状态 s 的价值。通常而言，可以利用累积回报来估算状态 s 的价值。然而，累积回报 G_t 是一个随机变量，它无法准确描述状态 s 的价值。但是，长期累积回报的期望值是一个确定的值，可以用它来评估当前状态 s 的价值。

6.1.3.4 状态值函数

在强化学习中，智能体通过与外界环境进行不断地交互学习，它所学习到的知识和经验可以用值函数来表示。当环境反馈给智能体某一个状态之后，智能体会做出相应的动作，值函数可以用来评价这个动作的好坏程度。通常用累积回报的期望值来进行评估。因此，值函数的大小等价于累积回报的期望。强化学习是为了找到最优策略 π，智能体在策略 π 下状态 s 的状态值函数用 $V_\pi(s)$ 表示。对于 MDP 过程中，$V_\pi(s)$ 的数学表达式为

$$V_\pi(s) = E_\pi[G_t \mid S_t = s] = E_\pi\left[\sum_{k=0}^{\infty} \gamma^k R_{t+k+1} \mid S_t = s\right] \tag{6.6}$$

6.1.3.5 状态动作值函数

状态动作值函数与状态值函数有一些不同,状态动作值函数表示为在某一状态下,智能体做出相应的动作后,所有后续状态的价值。它是对状态-动作对的评估,可以由贝尔曼方程(Bellman equation)推导出,即

$$Q_\pi(s,a) = R_s + \gamma \sum_{s'} p_{ss'}^a \sum_{a'} \pi(a' \mid s') Q_\pi(s',a') \tag{6.7}$$

式中:R_s 为在状态 s 时做出动作 a 后所得到的即时奖励;$p_{ss'}^a$ 为在状态 s 时选择动作 a 之后转移到下一个状态 s' 的概率。

6.1.3.6 最优值函数与最优策略

强化学习的目的是寻找最优的值函数或者最优的策略。对于一个有限状态的 MDP 来说,是可以找到最优策略的。如果策略 π 在所有的状态下的长期累积回报的期望值都比策略 π' 大,那么,就可以说策略 π 比策略 π' 要好。从数学上说,最优策略的定义如下:

$\pi \geqslant \pi'$ 当且仅当任何状态下 $V_\pi(s) \geqslant V_{\pi'}(s)$

最优策略的值函数要比其他所有策略的值函数都要好。在实际情况中,最优策略可能不止一个,最优策略对应的值函数就是最优的值函数,它的定义为

$$V^*(s) = \max_\pi V_\pi(s) \tag{6.8}$$

最优的策略也对应最优的状态动作值函数 $Q^*(s,a)$,它的定义为

$$Q^*(s,a) = \max_\pi Q_\pi(s,a) \tag{6.9}$$

最优的状态值函数和最优的动作值函数之间的数学关系可以表示为

$$Q^*(s,a) = E_\pi [R_{t+1} + \gamma V^*(S_{t+1}) \mid S_t = s, A_t = a] \tag{6.10}$$

6.1.3.7 探索与利用

强化学习任务的最终奖励是智能体进行一系列决策才能得到的。所以,对于智能体在每一步作出的动作选择,可以分成两种情况。

探索(exploration):如果智能体只想获得每个动作的期望奖励是多少,则只采用"探索"策略,即智能体以均匀概率随机选择一个动作去执行,从而根据每个动作多次尝试得到的奖励来计算每个动作的期望奖励。"探索"可以很好地估计每个动作的奖励期望,"探索"考虑的是整个系统的长期利益,但是会使智能体失去很多选择最优动作的机会。

利用(exploitation):如果智能体在做决策时,只想得到最大的奖励,则采用"利用"策略,即根据学习到的经验中得到即时奖励最大的动作,如果有多个奖励值相同的动作,智能体只需要随机选取其中的一个动作执行即可。这种方案考虑的是短期利益,不能全面评估不同动作所带来的奖励,着重于选择奖励值最大的动作,从而可能导致智能体不能选择到最优的动作。

智能体通过"探索",可以发掘环境中的更多未知的信息,并不局限在已知的信息中,可以尽可能多地学习到更多的状态;而"利用"则是智能体在经过一段时间的学习之后,可以从已

知的信息中最大化奖励。事实上,"探索"和"利用"两者是矛盾的,因为智能体在进行训练学习的过程中,步数是有限的,如果偏好于其中的一方,那么另外一方就会被削弱。所以,在实际问题中,需要在探索和利用之间求取一个均衡。为了达到这个目的,可以利用 ε-greedy 算法来进行两者的均衡。在刚开始训练的阶段,由于智能体还在与外界环境不断交互的过程中来进行学习,遇到的状态数较少。所以,在神经网络训练的初期,智能体主要以探索为主,每次做出动作的选择时以 ε 的概率随机选择一个动作,以 $1-\varepsilon$ 的概率选择使 Q 值最大化的动作。随着智能体与环境的交互的增多,ε 以某一衰减指数进行衰减,直到衰减为设定的最小值。

6.2 无人机辅助下的移动边缘计算的加权能耗最小化

随着 5G 技术的发展,各种物联网设备层出不穷,平板电脑和可穿戴设备等移动通信设备随处可见。物联网使移动的用户能够使用更多的应用程序,例如虚拟现实、增强现实、医疗和自动驾驶等。这些服务对于时延较为敏感,同时也对计算资源消耗较大,需要借助无人机来进行辅助计算。无人机可以提供给用户更多的计算资源,满足用户的能耗和时延的需求。本节主要是研究一个在无人机和地面用户组合成的移动边缘计算系统,通过优化用户和无人机的计算资源、用户计算任务的卸载率以及无人机的轨迹来优化无人机和用户的加权能耗。

为了能够较好地节约整个系统的能耗,本节提出了一种计算资源分配的策略,在一定的时延约束下,用户可以卸载部分或者全部的计算任务到无人机上进行计算,剩下的任务留在本地进行计算。在这个过程中,无人机以一定的速度飞行,通过优化无人机的轨迹,获得在每个时隙的最佳位置悬停点,以实现用户和无人机的加权能耗最小化。由于上述问题是一个混合整型的非凸问题,很难用传统的方式进行求解。所以,需要将原问题分解为若干个子问题。对于连续变量的求解,可以先将子问题转换为标准的凸优化问题,再利用 python 的凸优化求解器 CVXPY 进行求解,而对于子载波的分配,这是一个离散变量的优化问题,并且维度较大,很难求解。DQN 算法可以用来求解离散问题,每个优化问题交替迭代,最后可以得到次优解。

为了降低建模难度,无人机和地面用户进行通信时,将无人机从起点飞到终点位置的这段时间进行离散化,把总时间 T 划分为若干个时隙,每个时隙的长度是相等的,无人机要在这个时隙内完成地面用户卸载到它上面的任务的接收、计算、回传,然后,无人机飞行到下一个时隙的最佳悬停通信的位置点。本研究考虑的场景是建立在笛卡儿坐标系(Cartesian coordinate system)下的无人机辅助的移动边缘计算系统。单个无人机在时隙内与多个地面用户进行通信,地面用户卸载部分任务或者全部的计算任务到无人机上进行计算,无人机处理完地面用户卸载的任务之后,将数据回传给地面用户。无人机辅助下的移动边缘计算系统的应用场景如图 6.4 所示。

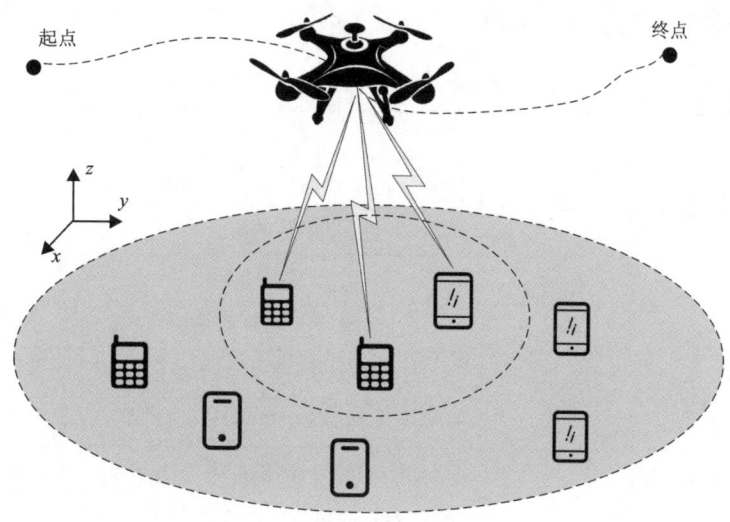

图 6.4　无人机辅助下的移动边缘计算系统

6.2.1　无人机悬停通信的时隙划分

在大多数无人机辅助的边缘计算建模中,通常是将时隙分为若干个非常小的时隙,无人机在固定的高度飞行,然后,收集和处理地面用户上传的计算任务。在实际的情况中,这种无人机从初始位置飞行到最终位置,在此过程中其速度受到最大速度的约束。无人机一边飞行,一边通信。然而,在实际的场景中,无人机的快速移动,会导致无人机与地面用户的通信变得不稳定,所以本节考虑将无人机从起点飞到终点的这段飞行时间划分为若干个相等的小时隙。由于无人机在飞行的过程中需要与地面用户进行通信,为了能够让用户在与无人机进行通信的过程中获得较好的通信质量,又将时隙划分为两个部分:第一部分无人机悬停在一个固定位置,此时地面用户与无人机之间建立通信连接,卸载全部或者部分计算任务到无人机上进行处理,无人机处理完成之后,再将处理后的信息回传到地面用户,等待无人机计算完所有的地面用户上传的任务之后,无人机便可以开始飞行;第二部分无人机开始飞行到下一个时隙的最佳悬停点。这种无人机悬停通信的时隙划分如图 6.5 所示。

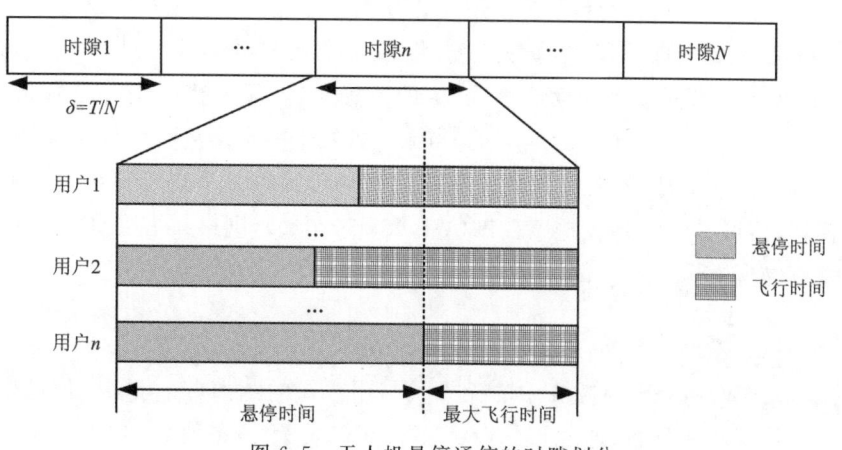

图 6.5　无人机悬停通信的时隙划分

模型涉及的相关参数及其含义均列于表 6.1 中。

表 6.1　模型涉及的相关参数及其含义

参数	含义
K	地面用户的集合
N	时隙的集合
M	子载波的集合
W_k	第 k 个用户的坐标
$Q[n]$	无人机在第 n 个时隙所处的位置
P^{Tr}	用户 UE 的发射功率
$D_k[n]$	用户在第 n 时隙产生的任务量
$L_k[n]$	处理 1bit 的数据所需要的 CPU 周期数
κ_{uav}, κ	有效电容开关系数，与无人机和用户的 CPU 架构有关
$f_k^L[n]$	在第 n 个时隙内，用户 k 的 CPU 计算频率
f_{Loc}^{max}	用户最大的 CPU 计算频率
$f_{k,U}[n]$	在第 n 个时隙内，无人机分配给用户 k 的 CPU 计算频率
f_{UAV}^{max}	无人机上的边缘服务器的 CPU 的最大计算频率
t_{hover}	无人机在时隙内的悬停时间
T_{fly}	无人机在时隙内的飞行时间
δ, T	时隙的长度和无人机总的飞行时间
H	无人机的飞行高度
$R_k[n]$	在第 n 个时隙，用户 k 的传输速率
ω_1, ω_2	用户和无人机的能耗权重系数

6.2.2　通信模型

根据 Zhou 等（2020）的研究，本研究考虑将第 k 个用户的坐标记为 $W_k = (x_k, y_k)^T \in \mathbb{R}^{2 \times 1}, \forall k \in$，旋翼无人机固定离地面高度为 H 的位置飞行，无人机的坐标公式可以表示为 $Q[n] = [X(n), Y(n), H]$。对于空对地信道，当无人机处于一定高度以上且当视距通信（line of sight, LoS）概率接近 1 时，无人机与地面用户之间的传播条件可以近似为自由空间，采用简单的信道模型，信道增益由 LoS 链路控制（Wu et al., 2019），则第 k 个用户与无人机之间的信道功率增益可以写为

$$h_k[n] = \frac{|g_m|^2}{(H^2 + \|Q[n] - W_k\|_2^2)}, \forall k \in K, n \in N, m \in M \quad (6.11)$$

式中：$H^2 + \|Q[n] - W_k\|_2^2$ 为在时隙 n 中的无人机与用户 k 的距离；g_m 为参考信道增益，参考的距离为 1m，服从复高斯分布，即 $g_m \sim CN(0,1)$；$\|\cdot\|_2$ 表示 2-范数。

无人机与地面用户进行通信链接时,采用正交频分多址技术。将总带宽分为若干个相互正交的子载波,然后,将这些相互正交的子载波分配给地面用户,地面用户利用各自得到的子载波与无人机进行通信。用户通过建立与无人机之间的连接,将计算任务卸载到无人机上进行计算。由于本节考虑的是子载波的分配问题,所以用户在所有的子载波上的发射功率都相同。为不失一般性,假设无人机知道所有的子载波的信道状态信息。

对通信的带宽进行频谱资源的划分,上传信息的信道带宽为 B。将总的带宽分为 M 个子载波,所以,每个子载波的带宽为 $\frac{B}{M}$。在一个时隙内,假设所有的地面用户的位置固定,无人机悬停在一个位置与地面用户之间进行通信,并将计算后的结果返回给地面用户。在无人机辅助下的边缘计算系统中,信道的模型采用正交多址来进行子载波的分配,所以,每个子载波最多只能接入一个用户,而一个用户可以同时占用多个子载波。在实际的情况中,每个子载波的信道衰落都不同。基于上述假设,第 k 个用户在第 n 个时隙内与无人机之间的上行通信速率 $R_k[n]$ 就可以写为

$$R_k[n] = \frac{B}{M} \sum_m a_{k,m}[n] \cdot \log_2\left(1 + \frac{\alpha_m P^{Tr}}{H^2 + \|Q[n] - W_k\|_2^2}\right), \forall k \in K, n \in N, m \in M \tag{6.12}$$

式中: P^{Tr} 为用户的发射功率; σ^2 为高斯白噪声功率,令 $\alpha_m = \frac{|g_m|^2}{\sigma^2}$, m 为分配给用户的子载波索引;定义 $a_{k,m}[n]=1$,表示第 m 个子载波分配给第 k 个用户;反之,如果 $a_{k,m}[n]=0$,则表示第 m 个子载波没有和 k 个用户进行关联。子载波和用户归属之间的关系满足以下条件:

$$\sum_k a_{k,m} = 1, \forall k \in K, m \in M$$
$$a_{k,m} \in \{0,1\}, \forall k \in K, m \in M \tag{6.13}$$

式(6.13)表明每个子载波只可以分配给一个用户。

6.2.3 计算模型

用户端的任务模式定义为:$\text{Task}_k(n) = <D_k[n], L_k[n]>$,其中 $D_k[n]$ 是用户端任务产生的数据量,$L_k[n]$ 是计算 1bit 的任务需要的 CPU 的周期数。在计算无人机端能耗时,无人机将处理完的任务返回给地面用户。由于考虑到无人机的下行速率较快,且经过无人机处理后的数据量很小,由无人机将处理完的数据回传到用户端所需要的时延和能量都可以忽略不计(Wang et al.,2018)。

根据 Xu 等(2020)提出的通信模型,在第 n 个时隙内,用户 k 将一部分的任务上传到无人机端的通信时延可以写为

$$T_k^{Tr}[n] = \frac{(1 - \rho_k[n]) \cdot D_k[n]}{R_k[n]}, \forall k \in K, n \in N \tag{6.14}$$

式中:$\rho_k[n] \in (0,1)$ 为在第 n 个时隙内,用户的任务在本地进行计算的比例,则剩下的任务将卸载到无人机上的边缘服务器进行计算;$R_k[n]$ 为在第 n 个时隙的用户 k 的传输速率。

1)用户端的能量模型

由于用户端的电池和计算能力有限,需要将部分任务上传到无人机上的边缘服务器中进行计算。本节考虑了任务划分的粒度,其中任务输入数据可以被任意划分为本地和远程计算。

对于用户而言,能量的消耗主要来自两个部分:本地任务的计算能耗和将任务上传到无人机时所需要的通信能耗。为了有效利用用户的本地计算的能量,可以利用动态电压和频率缩放(DVFS)技术,因此,用户在本地计算所消耗的能量可以通过在每个时隙内自适应地调整用户的 CPU 频率而得到有效控制。根据王春燕(2020)的研究,本地计算的时延为

$$T_k^{\text{Loc}}[n] = \frac{\varrho_k[n] \cdot D_k[n] \cdot L_k[n]}{f_k^L[n]}, \forall k \in K, n \in N \quad (6.15)$$

其中用户端的 CPU 频率满足以下的条件:

$$0 \leqslant f_k^L[n] \leqslant f_{\text{Loc}}^{\max}, \forall k \in K, n \in N \quad (6.16)$$

在本地计算所需要的能耗可以表示为

$$P_k^{\text{Loc}}[n] = \kappa (f_k^L[n])^3, \forall k \in K, n \in N \quad (6.17)$$

式中:κ 为有效开关电容(effective switched capacitance)。因此,可以得到在第 n 个时隙内第 k 个用户所消耗的能量为

$$E_k^{\text{Loc}}[n] = \kappa (f_k^L[n])^3 \cdot T_k^{\text{Loc}}[n], \forall k \in K, n \in N \quad (6.18)$$

用户与无人机之间建立通信之后,需要将部分任务上传到无人机端进行计算。在每个时隙内,从用户端与无人机端的通信能耗可以写为

$$E^{Tr}[n] = P^{Tr} \cdot T_k^{Tr}[n], \forall k \in K, n \in N \quad (6.19)$$

2)无人机端的计算模型

类比于用户的计算能耗模型,无人机端的计算功率与 CPU 的频率有关,同样可以利用动态电压和频率缩放技术。在无人机端的计算功率为

$$P_u^{\text{Off,comp}}[n] = \kappa_{\text{uav}} (f_{k,U}[n])^3, \forall k \in K, n \in N \quad (6.20)$$

式中:κ_{uav} 为无人机 CPU 的有效开关电容。无人机端的计算资源频率满足以下约束条件:

$$\sum_{k=1}^{K} x_k[n] f_{k,U}[n] \leqslant f_{\text{UAV}}^{\max}, \forall k \in K, n \in N \quad (6.21)$$

在式(6.21)中,如果 $x_k[n]=1$,则表示第 k 个用户在此时隙内卸载计算任务到无人机上进行计算,$f_{k,U}[n]$ 表示无人机在第 n 个时隙,分配给第 k 个用户的计算资源,在同一个时隙内,无人机分配给上传到该时隙进行计算的用户的资源不能超过无人机的最大计算资源。

无人机端需要对用户上传的任务进行计算,可以将无人机端计算任务的时延写为

$$T_k^{\text{Off,comp}}[n] = \frac{(1-\varrho_k[n]) \cdot D_k[n] \cdot L_k[n]}{f_{k,U}[n]}, \forall k \in K, n \in N \quad (6.22)$$

所以,无人机处理用户上传的数据需要的能量为

$$E^{\text{Off,comp}}[n] = P_u^{\text{Off,comp}}[n] \cdot T_k^{\text{Off}}[n], \forall k \in K, n \in N \quad (6.23)$$

3)无人机的推进能量模型(UAV propulsion energy model)

本节采用旋翼无人机的模型(Li et al.,2020),无人机的推进能耗与无人机的速度和加速

度有关。对旋翼无人机的推进功率进行建模：

$$P(V) = P_0 \underbrace{\left(1+\frac{3V^2}{U_{\text{tip}}^2}\right)}_{\text{轮廓功率}} + P_i \underbrace{\left(\sqrt{1+\frac{v^4}{4v_0^4}}-\frac{v^2}{2v_0^2}\right)^{1/2}}_{\text{感应功率}} + \underbrace{\frac{1}{2}d_0\rho s A V^3}_{\text{寄生功率}} \quad (6.24)$$

式中：P_0 和 P_i 是两个常数，分别为悬停状态下的叶型功率和诱导功率；U_{tip} 为旋翼桨尖速度；v_0 为悬停状态下的平均旋翼诱导速度；d_0 和 s 分别为机身阻力比和旋翼固体度；ρ 和 A 分别为空气密度和旋翼盘面积（戴娆，2020）；V 为无人机的飞行速度。

对于式（6.24）的第二项，当 $V \geqslant v_0$ 时，可以利用一阶的泰勒展开公式 $(1+x)^{1/2} \approx 1+1/2x$ 进行一个近似的计算，即可以将这个表达式近似为

$$P(V) \approx P_0\left(1+\frac{3V^2}{U_{\text{tip}}^2}\right)+\frac{P_i v_0}{V}+\frac{1}{2}d_0\rho s A V^3 \quad (6.25)$$

可以判断出式（6.25）是一个凸函数。

从式（6.25）可以看出，旋翼无人机的功耗包含 3 个方面：叶片转动时的轮廓功率、克服叶片感应阻力的感应功率以及克服机身重力所需要的寄生功率。无人机的功率 $P(V)$ 和无人机的飞行速度 V 的关系曲线如图 6.6 所示。

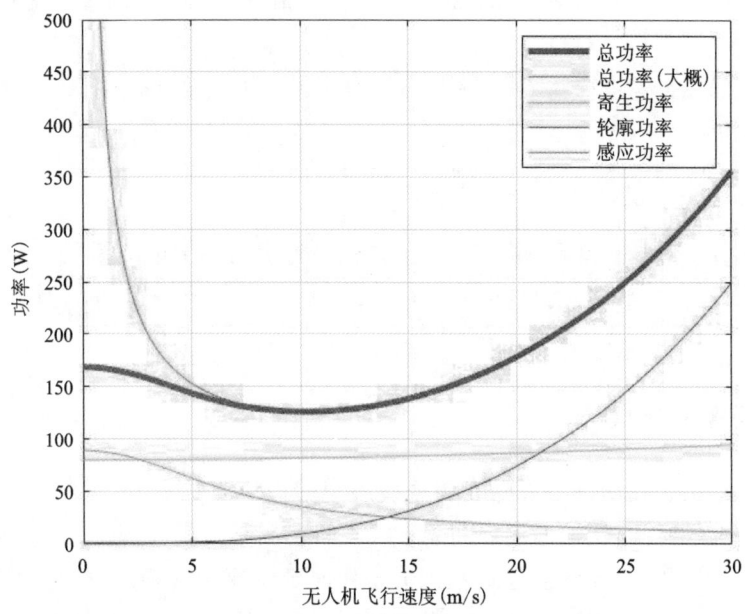

图 6.6 无人机的飞行速度和功率的关系图

从图 6.6 中可以看出，叶片的轮廓功率与无人机的飞行速度 V 呈二次方的增长，寄生功率呈三次方的增长。而对于无人机的感应功率来说，该功率随着无人机飞行速度 V 的增大而减小。

如果无人机悬停在上空，此时无人机的速度 $V=0$，将其代入式（6.24）可以得出此时的悬停功率 $P_h = P_0 + P_i$，这个值取决于无人机的质量、空气密度等。旋翼无人机所涉及的物理量符号和含义见表 6.2。

表6.2 旋翼无人机所涉及的物理量符号和含义

符号	物理含义（单位）	物理值
W	无人机的重力(N)	100
ρ	空气密度(kg/m^3)	1.225
R	转子半径(m)	0.5
A	转子盘面积(m^2)	0.79
Ω	叶片角速度(rad/s)	400
U_{tip}	转子的叶片尖端速度(m/s)	200
d_0	机身阻力比	0.3
δ	轮廓阻力系数	0.012
v_0	平均转子引起的悬停速度(m/s)	7.2

对于旋翼无人机的飞行能量的计算，可以将无人机的飞行速度设置为常数(Qian et al., 2019)。无人机完成计算之后，开始匀速飞行到下一个最佳的悬停飞行点。为了简化模型，用无人机的平均速度进行计算。对于无人机的悬停能耗相对于无人机的飞行能耗较少，可以忽略不计。

旋翼无人机的飞行速度保持不变，所以可以得出无人机在第 n 个时隙的飞行时间 $T_{fly}[n]$，它的数学表达式为

$$T_{fly}[n] = \frac{\|Q[n]-Q[n-1]\|}{V}, \forall n \in N \quad (6.26)$$

其中，$\|Q[n]-Q[n-1]\|$ 表示无人机在时隙 n 内的飞行距离。所以旋翼无人机在第 n 个时隙内的飞行能耗为

$$E^{fly}[n] = T_{fly}[n] \cdot P(V), \forall n \in N \quad (6.27)$$

6.2.4 问题的建模

由于无人机的快速移动性会影响它与地面用户的通信质量，本节考虑在一个时隙内，无人机可以悬停一定的时间，让地面用户和无人机之间进行通信，然后，在这个时隙剩余的时间内，无人机再飞往下一个时隙的悬停通信点。悬停时延主要包含两个部分，第一部分用户将任务上传到无人机进行处理的传输时延，第二部分无人机处理用户上传的任务产生的计算时延。该系统是用户端和无人机端之间的能耗的联合优化模型，即在保证无人机悬停时延的情况下，最小化地面用户的计算能耗、用户和无人机之间的通信能耗、无人机处理地面用户上传的任务产生的计算能耗以及无人机的飞行能耗的加权之和。由于无人机的悬停能耗相较于无人机飞行能耗来说相对较少，所以可以只考虑飞行能耗。但是，由于无人机计算资源有限，需要考虑无人机的CPU计算能耗。

6.2.4.1 UAV-MEC 系统中时延的建模

对于用户端的时延,由于在一个时隙内,每个用户都需要在最大的时延约束下,将任务处理完成,所以将用户在每个时隙下任务处理的时延表示为

$$T_k^{\text{Loc}}[n] \leqslant \delta, \forall k \in K, n \in N \tag{6.28}$$

式中:δ 为时隙的长度,大小为 T/N。

在第 n 个时隙中,系统的总时延包括用户到无人机端的传输时延、无人机的计算时延、无人机的飞行时延 3 个部分。

那么,根据悬停通信的机制,在每个时隙内的悬停时延由两个部分组成:一部分为用户端上传到无人机端所需要的传输时延,另外一部分为无人机的计算时延。而无人机将计算完成后的任务返回给用户端所需要的时延可以忽略不计。在每个时隙内,无人机需要计算完所有上传给它计算的任务之后,才能开始飞行,所以无人机的悬停时延满足以下条件:

$$\max\{T_k^{Tr}(n) + T_k^{\text{Off,comp}}(n)\} \leqslant t_{\text{hover}}, \forall k \in K, n \in N \tag{6.29}$$

由于本节考虑的场景是在一个给定的时隙内进行时间的划分,一部分为 t_{hover},无人机悬停与地面用户进行通信和任务的计算;一部分为 T_{fly},无人机完成任务后寻找下一个最佳目标点(Zhou et al.,2020)。Wang 等(2018)构建了无人机最大允许飞行的半径,无人机在每一个时隙内飞行时间是变化的,它可以在有效的飞行时间内搜索到当前时隙的最佳悬停位置。本节考虑的是无人机在每个时隙的飞行部分,只需要在满足最大飞行时间的约束下找到最佳的悬停通信点即可。

6.2.4.2 UAV-MEC 系统中能量的建模

本节考虑的系统能耗主要有用户端的 CPU 计算能耗、用户端与无人机进行通信所需要的通信能耗、无人机端的计算能耗和无人机端的飞行能耗。系统时延主要包括用户和无人机的计算时延以及通信时延。

通过上述能量的建模,可以将系统的总能耗表示为

$$E^{\text{total}} = \sum_{n=1}^{N} \sum_{k=1}^{K} \omega_1 (E_k^{\text{Loc}}[n] + E_k^{Tr}[n]) + \sum_{n=1}^{N} \sum_{k=1}^{K} E_k^{\text{Off,comp}}[n] + \\ \omega_2 \left(\sum_{n=1}^{N+1} \frac{\|Q[n] - Q[n-1]\|}{V} \cdot P(V) \right) \tag{6.30}$$

用户的计算能耗和传输能耗相较于无人机的计算能耗和飞行能耗来说,相对较小,而无人机的飞行所消耗的能量较大,所以需要引入相关的权重因子来平衡各个不同能量级的大小。优化模型可以表示为

$$P: \min_{a,\rho,F,Q} \left\{ \sum_{n=1}^{N} \sum_{k=1}^{K} [\omega_1 (E_k^{\text{Loc}}[n] + E_k^{Tr}[n]) + E_k^{\text{Off,comp}}[n]] + \\ \omega_2 \left(\sum_{n=1}^{N+1} \frac{\|Q[n] - Q[n-1]\|_2}{V} \cdot P(V) \right) \right\}$$

$$\begin{aligned}
\text{s.t.} \quad & C1: \| Q[n+1] - Q[n] \|_2 \leqslant T_{\text{fly}} V, \forall n \in N \\
& C2: 0 \leqslant f_{k,U}[n] \leqslant f_{\text{UAV}}^{\max}, \forall k \in K, n \in N \\
& C3: 0 \leqslant f_k^L[n] \leqslant f_{\text{Loc}}^{\max}, \forall k \in K, n \in N \\
& C4: \max\{T_k^{Tr}[n] + T_k^{\text{Off,comp}}[n]\} \leqslant t_{\text{hover}}, \forall k \in K, n \in N \\
& C5: 0 \leqslant \rho_k[n] \leqslant 1, \forall k \in K, n \in N \\
& C6: T_k^{\text{Loc}}[n] \leqslant \delta, \forall k \in K, n \in N \\
& C7: Q[0] = q_I, Q[N+1] = q_F \\
& C8: \sum_{k \in K} a_{k,m}[N] = 1, \forall m \in M, n \in N \\
& C9: a_{k,m}[n] \in \{0,1\}, \forall k \in K, m \in M, n \in N
\end{aligned} \quad (6.31)$$

式中：q_I 和 q_F 分别表示无人机的飞行起点和终点，$F = \{f_k^l[n], f_{k,U}[n], \forall k \in K, n \in N\}$。C1 表示在两个相邻的时隙之间，无人机的飞行距离不能超过无人机所能飞行的最大距离；C2 表示无人机在每一个时隙内，由于无人机并行处理用户上传的任务，无人机分配给用户的计算资源之和不能够超过无人机所能提供的最大计算资源；C3 表示每个用户能够提供的最大计算资源；C4 表示无人机在每一个时隙内，不能将超过给定的最大悬停时延；C5 表示任务在本地计算的比例；C6 表示用户在本地计算的时延不能超过时隙的长度；C7 表示无人机飞行的起点和终点的水平位置；C8 和 C9 表示在一个时隙中，每个子载波只能分配给一个用户。

6.2.5 问题的求解

通过建模，需要对用户端和无人机端进行位置的规划、计算资源的分配、子载波的分配等相关变量进行优化，该问题是一个混合整型的非凸优化问题，用传统的方法很难进行求解，其中很多变量之间存在非线性耦合。且这些变量与无人机的运动轨迹优化也存在强耦合。为了能够解耦这些变量，利用一种交替迭代的方法来进行求解：第一步，通过固定无人机轨迹 Q、子载波的分配以及用户任务的卸载率，对用户端和无人机端的计算资源进行优化；第二步，将第一步得到的优化结果代入表达式中，然后固定其他变量，优化用户的任务卸载率；第三步，将前面优化得到的结果代入表达式中，优化无人机的轨迹；最后，由于子载波的分配问题是一个整数型的离散优化问题，对于这类离散优化的问题，可以利用 DRL 中的 DQN 算法来获得子载波的次优分配。通过这样不断地迭代，可以获得所有变量的近似最优解。所以可以将原问题 P 分解为 4 个子问题，利用 BCD 来获得这个问题近似最优解。

6.2.5.1 用户和无人机计算资源的联合优化

首先固定子载波分配方案、无人机的悬停位置 Q、任务的卸载率。由于子载波的分配方案是确定的，接下来确定每个用户与无人机的连接情况。

问题 P1 的表达式为

$$\text{P1}: \min_F \sum_{n=1}^N \sum_{k=1}^K \omega_1 E_k^{\text{Loc}}[n] + E_k^{\text{Off,comp}}[n]$$

$$\text{s.t.} \quad C2: 0 \leqslant f_{k,U}[n] \leqslant f_{\text{UAV}}^{\max}, \forall n \in N$$

$$C3: 0 \leqslant f_k^L[n] \leqslant f_{\text{Loc}}^{\max}, \forall k \in K, n \in N$$

$$C4: \max\{T_k^{Tr}[n] + T_k^{\text{Off,comp}}[n]\} \leqslant t_{\text{hover}}, \forall k \in K, n \in N \quad (6.32)$$

$$C5: \begin{cases} 0 \leqslant \rho_k[n] \leqslant 1, \text{若 Rate} \neq 0, \forall k \in K, n \in N \\ \rho_k[n] = 1, \text{若 Rate} \neq 0, \forall k \in K, n \in N \end{cases}$$

$$C6: T_k^{\text{Loc}}[n] \leqslant \delta, \forall k \in K, n \in N$$

其中,Rate=0,代表没有子载波分配给用户。此时,用户将不能够卸载计算任务到无人机端进行计算,所有任务将在本地进行计算。在这个问题中,由于其他变量都是固定不变的,那么,这个问题就是关于用户和无人机计算资源的二次函数。约束条件也符合凸优化的定义,那么这个问题就是一个标准的凸优化问题,可以利用python的凸优化求解器CVXPY进行求解。

6.2.5.2 用户卸载率的优化

当用户的计算资源和无人机的计算资源、子载波的分配以及无人机的悬停位置固定之后,对于用户任务卸载率的求解,可以得到P2的表达式为

$$\text{P2:} \min_{\rho} \sum_{n=1}^{N}\sum_{k=1}^{K} \omega_1 (E_k^{\text{Loc}}[n] + E_k^{Tr}[n]) + \sum_{n=1}^{N}\sum_{k=1}^{K} E_k^{\text{Off,comp}}[n]$$

$$\text{s.t.} \quad C4: 0 \leqslant \rho_k[n] \leqslant 1, \forall k \in K, n \in N$$

$$C5: \max\{T_k^{Tr}[n] + T_k^{\text{Off,comp}}[n]\} \leqslant t_{\text{hover}}, \forall k \in K, n \in N \quad (6.33)$$

$$C6: T_k^{\text{Loc}}[n] \leqslant \delta, \forall k \in K, n \in N$$

从式(6.33)可以得知,P2是一个标准的线性规划问题,可利用python的求解器CVXPY进行求解。

6.2.5.3 无人机的轨迹优化

在给定计算资源分配、子载波分配以及用户卸载率的情况下,有关于无人机轨迹优化的问题P3可以表述为

$$\text{P3:} \min_{Q} \left\{ \omega_1 \sum_{n=1}^{N}\sum_{k=1}^{K} \frac{(1-\rho_k[n]) \cdot D[n] \cdot P^{Tr}}{\frac{B}{M}\sum_m a_{k,m}[n]\log_2\left(\frac{1+\alpha_m P^{Tr}}{H^2+d_k^2[n]}\right)} + \omega_2 \sum_{n=1}^{N+1} \frac{\|Q[n]-Q[n-1]\|_2}{V} \cdot P(V) \right\}$$

$$\text{s.t.} \quad C1: \|Q[n+1]-Q[n]\|_2 \leqslant VT_{\text{fly}}, \forall n \in N$$

$$C5: \max\{T_k^{Tr}[n] + T_k^{\text{Off,comp}}[n]\} \leqslant t_{\text{hover}}, \forall k \in K, n \in N$$

$$C7: Q[0] = q_0, Q[N+1] = q_F \quad (6.34)$$

$$C8: \sum_{k \in K} a_{k,m}[n] = 1, \forall m \in M, n \in N$$

$$C9: a_{k,m}[N] \in \{0,1\}, \forall k \in K, m \in M, n \in N$$

其中，$d_k^2[n]$ 表示在第 n 个时隙内，无人机与用户 k 在水平方向上距离的平方。对于上述问题，由于第一项是一个非凸函数，需要引入松弛变量 $\varphi_k[n] \triangleq \dfrac{(1-\rho_k[n]) \cdot D[n] \cdot P^{Tr}}{\dfrac{B}{M}\sum_m a_{k,m}[n] \cdot \log_2\left(\dfrac{\alpha P^{Tr}}{H^2+d_k^2[n]}\right)}$，然后将 P3 重写为

$$P3.1: \min_{Q,\phi}\left(\omega_1 \sum_{n=1}^{N}\sum_{k=1}^{K}\phi_k[n]\right)+$$
$$\omega_2 \sum_{n=1}^{N+1} \dfrac{\|Q[n]-Q[n-1]\|_2}{V} \cdot P(V)$$

$$\text{s.t.} \quad C1, C7, C8, C9$$

$$C5: \dfrac{(1-\rho_k[n]) \cdot D_k[n]}{\dfrac{B}{M}\sum_m a_{k,m}[n]\log_2\left(1+\dfrac{\alpha_m P^{Tr}}{H^2+d_k^2[n]}\right)}+$$
$$\dfrac{(1-\rho_k[n]) \cdot D_k[n] \cdot L_k[n]}{f_u[n]} \leqslant t_{\text{hover}}, \forall k \in K, n \in N \tag{6.35}$$

$$C10: \phi_k[n] \geqslant \dfrac{(1-\rho_k[n]) \cdot D_k[n] \cdot T^{Tr}}{\dfrac{B}{M}\sum_m a_{k,m}[n]\log_2\left(1+\dfrac{\alpha_m P^{Tr}}{H^2+d_k^2[n]}\right)}, \forall k \in K, n \in N$$

对于问题 P3.1，根据凸优化问题的定义，可以知道约束条件 C5 和 C10 是一个非凸的不等式，所以需要对其进行处理，将不等式 C5 和 C10 进行变换，可以得到如下的不等式：

$$\dfrac{(1-\rho_k[n]) \cdot D_k[n]}{t_{\text{hover}}-T^{\text{Off,compu}}} \leqslant \dfrac{B}{M}\sum_m a_{k,m} \log_2\left(1+\dfrac{\alpha_m P^{Tr}}{H^2+d_k^2[n]}\right), \forall k \in K, n \in N \tag{6.36}$$

$$\dfrac{(1-\rho_k[n]) \cdot D(n) \cdot P_k^{Tr}}{\varphi_k[n]} \leqslant \dfrac{B}{M}\sum_m a_{k,m}\log_2\left(1+\dfrac{\alpha_m P^{Tr}}{H^2+d_k^2[n]}\right), \forall k \in K, n \in N \tag{6.37}$$

从式(6.36)和式(6.37)可知，它们的不等式左边都是凸函数，而不等式的右边是关于无人机轨迹优化变量 Q 的非凸函数，可以利用 SCA 技术进行转换，把不等式的右边进行一阶泰勒展开，泰勒展开点为 $Q^r[n]$，其中 r 代表迭代的次数，可以得到如下的不等式：

$$\dfrac{(1-\rho_k[n]) \cdot D_k[n]}{t_{\text{hover}}-T^{\text{Off compu}}} \leqslant \dfrac{B}{M}\sum_m a_{k,m}[n] \cdot \{Z_k^r[n] \cdot (\|Q[n]-W_k\|^2 - \tag{6.38}$$
$$\|Q^r[n]-W_k\|^2)+B_k^r[n]\}, \quad \forall k \in K, n \in N$$

$$\dfrac{(1-\rho_k[n]) \cdot D[n] \cdot P^{Tr}}{\varphi_k[n]} \leqslant \dfrac{B}{M}\sum_m a_{k,m}[n] \cdot \{Z_k^r[n] \cdot (\|Q[n]-W_k\|^2 - \tag{6.39}$$
$$\|Q^r[n]-W_k\|^2)+B_k^r[n]\}, \quad \forall k \in K, n \in N$$

其中，$Z_k^r[n]$ 和 $B_k^r[n]$ 的表达式分别为

$$Z_k^r[n] = -\dfrac{\alpha_m \cdot P^{Tr} \cdot \log_2(e)}{(H^2+\|Q^r[n]-W_k\|^2)(H^2+\|Q^r[n]-W_k\|^2+\alpha_m P^{Tr})} \tag{6.40}$$

$$B_k^r[n] = \log_2\left(1+\dfrac{\alpha_m P^{Tr}}{H^2+\|Q^r[n]-W_k\|^2}\right) \tag{6.41}$$

经过上述的转换之后,约束条件 C5 和 C10 转换为一个凸函数,问题 P3.1 变成了一个标准的凸优化问题,可以利用 python 的凸优化求解器 CVXPY 进行求解。

6.2.5.4 子载波的分配优化

由于子载波的分配问题是一个整型的离散问题,用传统的优化方法求解复杂度会很高,无法在多项式时间内获得最优解,所以可以利用深度强化学习的方法来进行求解,其中 DQN 算法是一种求解离散问题的有效技术。

近年来,将神经网络(neural networks,NNs)与 Q-learning 相结合的 DRL 表现出巨大的潜力,称为 DQN,它可以有效地解决上述问题,并取得更好的性能。在深度强化学习中使用的是神经网络来拟合值函数,将状态 s 输入到神经网络中,智能体选择相应的动作 a,近似地计算得到 Q 值。原理如下:首先,DQN 采用 NNs 来映射不同层之间的观察状态到行动,而不是使用存储器来存储 Q 值。其次,通过使用 NNs,可以从高维的原始数据中表示大规模的模型。Q 表相当于一个函数,可以利用神经网络来拟合,神经网络的输入端为状态 s,输出端为在当前状态下所有动作对应的 Q 值,智能体根据输出端的 Q 值大小进行策略的选择。DQN 算法的目标是训练一个神经网络,通过这个网络来输出相应的 Q 值;然后,智能体根据神经网络输出的 Q 值选择相应的动作进行决策。简而言之,DQN 使用了深度神经网络来近似状态-动作值函数。DQN 的网络结构如图 6.7 所示。DQN 能够有效地解决离散问题,主要是它拥有以下两项功能。

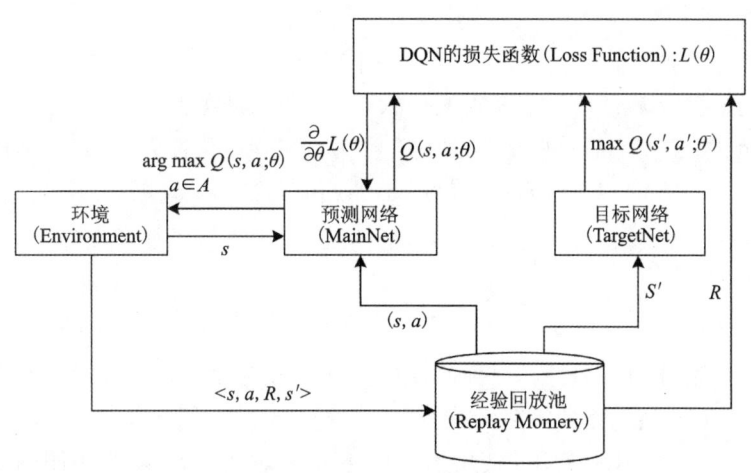

图 6.7 DQN 网络结构图

(1)经验回放(experience replay):深度学习中的监督学习取得很大的进展,得益于训练的样本间是独立同分布的,而在 RL 中的样本是相互关联的、非静态的,这样容易造成神经网络很难收敛。因为 DQN 是一个离线学习算法,它每次更新神经网络时,都会在经验回放池中随机选取一些样本(minibatch)来进行网络参数的更新。这种随机抽取的方式打乱了状态序列之间的相关性,可以使神经网络的训练过程更有效率和更加稳定。

(2)固定目标 Q 网络(Fixed Q-targets):如果想在 DQN 中引入目标 Q 网络,则需要设计两个结构完全相同但参数不同的神经网络。在训练的过程中,预测 Q 网络的参数进行实时的更新,不需要更新目标 Q 网络。在训练若干步之后,将预测 Q 网络的参数复制给目标 Q 网络进行更新。然后,预测 Q 网络进行更新。在这个过程中,由于目标 Q 网络的参数在一段时间内是固定的,所以对状态的估值相对稳定,这样使得训练振荡发散可能性降低,网络训练更加稳定。

要利用深度强化学习,首先要将问题建模为一个马尔可夫决策过程(MDP),而 MDP 问题的解决方案是找到最佳的策略 π^*,使预期收益 $E_\pi[G_{(t)}]$ 最大化。策略 π 是一个从状态到选择的可能行动概率的映射。$\pi(a|s)$ 可以表示为对于每个 $s \in S$ 的可能的动作 $a \in A(s)$ 的概率分布。对于任何 MDP,都存在一个最佳策略 π^*,它优于或等于其他所有的策略。

由于在一个训练回合中,数据具有一定的相关性,为了打破数据之间的相关性,需要利用经验回放池来改进深度 Q 网络(DQN)算法,以进一步改善训练过程。DQN 算法是由 Q-learning 演变而来,Q-learning 是一种基于价值的方法,表示为行动-价值函数(也称为 Q-函数)。对于某个策略 π,行动值函数 $Q_\pi(s,a)$ 被定义为

$$Q_\pi(s,a) = E_\pi[G_{(t)} \mid S_{(t)}=s, A_{(t)}=a] \\ = E_\pi\Big[\sum_{k=t}^{\infty} \gamma^{k-t} R_{(k+1)} \mid S_{(t)}=s, A_{(t)}=a\Big] \quad (6.42)$$

最佳策略 π^* 总是能够达到最佳状态-行动值函数 $Q(s,a)$,它能够对特定的状态-动作求出其最大的价值,即

$$Q^*(s,a) = \max_\pi Q_\pi(s,a) \quad (6.43)$$

换句话说,如果得到了最佳状态-行动值函数 $Q^*(s,a)$,就可以通过以下方式找到最佳策略,即最大化 $Q^*(s,a)$:

$$\pi^*(a|s) = \arg\max_{a \in A(s)} Q^*(s,a) \quad (6.44)$$

因此,找到最优策略 π^* 等同于获得最佳状态-行动值函数 $Q^*(s,a)$。由于两者的一致性,最优行动价值函数可以写成一种特殊的形式,称为贝尔曼最优性方程,其表达式为

$$Q^*(s,a) = E_\pi[R_{(t+1)} + \gamma \max_{a'} Q^*(s',a')] \quad (6.45)$$

式中:γ 为折扣率,$0 < \gamma < 1$。基于式(6.45),最佳状态-行动值函数可以通过时差更新的方式进行估计,其表示为

$$Q(s,a) \leftarrow Q(s,a) + \alpha[r(s,a) + \gamma \max_{a'} Q(s',a') - Q(s,a)] \quad (6.46)$$

式中:$Q(s,a)$ 为智能体通过训练学习到的动作值函数;α 为学习率。经过多次迭代,$Q(s,a)$ 可以收敛到 $Q^*(s,a)$,与所遵循的策略无关。

与 Q-learning 算法不同,DQN 使用人工神经网络 $Q(s,a;\theta)$,称为预测网络,作为函数近似器来估计状态-行动值函数 $Q(s,a;\theta) \approx Q^*(s,a)$,其中 θ 是神经网络的权重,θ 的数量远远小于状态的数量。预测网络的输入是状态,而所有可能生成的动作的相应值作为输出。此外,另一个神经网络 $Q(s,a;\theta^-)$,称为目标网络,被用来估计式(6.46)中的目标值。目标网络具有与预测网络相同的结构。然而,它的权重 θ^- 是每隔固定的迭代次数更新,而不是每一个训练周期都从 θ 中复制的。预测网络和目标网络都被称为 Q 网络。

为了训练得到 $Q(s,a;\theta)$,使用一个均方误差损失函数 $L(\theta)$ 来进行计算,即

$$L(\theta) = \frac{1}{|\tilde{D}|} \times \sum_{e \in D} [r(s,a) + \gamma \max_{a'} Q(s',a';\theta^-) - Q(s,a;\theta)]^2 \quad (6.47)$$

其中，$e=(s,a,r(s,a),s')$是一个四元组，代表有奖励的状态转换的经验（也叫样本）；$\tilde{D}$是从经验回放池中随机抽取出来的一批经验。最小化$L(\theta)$相当于减少贝尔曼方程中的均方误差，这可以通过使用不同的算法来实现权重θ的更新。因此，DQN算法用式（6.47）更新权重θ代替了用时间差分法进行更新。

首先将离散问题建模为一个马尔可夫决策过程。由于在无人机路径固定的情况下，每个时隙的优化问题的求解是相互独立的，可以训练一个网络来对每个时隙内的子载波的归属进行求解。强化学习的目的是获取最大长期回报，即得到 Reward 的最大值。通常回报函数与目标函数相关，如果想要利用强化学习来解决问题，就需要把回报函数和目标函数联系起来。本节的优化目标是使得用户和无人机的加权能耗和最小化，而强化学习的目标是最大化长期累积回报，所以，可以采用目标函数的相反数或者倒数的方法。Ye 等（2019）在研究中，将子载波作为智能体来进行决策。相似地，本节也将子载波作为智能体来进行训练。

状态（State）：输入的状态为子载波在单个时隙内的 32 个信道状态、当前 8 个子载波的归属及 4 个用户与无人机进行通信的速率，还有每个用户所在时隙分到的子载波的数目。对于无人机来说，如果要根据自己与地面所有用户的相对位置，来得知每个子载波和 4 个用户之间的信道状态，以便于子载波（智能体）能够更好地掌握全局信息，智能体还需要知道现有的子载波的归属情况，能够根据当前子载波的归属情况、4 个用户的通信速率和子载波的数目作出决策，选择与其中的某一个用户进行连接。

动作（Action）：在每个时隙内，智能体和环境都会发生交互。由于在这个系统中，采用的是正交频分多址接入，子载波和用户之间不会产生干扰，每个子载波只可以选择一个用户，而用户可以同时关联多个子载波。为了实现这个目的，将网络的输出动作维度设置为 4，即子载波可以关联 4 个用户。子载波在每一次决策的过程中，会根据当前的状态，做出一个动作，通过不断地与环境交互，学习到最佳的子载波连接方案。

奖励（Reward）：在马尔可夫决策过程中，智能体在状态为S_t的情况下选择某一个动作（用户），然后环境会基于当前的状态S_t和动作给以智能体一个奖励 Reward，其中 Reward 为即时奖励。在这个系统中，如果无人机的位置固定，那么每个时隙的子载波的分配是相对独立的。所以，在训练的时候，将即时回报函数设置为当前时隙下，智能体根据当前的状态，选择关联的用户获得的即时奖励。由于目标函数是最小化系统的加权能耗和，而在深度强化学习中，需要训练智能体能够根据不同的状态，作出最佳的决策，寻找一个最大化长期回报的策略，可以将回报值函数设置为单个时隙加权能耗和的倒数。所以，将奖励函数定义为

$$R[n] = \frac{1}{\left(\sum_k \omega_1 (E_k^{\text{Loc}}[n] + E_k^{Tr}[n]) + \sum_k E_k^{\text{Off,comp}}[n] + \omega_2 \frac{\|Q[n]-Q[n-1]\|}{V} \cdot P(V)\right)}$$

(6.48)

下一个状态（Next State）：当智能体选择输出的动作之后，无人机和用户之间的子载波分配方案发生了变化，神经网络会根据新的子载波分配方案，再从当前时隙的用户和无人机的相对位置，转移到新的状态。其中，子载波的归属和每个用户的子载波数目可能会发生变化。由于子载波可能会选择与原来不同的用户进行连接，那么无人机和用户之间的通信速率也会发生改变。

图 6.10 是联合优化变量的算法流程图。在整个算法中,首先,固定用户和无人机的计算资源以及无人机的轨迹和用户的卸载率;然后,利用这些状态信息训练神经网络,由于无人机的轨迹是固定的,可以让神经网络独立地输出每个时隙的子载波分配;在得到所有时隙的子载波分配方案之后,和其他变量进行交替迭代优化,直到达到预设的精度或者最大的迭代次数,算法结束。

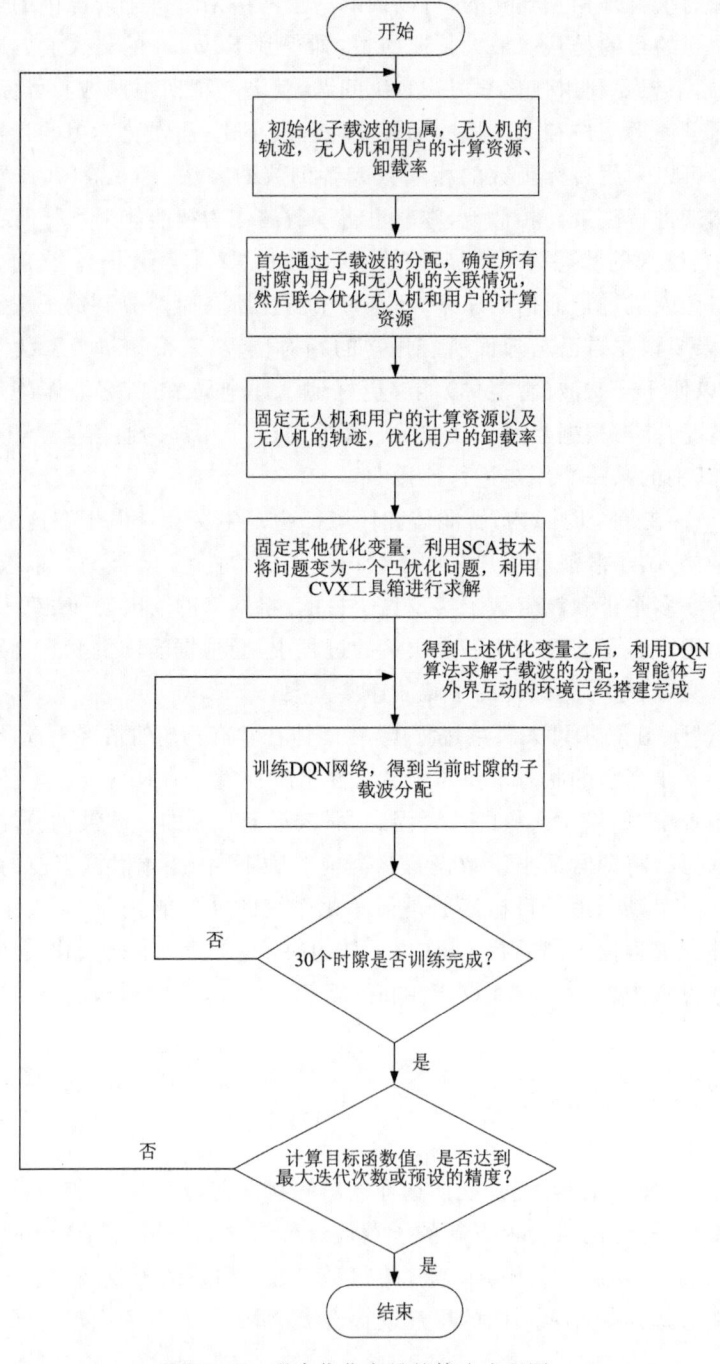

图 6.10 联合优化变量的算法流程图

6.3 仿真结果与分析

通过前文的论述,对于子载波的分配问题,可以利用 DQN 算法来进行求解。本节需要训练一个神经网络来处理子载波的分配问题。在利用 DQN 算法求解时,首先需要利用子载波作为智能体,通过对智能体的训练,使其能够学习到在不同的计算资源、信道状态等条件下合理地分配子载波。

6.3.1 实验仿真参数

实验仿真参数及其取值见表 6.3。

表 6.3 实验仿真参数

变量	参数	值
H	无人机的飞行高度	100m
q_0	无人机的起始位置	(0,200)
q_F	无人机的终点位置	(400,200)
B,M	总的带宽和子载波个数	0.2MHz,8
$f_{\text{Loc}}^{\max}$	用户的 CPU 最大计算频率	1GHz
$f_{\text{UAV}}^{\max}$	无人机的 CPU 最大计算频率	5GHz
Task	每个用户需要处理的数据长度	20~50kB
ω_1,ω_2	权重参数	$100,10^{-5}$
δ,N	时隙长度和时隙个数	2s,30
$t_{\text{hover}},T_{\text{fly}}$	悬停时间和最大飞行时间	1s,1s
$L_k[n]$	处理 1bit 的数据需要的 CPU 的周期数	500cycles/bit
P^{Tr}	用户的发射功率	100MW
σ^2	噪声功率	-100dBm
$V,V_{\max}$	无人机的速度和最大飞行速度	30m/s,50m/s
$\kappa_{\text{uav}},\kappa$	无人机和用户的 CPU 的开关电容系数	10^{-26}
Learning rate	算法学习速率	0.000 5
Memory length	经验回放池大小	2000
Sample size	样本采样大小	64
γ	折扣因子	0.95

6.3.2 实验仿真

利用 Tensorflow 1.5 的深度学习框架来进行网络环境的搭建,在 python 3.6 的环境下进行。在进行网络训练的过程中,需要训练 600 个 episode 的结果。在训练的过程中,子载波根据当前的信道状态信息、用户之间的通信速率等不断地进行训练,直到 Reward 收敛。

对比算法为均分子载波算法和遗传算法。

(1)均分子载波算法:在每个时隙中,将 8 个子载波平均分配给 4 个用户,每个用户拥有 2 个子载波;然后,用户通过连接与无人机建立通信,根据自身的状态信息,卸载计算任务到无人机上进行计算。

(2)遗传算法(genetic algorithm,GA):随机构建 200 个种群,每个种群的个体大小为 30 个时隙中的 8 个子载波的归属,所以每个种群的大小为 240。在每次要得到子载波的归属时,需要计算出每个种群的适应度函数值,适应度函数值越大的个体被选到的概率越大。将优化的个体遗传给下一代或者通过交叉产生新的个体再遗传给下一代。为了避免 GA 算法过早陷入局部最优解,需要在种群之间进行交叉和变异的操作。由于每个种群的大小为 240,是 30 个时隙的子载波分配结果,此过程中会随机选择若干个时隙进行交叉和变异,以便于增加种群的多样性,找到次优的子载波分配方案。

6.3.2.1 训练 DQN 网络

通过实验仿真可以看出,网络训练的回报值在 1~140 个 episode 时上升趋势明显,在 140 个 episode 之后,回报值开始趋于稳定,偶尔有较小的波动(图 6.11),这说明该网络得到了很好的训练。在网络训练的前期还是一个探索阶段。网络一开始根据 ε-Greedy 算法进行试错学习,所以回报值波动较大,但是由于不断与外界环境互动学习,通过环境给予的奖励反馈,网络的 Reward 值呈现上升趋势。由于网络已经在前期学习到了大量的经验,后期开始以利用为主,输出的动作是以最大 Q 值来进行选择,所以神经网络的 Q 值开始收敛,最后趋于稳定。

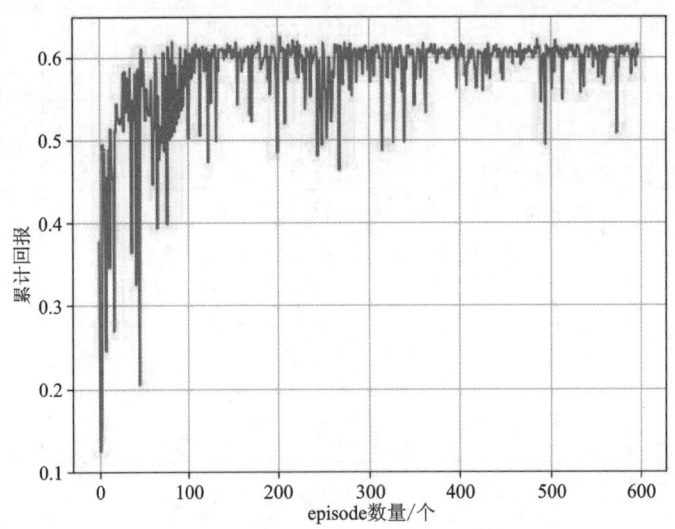

图 6.11 DQN 网络的每个 episode 的回报值

6.3.2.2 不同场景下的实验仿真

（1）首先，将 4 个用户分布在 400m×400m 的区域内的 4 个角落，用户 1 的坐标为(0,0)，用户 2 的坐标为(400,0)，用户 3 的坐标为(0,400)，用户 4 的坐标为(400,400)。在每个时隙中，将 4 个用户的任务量设置为 30kB。无人机的飞行速度为 30m/s，最大的迭代次数为 150 次。

从图 6.12 可以看出，当对子载波进行平均分配时，目标函数的值变化很小，在第 45 次迭代时才有明显的变化。因为当子载波的分配确定时，无人机的轨迹影响将变得很小，无人机和用户之间的通信速率变化不大，所以会比较稳定。对于 GA 算法来说，由于在这个系统中，设置的种群数为 30 个时隙子载波的分配，所以 GA 算法收敛相对 DQN 算法来说，性能上有一定的差异，但是相较于在每个时隙中平均分配子载波的方法而言，GA 也能够合理地分配子载波。当利用 DQN 算法进行子载波分配时，无人机和用户的加权能耗和最小，说明 DQN 算法的神经网络可以很好地解决离散的问题，能够在每个时隙中合理地分配子载波给用户。

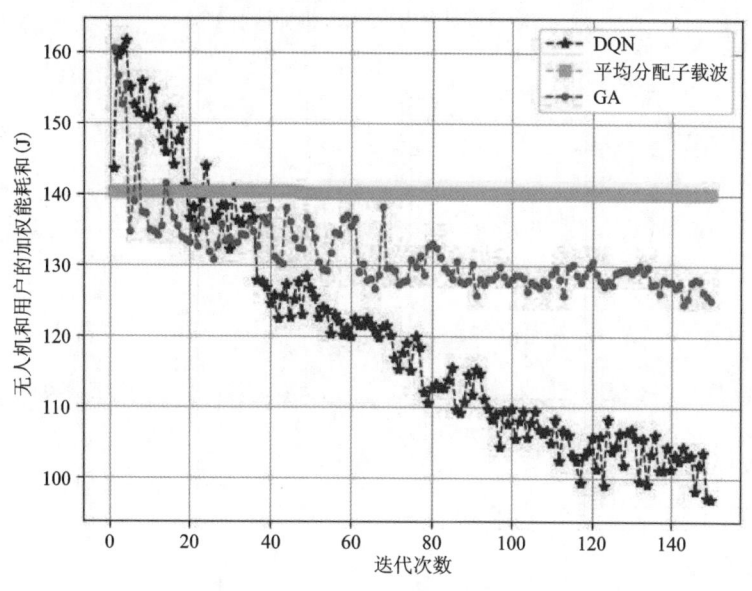

图 6.12 目标函数的收敛图

从图 6.13 可以看出，由于地面 4 个用户的任务量设置一样，所以无人机的轨迹大致在中间的路径之间发生变化。无人机在每个时隙会根据自己和地面用户的相对位置来合理地分配子载波，使得每个用户可以和无人机之间建立良好的通信状态，然后用户卸载计算任务到无人机上进行计算。

从图 6.14 可以看出，由于地面 4 个用户的任务量一样，用户会根据自己与无人机的位置以及与无人机之间的通信速率，卸载计算任务到无人机上进行计算。由于 4 个用户在对称的位置，无人机的飞行轨迹也在起始点到终点的轨迹上进行调整。在每个时隙中，并不是所有用户都会卸载计算任务到无人机上进行计算，这是因为 DQN 网络根据用户和无人机的计算

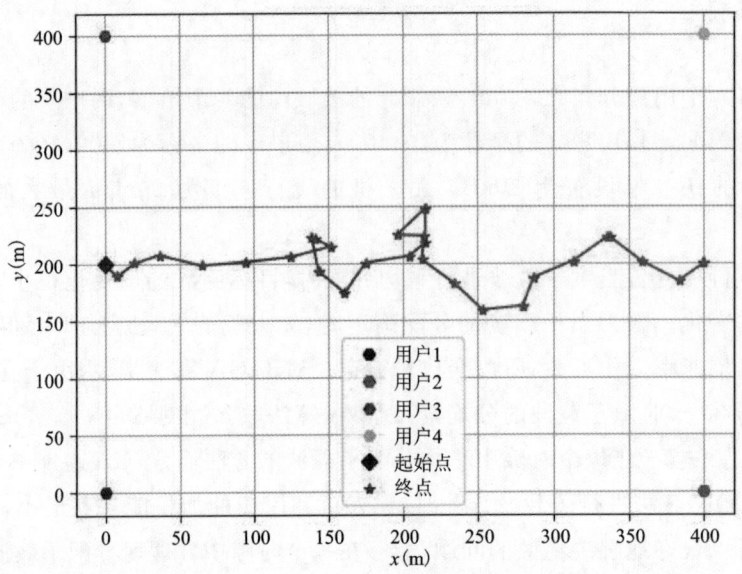

图 6.13 DQN 优化的无人机的飞行轨迹

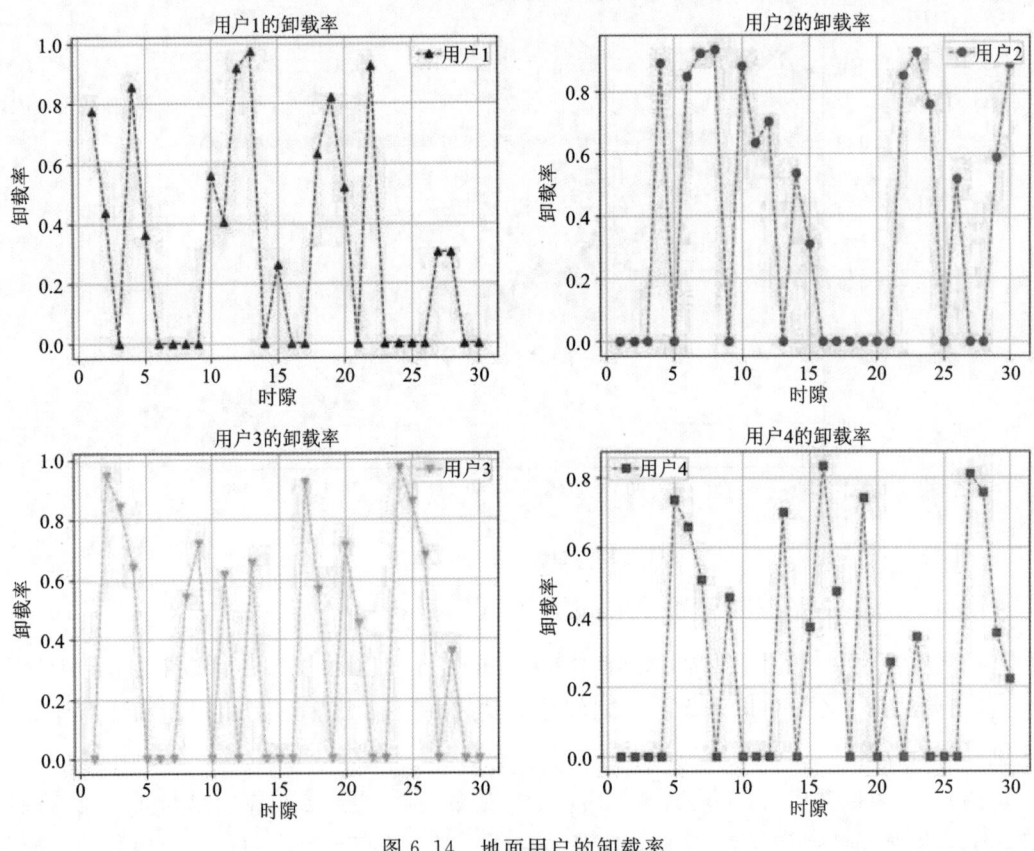

图 6.14 地面用户的卸载率

资源、用户与无人机的通信速率、无人机的悬停位置等环境状态来进行子载波的分配，考虑的是最小化整个系统的能耗。

(2)改变地面用户的坐标位置。在400m×400m的区域内,将地面上的4个用户的横纵坐标在(0,400)之间均匀分布。无人机的起始点位置为(0,200),终点位置为(400,200),飞行高度为100m,4个用户在所有时隙需要计算的任务量均为30kB。

图6.15是改变地面用户的位置之后无人机的飞行轨迹图。与图6.13的无人机轨迹相比明显发生了改变,无人机将更多的位置悬停点集中在距离用户1、用户2以及用户3的周围,而无人机离用户4较远。在中间很长一段时间内,无人机在坐标(130,220)周围不断悬停,因为在这个位置点附近,无人机距离4个用户都较近,能够更多地与用户进行通信,建立良好的通信状态,在较短的时间内,使得用户以较快的传输速率卸载任务到无人机上进行计算。在无人机最大悬停时间的约束下,无人机也可以获得更多的时间来计算任务,在后期由于无人机需要在一定时间内飞回终点,无人机在最后5个时隙内径直地飞到了终点的位置,这样可以节约无人机的飞行能量,从而使整个系统的加权能耗减少。

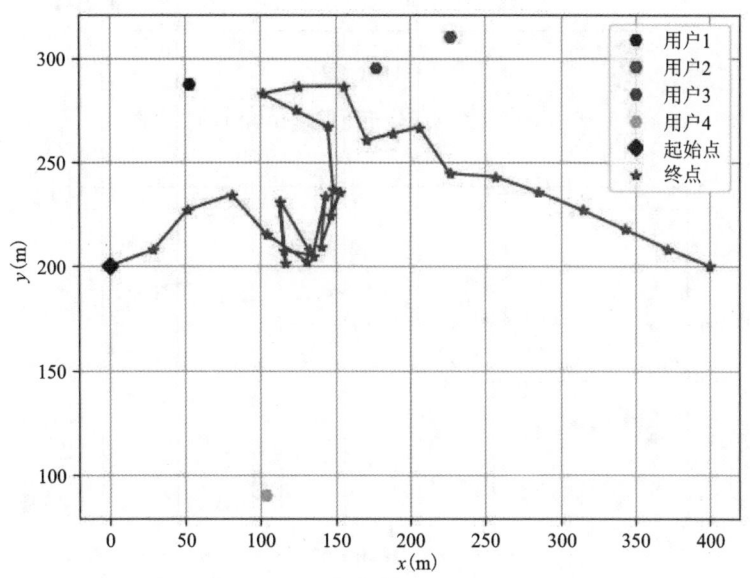

图6.15 用户坐标均匀分布时的无人机飞行轨迹

从图6.16可以看出,当改变地面坐标的位置时,网络的拓扑结构发生了改变,GA算法得到的子载波的分配结果比平均分配子载波的方式效果要好。虽然GA算法的性能变得相对较差,网络拓扑的改变对GA算法有一定的影响,而利用DQN算法进行子载波的选择,目标函数值一直在下降,在第80次迭代之后,算法开始收敛,趋于稳定,DQN算法能够很好地适应网络拓扑结构的改变,因为DQN网络在不断地训练中,经过不断地试错学习,通过与环境互动,利用得到的奖励,不断地调整策略,最后可以得到一个最优的策略,找到合适的子载波分配方案。

(3)轨迹优化的对比图。在每个时隙中,将用户1和用户2的任务量设置为20kB,用户3和用户4的任务量设置为50kB。

从图6.17可以看出,当用户3和用户4的任务量相较于用户1和用户2的任务量较大时,无人机会更偏向于向用户3和用户4飞行,相较于图6.3而言,无人机的轨迹由中间往上

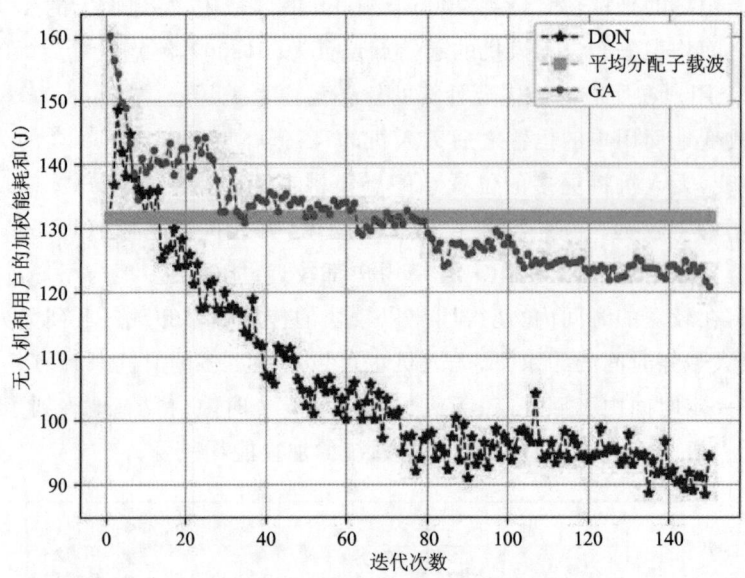

图 6.16 用户位置均匀分布下的目标函数的收敛图

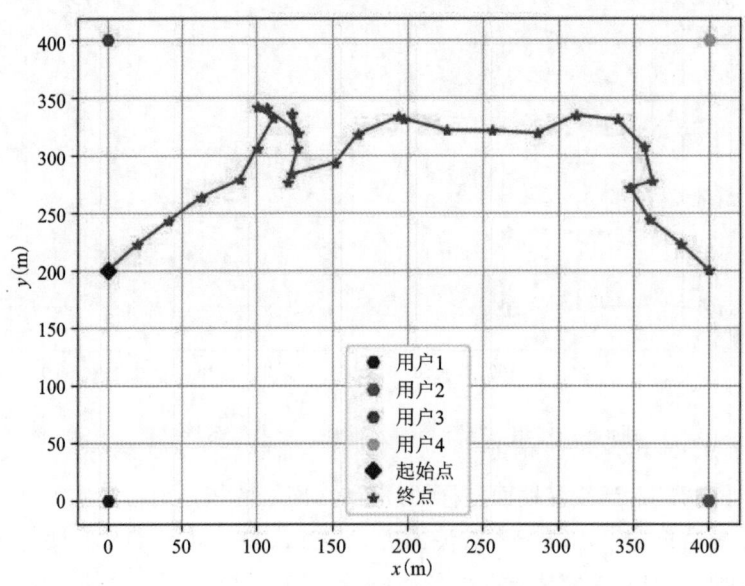

图 6.17 用户任务不对称的无人机的飞行轨迹

飞行,并且有一段时间,无人机在坐标(110,340)的位置附近悬停。不同的用户分配的子载波是不同的,使得用户到无人机的传输速率是不同的,获得的计算资源也是不同的,用户 3 和用户 4 并不是完全等价的,所以无人机的悬停点并不是均匀分布的。

从图 6.18 可以看出,平均分配子载波的方案,从第 85 次迭代后就趋于稳定。这是因为每个用户都有子载波的连接,各种计算资源和无人机的路径优化与子载波分配相互影响较小。GA 算法从迭代开始到第 80 次迭代,整个过程中变化的幅度较大,无人机在靠近用户 3 和用户 4 的时候,子载波的分配在不断变化,在 80 次迭代之后,无人机的轨迹趋于稳定,GA

算法在进行子载波分配的时候,也会随着无人机悬停点的稳定而逐渐收敛。当无人机从起始点到终点直线飞行时,无人机的轨迹确定,与优化轨迹相比,差距较小,DQN 算法能够不断地训练,学习到在不同轨迹下的最佳策略,能够得到较好的子载波分配方案。

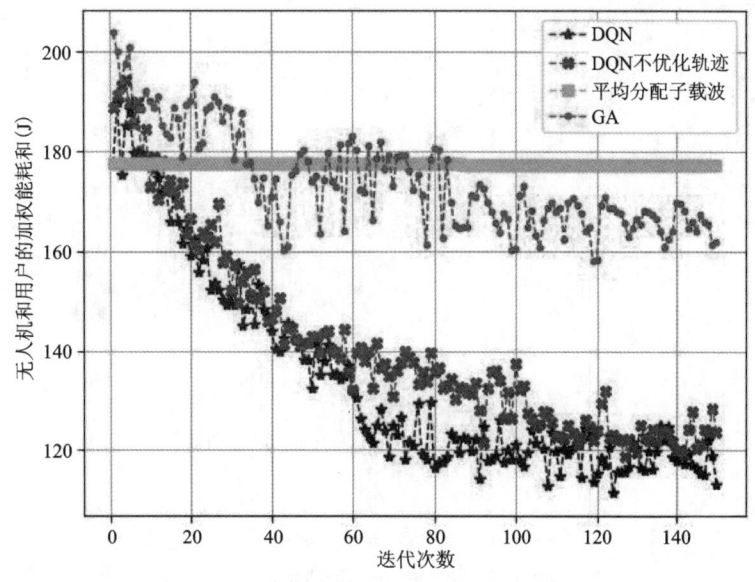

图 6.18 不优化轨迹的目标函数收敛图

(4)改变用户的最大计算资源。将 4 个用户的最大资源进行改变,分别在计算资源为 1GHz 和 0.5GHz 下对两种任务进行对比。将无人机的最大计算资源进行改变,分别为 5GHz 和 3GHz。一种是每个用户在时隙中的任务量都为 30kB,另一种是用户 1 和用户 2 的任务量为 20kB,用户 3 和用户 4 的任务量为 40kB。

在每个时隙中,4 个用户的总任务量相同,均为 120kB。图 6.19 是在无人机的计算资源为 5GHz,用户计算资源分别为 1GHz 和 0.5GHz 的条件下进行仿真的结果。本地最大计算资源为 0.5GHz,4 个用户的任务量为 20kB 和 40kB 的混合任务的情况下,目标函数值最大,这是因为本地计算资源减少,用户需要卸载更多的任务到无人机进行计算,由于任务的分布不均,无人机需要飞行更多的距离来与用户进行通信,这使得整个系统的能耗增加。在图 6.20 中,在本地最大计算资源为 0.5GHz,无人机的最大计算资源为 5GHz 和 3GHz,无人机的计算资源较多时,用户会卸载更多的任务到无人机上进行计算,且其中当 4 个用户的任务量为 20kB 和 40kB 的混合任务时,在不同的无人机计算资源下都比任务为 30kB 的能耗要大,如果任务分布不均,那么无人机就会增大飞行距离来找到最佳悬停通信点,但同时无人机的飞行能耗也会增加,无人机可以通过优化飞行轨迹来影响各种计算资源和通信资源的分配,从而最小化系统能耗。结果表明,无人机的轨迹规划对资源的分配有着重要的影响。

(5)改变无人机的飞行速度。在无人机的飞行高度为 100m,无人机的最大计算资源为 5GHz,用户的最大计算资源为 1GHz,4 个用户的任务量均为 30kB 的条件下,将无人机的飞行速度分别设置为 30m/s、35m/s、40m/s 及 45m/s 共 4 种情况来进行实验仿真。

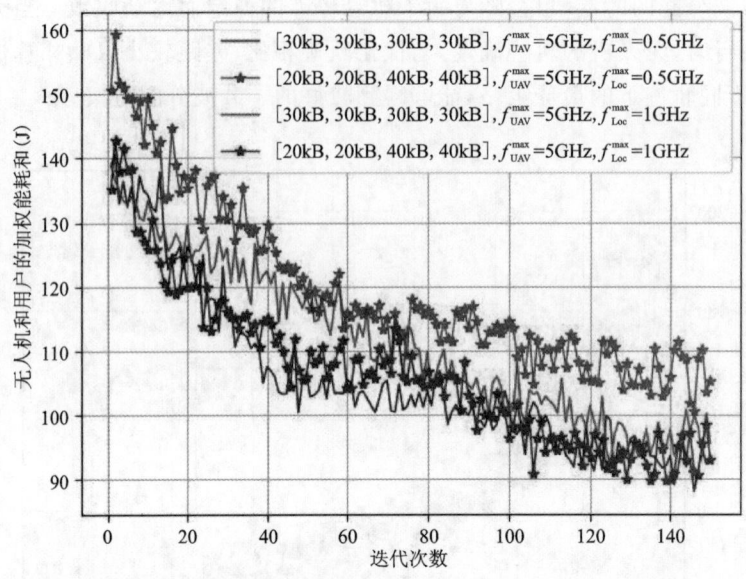

图 6.19 本地最大计算资源分别为 1GHz 和 0.5GHz 下的系统能耗

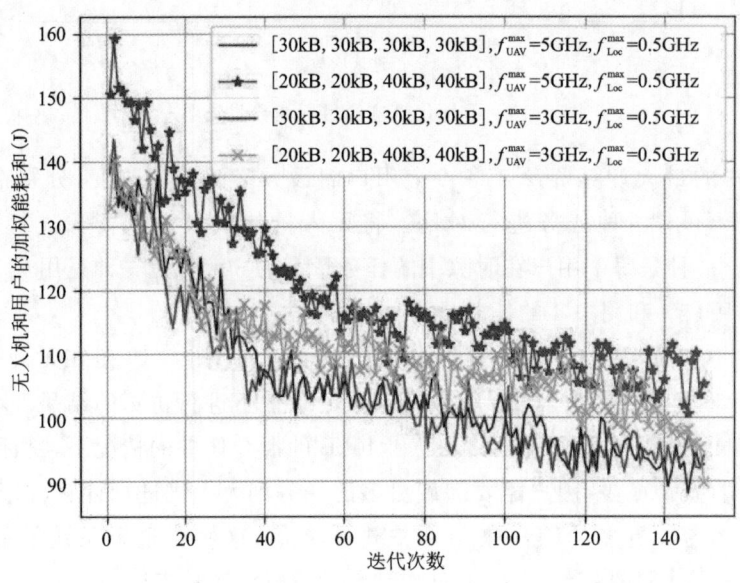

图 6.20 无人机最大计算资源分别为 5GHz 和 3GHz 下的系统能耗

在无人机辅助下的移动边缘计算系统中,旋翼无人机的飞行速度对系统的能耗有着较大的影响。从图 6.21 和图 6.22 来看,随着速度的增大,无人机的速度变化为 30m/s、35m/s、40m/s、45m/s,在一个时隙内,无人机飞满第二个子时隙的整个时间的数量呈下降趋势。相反,无人机的飞行距离为 0 的时隙增多,意味着无人机在不同时隙找到的最佳位置悬停点是相同的。这是因为随着无人机的飞行速度变大,旋翼无人机的推进功率将变大,使得无人机的推进能耗部分在整个目标函数中的比重变大,无人机为了节约飞行能耗,会缩短飞行距离。

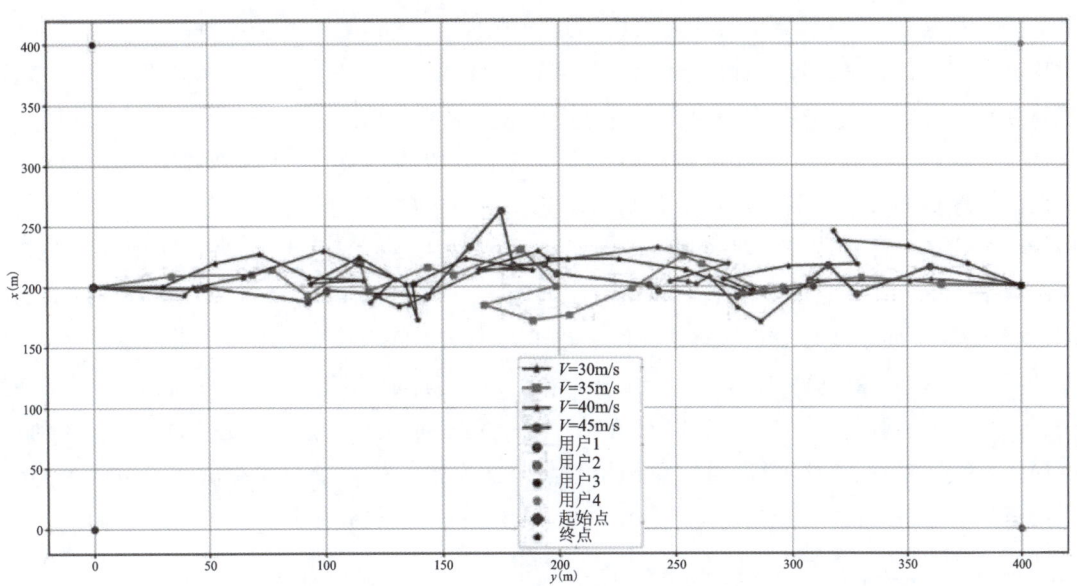

图 6.21 无人机在 4 种不同速度下的飞行轨迹

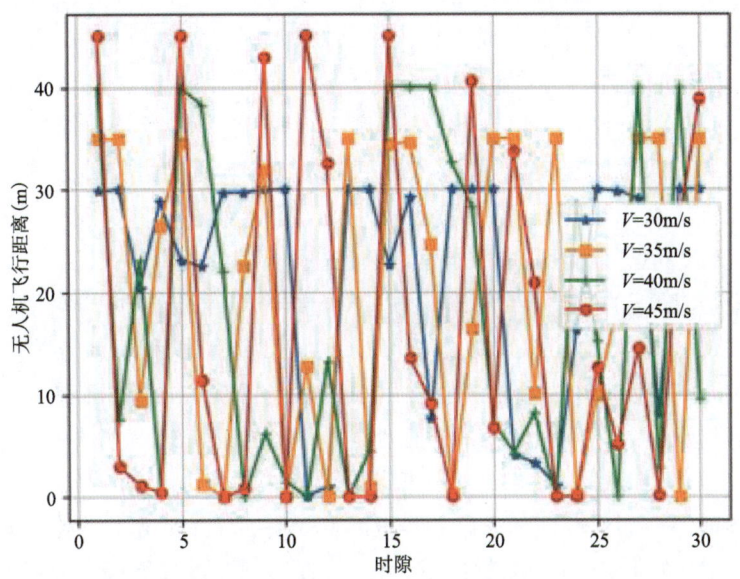

图 6.22 无人机速度为 30m/s、35m/s、40m/s 和 45m/s 时的飞行距离

6.4 总结与展望

6.4.1 总结

本研究基于无人机辅助下的移动边缘计算,当无人机飞过地面用户的上空时,根据无人机与地面用户之间的位置关系以及地面用户所需要处理数据量的多少等情况来进行子载波

的分配。在这个系统中,为了保证无人机与地面的通信质量,无人机在该时隙内的一部分时间用来悬停通信,在这段时间内地面用户卸载计算任务到无人机上执行,无人机完成计算后再将任务回传给地面用户,直到回传完所有用户的资源之后,才开始飞行,找到下一个时隙的最佳位置悬停点。通过联合优化用户和无人机的计算资源、用户的任务卸载率、无人机的轨迹以及子载波的分配来最小化整个系统的能耗。由于这些变量耦合在一起,所以,采取交替迭代的方式进行优化,对于连续型变量,先利用 SCA 技术转换为凸优化问题,再利用 CVXPY 求解器来求解。而子载波分配是一个离散的问题,由于在不同的时隙内,子载波都要重新分配,这使得这类问题变得很难求解。深度强化学习中的 DQN 算法是求解离散问题的有力工具。所以,可以利用 DQN 技术来进行求解,将无人机与地面用户之间的信道状态、子载波的归属、用户分配到的子载波的个数以及用户与无人机之间的通信速率作为 DQN 的神经网络的输入,通过神经网络的训练,可以得到子载波分配方案。相较于 GA 算法和子载波平均分配给用户的方案来说,本研究提出的算法能够得到更优的子载波分配。

6.4.2 展望

本研究只考虑了单个无人机的轨迹规划方面的问题,然而在实际的情况中,需要多个无人机之间相互配合才能够更好地完成工作。而且,对于旋翼无人机来说,它的飞行动力模型较为复杂,旋翼无人机的功率和无人机的飞行速度有关,并且是非线性的关系。为了简化模型,主要考虑无人机在每个时隙都以相同的速度飞行,把这个飞行速度简化为无人机飞行的平均速度。在后续无人机的建模中,应该考虑用无人机的实际动力模型来进行计算。本研究考虑的场景为无人机在飞行的过程中高度是保持不变的,而在实际情况中,无人机的高度应该是会变化的,所以,还可以对无人机的垂直高度进行合理的规划。

(1)在无人机辅助下的移动边缘计算系统中,主要是利用深度强化学习技术中的 DQN 算法来求解子载波的分配,而对于深度强化学习技术而言,还可以利用其他的算法来求解控制系统的连续变量,如利用 DDPG 技术来求解无人机的飞行轨迹,无人机和用户的计算资源的分配等。在很多情况下,单智能体的深度强化学习并不能够有效地解决一些复杂的问题,需要利用多智能体强化学习(DRL)来进行建模求解。通常,在利用 DRL 建立模型往往会涉及连续型和离散型的混合动作空间的求解。最近几年,研究人员提出了一种 parametrized deep Q-network(P-DQN)的框架,在这个框架下,可以将连续型变量进行近似或松弛,利用 P-DQN 算法可以求解混合动作空间,这样使得优化的结果更加精确。

(2)在无人机辅助下的移动边缘计算系统中,还应该考虑数据的安全问题。由于用户和无人机之间通过无线传输进行通信,在这个过程中,地面用户和无人机之间的通信内容很容易被附近窃听者窃取到。同时,当地面上的多个用户同时与无人机进行通信,用户之间也会存在隐私泄露的风险。联邦学习是一种注重用户数据隐私和安全的技术,已经有人将联邦学习和 DRL 技术引入移动边缘计算中。所以,也可以考虑将联邦学习引入无人机辅助下的移动边缘计算系统中,保证用户与无人机之间通信数据的隐私安全。

主要参考文献

陈琼,崔德山,王菁莪,等,2020.不同固结状态下黄土坡滑坡滑带土的蠕变试验研究[J].岩土力学,41(5):1635-1642.

程鹤,陈树文,2016.基于复相关-灰色关联分析的高校科技创新能力指标体系的构建[J].科技管理研究,36(6):117-123.

戴娆,2020.无人机辅助的反向散射通信系统资源配置与路径规划联合设计[D].成都:电子科技大学.

党升,冯晓,卢志豪,等,2023.基于最小二乘准则的滑坡位移动态权系数线性组合预测模型研究[J].数学的实践与认识,53(11):150-157.

董智敏,2018.基于深度学习的滑坡体含水量预测研究[D].武汉:中国地质大学(武汉).

杜毅,晏鄂川,蔡静森,等,2023.折线型复合式滑坡渐进破坏稳定性状态的力学判别[J].岩土工程学报,45(6):1151-1161.

范意民,王海军,张静薇,等,2008.GPS技术在三峡库区地质灾害预警中的应用[J].水文地质工程地质(4):102-105.

冯帅,2018.基于信息融合的滑坡动态物理力学模型研究[D].武汉:中国地质大学(武汉).

谷晓会,章国安,2020.移动边缘计算在车载网中的应用综述[J].计算机应用研究,37(6):1615-1621.

韩世亮,陈泰霖,2021.坝基岩体软弱夹层饱水劣化剪切蠕变特性及本构模型[J].中国测试,47(9):41-46.

何满潮,2009.滑坡地质灾害远程监测预报系统及其工程应用[J].岩石力学与工程学报,28(6):1081-1090.

胡士强,敬忠良,2005.粒子滤波算法综述[J].控制与决策(4):361-365,371.

胡新丽,孙淼军,唐辉明,等,2014.三峡库区马家沟滑坡滑体粗粒土蠕变试验研究[J].岩土力学,35(11):3163-3169.

胡亚波,王丽艳,2005.三峡水库调度对库岸斜坡体内渗透压力与斜坡稳定性影响研究[J].岩石力学与工程学报,24(16):2994-2997.

黄发明,殷坤龙,杨背背,2018.基于时间序列分解和多变量混沌模型的滑坡阶跃式位移预测[J].地球科学,43(3):887-898.

来剑斌,2003.土壤水分运动特征及其参数确定[D].西安:西安理工大学.

李安,戴龙斌,余礼苏,等,2022.加权能耗最小化的无人机辅助移动边缘计算资源分配策略[J].电子与信息学报,44(1):1-8.

李华旭,2021.基于RNN和Transformer模型的自然语言处理研究综述[J].信息记录材料,22(12):7-10.

李侑军,张红日,朱真,等,2023.切割作用下牵引式古滑坡复活机理:以国道S206古滑坡为例[J].科学技术与工程,23(35):15002-15009.

梁广俊,王群,辛建芳,等,2021.移动边缘计算资源分配综述[J].信息安全学报,6(3):227-256.

梁桂兰,徐卫亚,2006.模糊马尔科夫链状模型在斜坡稳定性预测中的应用[J].中国地质灾害与防治学报,17(4):64-67.

梁宏涛,刘硕,杜军威,等,2023.深度学习应用于时序预测研究综述[J].计算机科学与探索,17(6):1285-1300.

林松,王薇,邓小虎,等,2020.三峡库区典型滑坡地质与地球物理电性特征[J].吉林大学学报(地球科学版),50(1):273-284.

刘传正,李铁锋,温铭生,等,2004.三峡库区地质灾害空间评价预警研究[J].水文地质工程地质(4):9-19.

刘光伟,郭直清,刘威,2023.基于GJO-MLP的露天矿边坡变形预测模型[J].工矿自动化,49(9):155-166.

刘航源,陈伟涛,李远耀,等,2024.基于EEMD-CNN-LSTM的新型综合模型在滑坡位移预测中的应用[J].地质力学学报,30(4):633-646.

罗文强,李飞翱,刘小珊,等,2016.多元时间序列分析的滑坡演化阶段划分[J].地球科学,41(4):711-717.

马建文,秦思娴,2012.数据同化算法研究现状综述[J].地球科学进展,27(7):747-757.

马星杰,2021.无人机辅助的边缘计算网络中的联合轨迹和任务卸载策略研究[D].北京:北京邮电大学.

彭丁聪,2009.卡尔曼滤波的基本原理及应用[J].软件导刊,8(11):32-34.

彭建兵,2006.区域稳定动力学的应用实践研究区域非稳定动力学环境下的大型水电工程环境灾害效应[M].北京:地质出版社.

乔卓,崔德山,陈琼,等,2021.三峡库区黄土坡滑坡滑带土卸荷状态下的直剪蠕变特性研究[J].安全与环境工程,28(4):156-163.

秦四清,2005.斜坡失稳过程的非线性演化机制与物理预报[J].岩土工程学报(11):6-13.

宋朋涛,李超,徐莉婷,等,2017.基于个人计算机的智能家居边缘计算系统[J].计算机工程,43(11):1-7.

汤罗圣,2013.三峡库区堆积层滑坡稳定性与预测预报研究[D].武汉:中国地质大学(武汉).

唐朝晖,余小龙,柴波,等,2021.顺层岩质滑坡渐进破坏进入加速的能量学判据[J].地球科学,46(11):4033-4042.

唐菲菲,周海莲,唐天俊,等,2023.融合动静态变量的滑坡多步位移预测方法[J].吉林大学学报(工学版),53(6):1833-1841.

王春燕,2020.无人机移动边缘计算系统的优化策略研究[D].南昌:南昌大学.

王卫中,高德,2022.塑性滑坡安全状态的确定方法研究[J].工业建筑,52(1):137-142.

吴承祯,洪伟,2000.滑坡预报的 BP-GA 混合算法[J].山地学报,18(4):360-364.

吴冲龙,谭照华,李伟忠,等,2006.三峡库区地质灾害勘察点源信息系统的研发[J].水文地质工程地质(2):123-128.

夏敏,任光明,马鑫磊,等,2014.库水位涨落条件下滑坡地下水渗流场动态特征[J].西南交通大学学报,49(3):399-405.

许强,汤明高,徐开祥,等,2008.滑坡时空演化规律及预警预报研究[J].岩石力学与工程学报(6):1104-1112.

许世琳,2021.车联网中基于深度强化学习的计算任务卸载策略研究[D].北京:北京邮电大学.

杨丽,吴雨茜,王俊丽,等,2018.循环神经网络研究综述[J].计算机应用,38(S2):1-6,26.

叶琼,李绍稳,张友华,等,2011.云模型及应用综述[J].计算机工程与设计,32(12):4198-4201.

易庆林,曾怀恩,黄海峰,2010.基于 GPS 监测数据的某滑坡变形分析[J].地质科技情报,29(6):106-109.

易庆林,张明玉,文凯,等,2017.三峡库区白水河滑坡变形特征及影响因素的阶段分析[J].三峡大学学报(自然科学版),39(1):38-42.

易贤龙,2016.降雨与库水位作用下白水河滑坡渐进破坏概率研究[D].武汉:中国地质大学(武汉).

殷跃平,刘传正,陈红旗,等,2013.2013年1月11日云南镇雄赵家沟特大滑坡灾害研究[J].工程地质学报,21(1):6-15.

袁斌,黄耀英,陈勋辉,等,2017.基于受力状态的雾江滑坡体类型判定[J].防灾减灾工程学报,37(4):675-680.

曾裕平,2009.重大突发性滑坡灾害预测预报研究[D].成都:成都理工大学.

张广驰,何梓楠,崔苗,2023.基于深度强化学习的无人机辅助移动边缘计算系统能耗优化[J].电子与信息学报,45(5):1635-1643.

张乃心,陈霄睿,李安,等,2023.基于深度强化学习和无线充电技术的 D2D-MEC 网络边缘卸载框架[J].计算机科学,50(8):233-242.

张训文,2016.降雨和库水位条件下库岸滑坡破坏概率分析[D].武汉:武汉工程大学.

BAO L,ZHANG G,HU X,et al.,2021. Stage division of landslide deformation and prediction of critical sliding based on inverse logistic function[J]. Energies,14(4):1091.

CHANG H,CHANG K,2012. An investment and consumption problem for quadratic utility function in an incomplete market[C]// 2012 24th Chinese Control and Decision Conference (CCDC):2039-2042.

CHEN Y J,CHEN W,KU M L,2022. Trajectory design and link selection in UAV-assisted hybrid satellite-terrestrial network[J]. IEEE Communications Letters, 26 (7):1643-1647.

CUI Y,ZHANG Q,FENG Z,et al.,2022. Topology-aware resilient routing protocol for FANETs:An adaptive Q-learning approach[J]. IEEE Internet of Things Journal,9(19):18632-18649.

ESTRIN D,GIROD L,POTTIEG,et al.,2001. Instrumenting the world with wireless sensor networks[C]//2001 IEEE International Conference on Acoustics,Speech,and Signal Processing,4:2033-2036.

GALE D,SHAPLEY L S,1962. College admissions and the stability of marriage[J]. The American Mathematical Monthly,69(1):9-15.

GAO A,WANG Q,LIANG W,et al.,2021. Game combined multi-agent reinforcement learning approach for UAV assisted offloading[J]. IEEE Transactions on Vehicular Technology,70(12):12888-12901.

GARIANO S L,MELILLO M,PERUCCACCI S,et al.,2020. How much does the rainfall temporal resolution affect rainfall thresholds for landslide triggering? [J]. Natural Hazards,100(2):655-670.

GOKCEOGLU C,SEZER E A,2009. A statistical assessment on international landslide literature (1945—2008)[J]. Landslides,6:345-351.

HAN Z,SWINDLEHURST A L,LIU K J R,2009. Optimization of MANET connectivity via smart deployment/movement of unmanned air vehicles[J]. IEEE Transactions on Vehicular Technology,58(7):3533-3546.

HEINZELMAN W B,CHANDRAKASAN A P,BALAKRISHNAN H,2002. An application-specific protocol architecture for wireless microsensor networks[J]. IEEE Transactions on Wireless Communications,1(4):660-670.

HOCHREITER S,SCHMIDHUBER J,1997. Long short-term memory[J]. Neural Computation,9(8):1735-1780.

HU H,WANG X,YANG Z,et al.,2014. A spectral clustering approach to identifying cuts in wireless sensor networks[J]. IEEE Sensors Journal,15(3):1838-1848.

HU Q,CAI Y,YU G,et al.,2019. Joint Offloading and Trajectory Design for UAV-Enabled Mobile Edge Computing Systems[J]. IEEE Internet of Things Journal, 6 (2):1879-1892.

HU X, WONG K K, YANG K, et al., 2019. UAV-Assisted Relaying and Edge Computing: Scheduling and Trajectory Optimization[J]. IEEE Transactions on Wireless Communications, 18(10): 4738-4752.

HU X, WONG K K, ZHANG Y, 2020. Wireless-Powered Edge Computing With Cooperative UAV: Task, Time Scheduling and Trajectory Design[J]. IEEE Transactions on Wireless Communications, 19(12): 8083-8098.

HU Y, YUAN X, XU J, et al., 2019. Optimal 1D trajectory design for UAV-enabled multiuser wireless power transfer[J]. IEEE Transactions on Communications, 67(8): 5674-5688.

HU Z, ZENG F, XIAO Z, et al., 2021. Computation efficiency maximization and QoE-provisioning in UAV-enabled MEC communication systems[J]. IEEE Transactions on Network Science and Engineering, 8(2): 1630-1645.

HUA M, WANG Y, LI C, et al., 2019. UAV-Aidedmobile edge computing systems with one by one access scheme[J]. IEEE Transactions on Green Communications and Networking, 3(3): 664-678.

HUANG H, YANG Y, WANG H, et al., 2020. Deep reinforcement learning for UAV navigation through massive MIMO technique[J]. IEEE Transactions on Vehicular Technology, 69(1): 1117-1121.

JI J, ZHU K, NIYATO D, et al., 2020. Joint trajectory design and resource allocation for secure transmission in cache-enabled UAV-relaying networks with D2D communications[J]. IEEE Internet of Things Journal, 8(3): 1557-1571.

JU N, HUANG J, HE C, et al., 2020. Landslide early warning, case studies from Southwest China[J]. Engineering Geology, 279: 105917.

KANGLEI S, HAIQING Y, DAN L, et al., 2024. Step-like displacement prediction and failure mechanism analysis of slow-moving reservoir landslide[J]. Journal of Hydrology, 628: 130588.

KOUSHIK A M, HU F, KUMAR S, 2019. Deep Q-learning-based node positioning for throughput-optimal communications in dynamic UAV swarm network[J]. IEEE Transactions on Cognitive Communications and Networking, 5(3): 554-566.

LEE J S, TENG C L, 2017. An enhanced hierarchical clustering approach for mobile sensor networks using fuzzy inference systems[J]. IEEE Internet of Things Journal, 4(4): 1095-1103.

LI L, WU Y, MIAO F, et al., 2021. A hybrid interval displacement forecasting model for reservoir colluvial landslides with step-like deformation characteristics considering dynamic switching of deformation states[J]. Stochastic Environmental Research and Risk Assessment, 35(6): 1089-1112.

LI P, XU J, 2019. Fundamental rate limits of UAV-enabled multiple access channel with trajectory optimization[J]. IEEE Transactions on Wireless Communications, 19(1): 458-474.

LIU C H, CHEN Z, TANG J, et al., 2018. Energy-efficient UAV control for effective and fair communication coverage: a deep reinforcement learning approach[J]. IEEE Journal on Selected Areas in Communications, 36(9): 2059-2070.

LIU J, ZHAO Z, JI J, et al., 2020. Research and application of wireless sensor network technology in power transmission and distribution system[J]. Intelligent and Converged Networks, 1(2): 199-220.

LIU X, LAI B, LIN B, et al., 2022. Joint communication and trajectory optimization for multi-UAV enabled mobile internet of vehicles[J]. IEEE Transactions on Intelligent Transportation Systems, 23(9): 15354-15366.

LIU Y, LONG J, LI C, et al., 2024. Physics-informed data assimilation model for displacement prediction of hydrodynamic pressure-driven landslide[J]. Computers and Geotechnics, 167: 106085.

LIU Y, WU H, WANG J, et al., 2022. Non-stationary transformers: Exploring the stationarity in time series forecasting[J]. Advances in Neural Information Processing Systems, 35: 9881-9893.

LIU Y, XU C, HUANG B, et al., 2020. Landslide displacement prediction based on multi-source data fusion and sensitivity states[J]. Engineering Geology, 271: 105608.

LIU Y, ZHAN W, Li Y, et al., 2023. Grid-Related fine action segmentation based on an STCNN-MCM joint algorithm during smart grid training[J]. Energies; 16(3): 1455.

LONG J, LI C, LIU Y, et al., 2022. A multi-feature fusion transfer learning method for displacement prediction of rainfall reservoir-induced landslide with step-like deformation characteristics[J]. Engineering Geology, 297: 106494.

LUO F, JIANG C, YU S, et al., 2019. Stability of cloud-based UAV systems supporting big data acquisition and processing[J]. IEEE Transactions on Cloud Computing, 7(3): 866-877.

LYU X, TIAN H, NI W, et al., 2018. Energy-efficient admission of delay-sensitive tasks for mobile edge computing[J]. IEEE Transactions on Communications, 66(6): 2603-2616.

MANJESHWAR A, AGRAWALD P, 2001. TEEN: A routing protocol for enhanced efficiency in wireless sensor networks[C]//IEEE International Parallel and Distributed Processing Symposium, 1: 189.

MEHROTRA S, 1992. On the implementation of a primal-dual interior point method [J]. SIAM Journal on Optimization, 2(4): 575-601.

MEI H, YANG K, LIU Q, et al., 2019. Joint trajectory-resource optimization in UAV-enabled edge-cloud system with virtualized mobile clone[J]. IEEE Internet of Things Journal, 7(7): 5906-5921.

主要参考文献

MOZAFFARI M, SAAD W, BENNIS M, et al. , 2019. A Tutorial on UAVs for wireless networks: applications, challenges, and open problems[J]. IEEE Communications Surveys & Tutorials, 21(3): 2334-2360.

NG C L, SENFT-GRUPP S, HEMOND H F, 2012. A multi-platform optical sensor for in situ sensing of water chemistry[J]. Limnology and Oceanography: Methods, 10(12): 978-990.

NING Z, DONG P, WANG X, et al. , 2020. Partial computation offloading and adaptive task scheduling for 5G-enabled vehicular networks[J]. IEEE Transactions on Mobile Computing, 21(4): 1-1.

OMEKE K G, MOLLEL M S, OZTURK M, et al. , 2021. DEKCS: A dynamic clustering protocol to prolong underwater sensor networks[J]. IEEE Sensors Journal, 21(7): 9457-9464.

PARK J H, CULURCIELLO E, 2008. Phototransistor image sensor in silicon on sapphire[C]//2008 IEEE International Symposium on Circuits and Systems: 1416-1419.

PENG H, SHEN X, 2021. Multi-agent reinforcement learning based resource management in MEC- and UAV-assisted vehicular networks[J]. IEEE Journal on Selected Areas in Communications, 39(1): 131-141.

QIAN Y, WANG F, LI J, et al. , 2019. User Association and Path Planning for UAV-Aided Mobile Edge Computing With Energy Restriction[J]. IEEE Wireless Communications Letters, 8(5): 1312-1315.

REN J, ZHANG Y, ZHANG N, et al. , 2016. Dynamic channel access to improve energy efficiency in cognitive radio sensor networks[J]. IEEE Transactions on Wireless Communications, 15(5): 3143-3156.

REN W, CAO Y, 2010. Distributed coordination of multi-agent networks: emergent problems, models, and issues[M]. Berlin: Springer Science & Business Media.

SAHOO B M, AMGOTH T, PANDEY H M, 2020. Particle swarm optimization based energy efficient clustering and sink mobility in heterogeneous wireless sensor network[J]. Ad Hoc Networks, 106: 102237.

SARKAR S, CHATTERJEE S, MISRA S, 2015. Assessment of the suitability of fog computing in the context of internet of things[J]. IEEE Transactions on Cloud Computing, 6(1): 46-59.

SONG K, LU G, ZHANG G, 2017. Influence of uncertainty in the initial groundwater table on long-term stability of reservoir landslides[J]. Bulletin of Engineering Geology & the Environment, 76(1): 901-908.

TAN L, ZHU Z, GE F, et al. , 2015. Utility maximization resource allocation in wireless networks: methods and algorithms[J]. IEEE Transactions on Systems, Man, and Cybernetics: Systems, 45(7): 1018-1034.

TANG H, HU X, CONG X, et al., 2014. A Novel Approach for Determining Landslide Pushing Force based on Landslide-pile Interactions[J]. Engineering Geology, 182: 15-24.

TANG H, LI C, HU X, et al., 2015. Deformation response of the Huangtupo landslide to rainfall and the changing levels of the Three Gorges Reservoir[J]. Bulletin of Engineering Geology & the Environment, 74(3): 933-942.

TANG X, LIU N, ZHANG R, et al., 2022. Deep learning-assisted secure UAV-relaying networks with channel uncertainties[J]. IEEE Transactions on Vehicular Technology, 71(5): 5048-5059.

TIAN J, ZHANG H, WU D, et al., 2017. QoS-constrained medium access probability optimization in wireless interference-limited networks[J]. IEEE Transactions on Communications, 66(3): 1064-1077.

TUNCA C, ISIK S, DONMEZ M Y, et al., 2014. Ring routing: an energy-efficient routing protocol for wireless sensor networks with a mobile sink[J]. IEEE Transactions on Mobile Computing, 14(9): 1947-1960.

WANG L, WANG K, PAN C, et al., 2020. Multi-agent deep reinforcement learning-based trajectory planning for multi-UAV assisted mobile edge computing[J]. IEEE Transactions on Cognitive Communications and Networking, 7(1): 73-84.

WANG L, WANG K, PAN C, et al., 2021. Deep reinforcement learning based dynamic trajectory control for UAV-assisted mobile edge computing[J]. IEEE Transactions on Mobile Computing, 21(10): 1-10.

WANG W, WANG L, WU J, et al., 2022. Oracle-guided deep reinforcement learning for large-scale multi-UAVs flocking and navigation[J]. IEEE Transactions on Vehicular Technology, 71(10): 10280-10292.

WANG X, WANG K, WU S, et al., 2018. Dynamic Resource Scheduling in Mobile Edge Cloud with Cloud Radio Access Network[J]. IEEE Transactions on Parallel and Distributed Systems, 29(11): 2429-2445.

WANG Y, SONG Y, HILL D J, et al., 2018. Prescribed-time consensus and containment control of networked multiagent systems[J]. IEEE Transactions on Cybernetics, 49(4): 1138-1147.

WU Q, ZENG Y, ZHANG R, 2018. Joint Trajectory and Communication Design for Multi-UAV Enabled Wireless Networks[J]. IEEE Transactions on Wireless Communications, 17(3): 2109-2121.

WU Q, ZHANG R, 2018. Common throughput maximization in UAV-Enabled OFDMA Systems with delay consideration[J]. IEEE Transactions on Communications, 66(12): 6614-6627.

XIONG F, ZHENG H, RUAN L, et al., 2020. Energy-saving data aggregation for multi-UAV system[J]. IEEE Transactions on Vehicular Technology, 69(8): 9002-9016.

XIONG W, HU X, JIANG T, 2015. Measurement and characterization of link quality for IEEE 802. 15. 4-compliant wireless sensor networks in vehicular communications[J]. IEEE Transactions on Industrial Informatics, 12(5):1702-1713.

XU Y, ZHANG T, LIU Y, et al. , 2021. UAV-assisted MEC networks with aerial and ground cooperation[J]. IEEE Transactions on Wireless Communications, 20(12):7712-7727.

YANG Z, WANG L, QIAO J, et al. , 2020. Application and verification of a multivariate real-time early warning method for rainfall-induced landslides: implication for evolution of landslide-generated debris flows[J]. Landslides, 17(10):2409-2419.

YE H, LI G Y, JUANG B H F, 2019. Deep Reinforcement Learning Based Resource Allocation for V2V Communications[J]. IEEE Transactions on Vehicular Technology, 68(4):3163-3173.

YE Q, RONG B, CHEN Y, et al. , 2013. User association for load balancing in heterogeneous cellular networks [J]. IEEE Transactions on Wireless Communications, 12(6):2706-2716.

YONG L, QIN Z, HU B, et al. , 2017. State fusion entropy for continuous and site-specific analysis of landslide stability changing regularities[J]. Natural Hazards and Earth System Sciences Discussions:1-17.

YOUNIS O, FAHMY S, 2004. HEED: A hybrid, energy-efficient, distributed clustering approach for ad hoc sensor networks[J]. IEEE Transactions on Mobile Computing, 3(4):366-379.

ZHANG C B, HOU R J, 2011. Optimal portfolios for DC pension under the quadratic utility function[C]//2011 International Conference of Information Technology, Computer Engineering and Management Sciences, 1:297-300.

ZHANG L, ZHANG Z Y, MIN L, et al. , 2021. Task Offloading and Trajectory Control for UAV-Assisted Mobile Edge Computing Using Deep Reinforcement Learning[J]. IEEE Access, 9:53708-53719.

ZHANG Y , MOU Z , GAO F , et al. , 2020. UAV-Enabled secure communications by multi-agent deep reinforcement learning[J]. IEEE Transactions on Vehicular Technology, 48(1):71-78.

ZHAO N, LU W, SHENG M, et al. , 2019. UAV-Assisted emergency networks in disasters[J]. IEEE Wireless Communications, 26(1):45-51.

ZHOU X , WU Q , YAN S , et al. , 2019. UAV-Enabled Secure Communications: Joint Trajectory and Transmit Power Optimization[J]. IEEE Transactions on Vehicular Technology, 68(4):4069-4073.

ZHOU Y, PAN C, YEOH P L, et al. , 2020. Secure Communications for UAV-Enabled

Mobile Edge Computing Systems[J]. IEEE Transactions on Communications, 68(1): 376-388.

ZHOU Z, SHEN J, TANG S, et al., 2021. Analysis of weakening law and stability of sliding zone soil in thrust-load-induced accumulation landslides triggered by rainfall infiltration[J]. Water, 13(4): 1-19.